よくわかる力学の基礎

川村康文／編著
安達照・林壮一・眞砂卓史・山口克彦／著

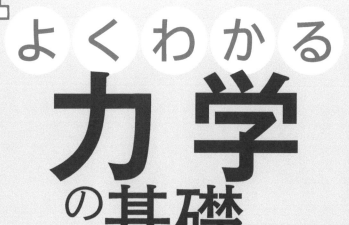

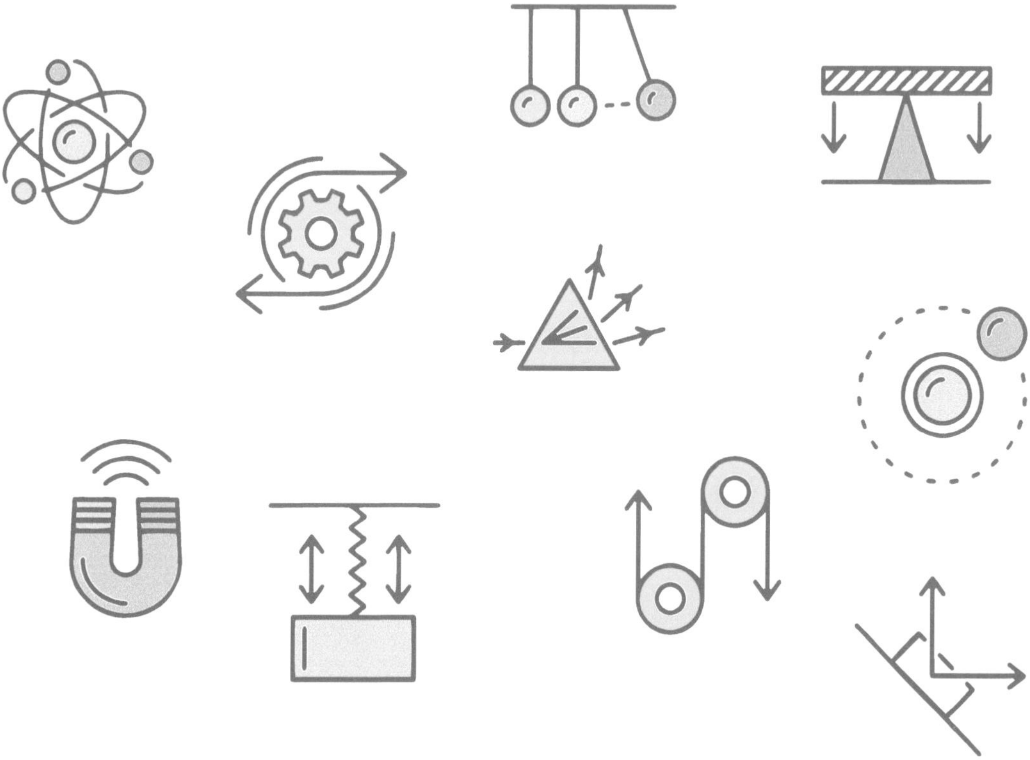

講談社

はじめに

みなさん，物理は好きですか？

理科系に進んだ多くのみなさんにとって，物理学はとても重要な学問です。物理学を楽しく学んでほしいというのが，著者らの願いです。特に，力学は物理学の基礎中の基礎です。力学を理解せずして，その上の高等な物理学の各分野を理解するのは難しいです。何事も基礎が大切です。是非，物理学の基礎としての力学を，しっかりと学び取って下さい。

力学は，大学でも初年次で学ぶことが多いので，数学に関しては丁寧に説明をしました。欄外には，微分や積分の簡単な公式の補足を随所に入れ，学生のみなさんの勉学を支援するようにしました。

また，解説は，できるだけ実験などをイメージできるような記述にすることで，物理現象をできるだけリアルなものにするように工夫しました。

是非，学生のみなさんが，本書で力学の基礎をがっちり身に付けられることを願っています。

きっとみなさんの前に，物理学が，大自然の不思議を解明する道筋を示してくれることでしょう。

人類の未来を託された学生のみなさん，みなさんが人類の未来を拓いてくれると執筆者全員が信じています。本書で真の実力を身に付けて下さい。

2023 年　元旦

執筆者を代表して

川　村　康　文

目次

第Ⅱ部　質点系および剛体の力学　108

第Ⅰ部　質点の力学

第1章　座標系とベクトル

力学では物体の運動を取り扱う場合が多い。例えば，ボールを投げあげた後どのように進んでいくか，太陽のまわりを回る地球の軌道はどのようなものかなどは力学の基本的な課題である。このような運動を定量的に捉えるためには，各時刻における物体の位置を記述する必要がある。本章ではそのための数学的な基礎事項を学ぶことにしよう。

1.1　力学の中で扱う物理量

力学に限らず，物理学で扱われる量は何らかの手法により測定が可能なものでなければならない。測定の最も根源的な行為は人間の感覚器官を通して認識される知覚である。我々は生まれてから培ってきた日常の経験に基づき，空間の広がりを視覚から判断したり，物体の硬さや重さを触覚によって把握したりするなど，日々の中で五感を活用して生きている。ただし，このように五感を介した知覚には個人差や体調による違いなども生じるために，安定性と客観性に欠けてしまう。そのため物理学では，誰がいつ行っても一定の精度でデータが得られるように工夫された道具や機器を介した測定を行うことが求められる。例えば，長さはものさしで測定され，重さははかりで測定される。また，放射線や超音波のように人間の五感では知覚できない現象であっても，適切なセンサーを用いて電気信号などに変換することができるものであれば，測定を行うことが可能になる。このように測定により得られる量を**物理量**と呼ぶ。

★ 補足
物理学において知覚を軽視してよいということではない。実験を行う際には視覚だけでなく，聴覚も嗅覚も触覚も研ぎ澄ませておくことが，安全性を保ち，発見を見落とさないために重要である。

物理量を数値データとして表す際には，どのような単位を用いているのかについて留意する必要がある。例えば走行中の自動車のスピードメータの数字が 50 であった場合，通常日本では時速 50 km と捉えるが，アメリカでは時速 50 mile（これは時速 80 km に相当）となる。すなわち単位を確認しないと数値データの持つ値がどの程度の量を示しているのかわからなくなってしまう。そのため，測定結果には必ず単位を付記し，他者と情報共有ができるように意識しよう。現在，物理学の世界では，長さについてはメートル（m），質量についてはキログラム（kg），時間については秒（s）の単位が一般的に用いられている。この組み合わせで表記される単位系のことを，m，kg，s を並べて **MKS 単位系**と呼んでいる。MKS 単位系の起源は 18 世紀末のフランスにある。どの国でも共通で使用する単位として認められるように地球の大きさを基準とするなどの工夫をしている。具体的には，地球を完全な球と見なして北極から赤道までの子午線の弧長を 1000 万 m（＝1 万 km），一辺が 0.1 m の立方体に入る水の質量を 1 kg，地球の自転（＝1 日）の $24 \times 60 \times 60$ 分の 1 を 1 秒，のように決められた。現在の MKS 単位系は真空中の光速を指標にするなど，より精度と

★ 補足
物理量はその量の大小を定量的に測定できることが望ましい。すなわち測定結果が数値データとして表されるべきである。なぜなら，これにより，ある物理量が他の物理量とどのような相関があるのかを定量的に表すことが可能となり，その結果，互いの物理量に関わる物理法則を反映した式を発見・検証することが可能となるからである。

★ 補足
メートルの定義から地球の円周は 4 万 km であり，これより地球の半径は約 6400 km と求められることを覚えておこう。

安定性の高い基準を用いて設定されている。

キログラム（kg）やキロメートル（km）の k（キロ）は 1,000＝10^3 を表し，元の単位の 10^3 倍であることを表している。このような文字を**単位の接頭語**と呼ぶ。M（メガ）は 10^6，G（ギガ）は 10^9，T（テラ）は 10^{12}，逆に小さいほうは m（ミリ）が 10^{-3}，μ（マイクロ）が 10^{-6}，n（ナノ）が 10^{-9} となっている。

★ 補足
巻末付録に他の接頭語も記載したので，確認しておこう。

物理学では様々な単位が出てくるが，基本的には MKS 単位系に還元できる。例えば速さであれば

$$\text{速さ} = \frac{\text{移動距離〔m〕}}{\text{時間〔s〕}}$$

と計算されることから，速さの単位は m/s と組み立てられる。言い換えれば，**物理で扱われる式では右辺と左辺の単位は等しくなければならない**ことに留意しよう。同じことであるが，式中の足し算や引き算でつながっている項は互いに等しい単位でなければならない。また，MKS 単位系にとらわれずに長さ［L］，質量［M］，時間［T］として，どのような組み合わせ（次元）になっているのか検証することも多い。例えば速さの次元が［L/T］，移動距離が［L］であるとき

$$\text{速さ}\left[\frac{\mathrm{L}}{\mathrm{T}}\right] = \frac{\text{移動距離［L］}}{［?］}$$

の右辺分母にはどのような物理量が入るかを考えてみよう。これは左辺と比べることにより，すぐに［T］すなわち時間が入ることがわかるであろう。このような検証法を**次元解析**という。

例題 1-1

下記の式における x および y の次元を求めなさい。

$$[x\,\mathrm{L}] = [\mathrm{M\,L^2\,T^{-2}}] + [\mathrm{M}\,y\,\mathrm{L}]$$

解説 & 解答

右辺第 1 項より各項の次元は $[\mathrm{M\,L^2\,T^{-2}}]$ であるので

$$[x\,\mathrm{L}] = [\mathrm{M\,L^2\,T^{-2}}] \text{ より } [x] = [\mathrm{M\,L\,T^{-2}}]$$
$$[\mathrm{M}\,y\,\mathrm{L}] = [\mathrm{M\,L^2\,T^{-2}}] \text{ より } [y] = [\mathrm{L\,T^{-2}}]$$

となる。■

★ 補足
第 2 章，第 3 章で述べられるように $[x]$ の次元は力を，$[y]$ の次元は加速度を表している。また，各項の持つ次元 $[\mathrm{M\,L^2\,T^{-2}}]$ は第 7 章で取り扱う仕事に対応している。

この世界に生じる現象は非常に複雑な要素が絡み合っていることが多い。そのため，物理学では実際の現象から主要な要素を抽出し，必要な解析を行うための適切なモデル化を行えるかが重要である。例えば，実際の物体は大きさを持っているが，これを大きさを持たない点と見なし，この点に全ての**質量**が集まっている**質点**として解析する場合がある。実際の地球は前述のように半径 6400 km の巨大な球であるが，太陽を回る地球の軌道を解析したい場合には質点と見なしてもよい。これは軌道を考える際に重要な要素は太陽と地球の間の距離であり，これに比べれば地球の大きさは非常に小さな点と見なせるからである。一方で，地球の自転に係る現

象を解析したい場合には，地球を大きさがあり変形しない物体（剛体と呼ぶ）として扱う必要がある。すなわち，何を解くべき対象とするかによって，どのようなモデルを設定するのか適切に選定していく必要がある。

1.2 座標系

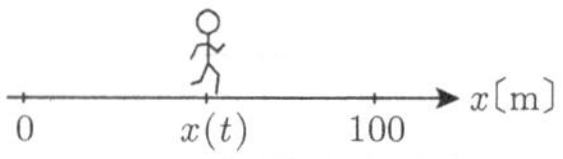

図 1.1

空間中のある点を基準点として選ぶ。この基準点のことを原点と呼ぼう。原点からの物体の位置を示す数値を座標という。例えば 100 m 走において，走者の位置をスタートラインからみると，スタート時には 0 m 地点におり，ゴール瞬間に 100 m 地点にいることになる（図 1.1）。スタート地点からゴール地点まで直線的であれば，コースは 1 次元として扱えるので，座標を 1 つの変数 x として表そう。そうするとスタート時には $x = 0$，ゴールの瞬間には $x = 100$ のように示すことができる。またレース途中では $0 < x < 100$ のいずれかの値を持つだろう。このようにして位置を示す数値 x が座標である。

ここで，座標によって示される数値は時間に依存していることに注意しよう。スタート時からストップウォッチを始動させてゴールまでの時刻を測定してみよう。このときの時刻を変数 t（単位は秒）としておく。するとスタート時では時刻は $t = 0$ であり，また座標は $x = 0$ である。ゴール瞬間までにかかった時間を 10 秒とすれば，$t = 10$ のとき $x = 100$ である。すなわち 2 つの変数 t，x は互いに相関を持つ。そこで時刻 t における座標 x を示すことを強調して $x(t)$ と記すことにしよう。この場合，x は単なる変数ではなく，t を変数に持つ関数と見なされる。

★ 補足
力学ではたとえ陽（あらわ）に $x(t)$ と記されておらず，座標 x とだけ記された場合にも，このように t の関数であることを意識しておく必要がある。

では，物体が 2 次元上を移動している場合にはどう記述すればよいだろうか。このときは，原点から x 方向とは異なる方向を y 方向として，x と y の 2 つの数値を用いて座標を表す必要がある。なお，通常は x 方向と y 方向を直角に取ると都合がよい。これを 2 次元直交座標という。例えば物体の位置 P が原点からみて x 方向に 1 m，y 方向に 2 m の場所にある場合，座標は P(1, 2) として記述される（図 1.2）。すなわち座標を P(x, y) とすれば 2 次元上のどの位置も表すことができる（単位は m とした）。なお，1 次元の場合に述べたように位置と時間の関わりを意識すれば，P($x(t)$, $y(t)$) と明記することもできる。

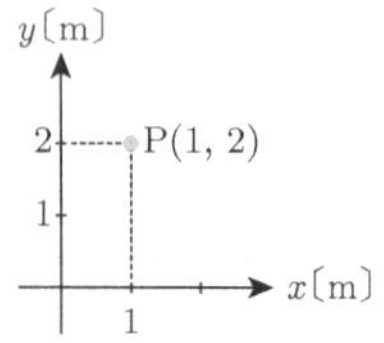

図 1.2

また場合によっては，2 次元上の位置を表す際に，原点からの距離 r とある軸からの傾き角度 θ 用いて示すほうが便利なときもある。これを 2 次元極座標といい，回転する物体の位置を示す場合などに用いられる。図 1.3 では直交座標で P(1, $\sqrt{3}$) となる位置 P を，極座標で原点からの距離 2 と x 軸からの傾き角度 $\pi/3$ ラジアン (=60°) としても表せることを示している。すなわち極座標 P(r, θ) とすれば，この場合も 2 次元上の全ての位置を表すことができる。ここで r および θ の範囲は $0 \leqq r$，$0 \leqq \theta < 2\pi$ となる。なお，2 次元直交座標と 2 次元極座標の間には三角関数を用いて次の関係が成り立つ。

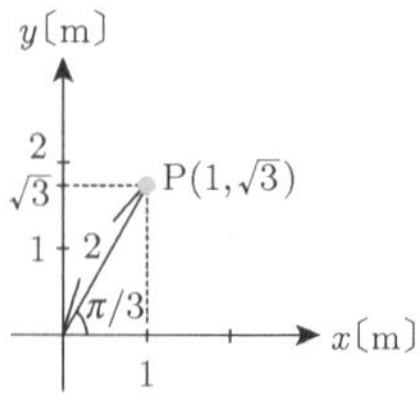

図 1.3

$$x = r\cos\theta,\quad y = r\sin\theta \tag{1.1}$$

今，rを一定の大きさとすると，図 1.4 に示されるように $P(x, y)$ 点は半径 r の円周上の点として表される。このとき，原点 O から P 点に向かう方向を**動径方向**（または r 方向）という。また P 点における円周の接線方向を**方位角方向**（または θ 方向）という。ただし向きは x 軸から正に向けた回転方向とした。

ここで 2 次元直交座標における単位ベクトル $\boldsymbol{i}$, $\boldsymbol{j}$ に対する 2 次元極座標での単位ベクトルを求めておこう。動径方向の単位ベクトルを $\hat{\boldsymbol{r}}$, 方位角方向の単位ベクトルを $\hat{\boldsymbol{\theta}}$ とする。単位ベクトルであるから

$$|\hat{\boldsymbol{r}}| = 1,\ |\hat{\boldsymbol{\theta}}| = 1 \tag{1.2}$$

であり，動径方向と円の接線方向は垂直であることから $\hat{\boldsymbol{r}}$ と $\hat{\boldsymbol{\theta}}$ の内積は

$$\hat{\boldsymbol{r}}\cdot\hat{\boldsymbol{\theta}} = 0 \tag{1.3}$$

となる。$\overrightarrow{\mathrm{OP}}$ の向きは $\hat{\boldsymbol{r}}$ であり，大きさは r であることから $\overrightarrow{\mathrm{OP}} = r\hat{\boldsymbol{r}}$ と表される。また（1.1）式から $\overrightarrow{\mathrm{OP}} = r(\cos\theta, \sin\theta)$ であることを考えると

$$\hat{\boldsymbol{r}} = (\cos\theta, \sin\theta) = \cos\theta\,\boldsymbol{i} + \sin\theta\,\boldsymbol{j} \tag{1.4}$$

であることがわかる。ここで $\hat{\boldsymbol{\theta}}$ を

$$\hat{\boldsymbol{\theta}} = (-\sin\theta, \cos\theta) = -\sin\theta\,\boldsymbol{i} + \cos\theta\,\boldsymbol{j} \tag{1.5}$$

とすれば，（1.2）式および（1.3）式を満たすことがわかる。

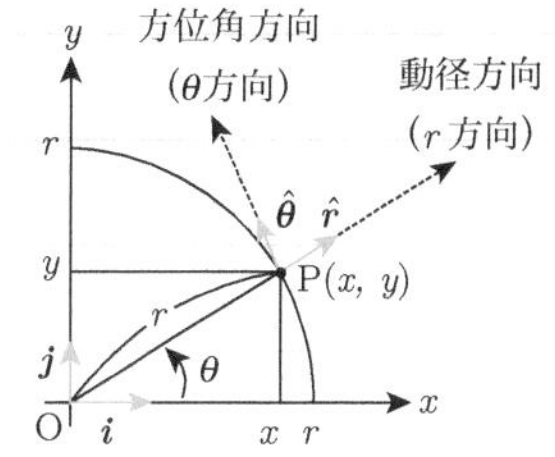

図 1.4

★ 補足
単位ベクトルや内積に不案内な場合には 1.3.2, 1.3.3 節を参照のこと

★ 補足
動径方向の単位ベクトル $\hat{r}$ は $\overrightarrow{\mathrm{OP}} = \boldsymbol{r}$ とすると

$$\hat{r} = \frac{r}{|r|} = \frac{r}{r}$$

と書ける。

例題 1-2

2 次元直交座標で $P(1, 1)$ と表される点を，2 次元極座標で示しなさい。

解説 & 解答

（1.1）式から $x^2 + y^2 = r^2$ であるから

$$r = \sqrt{x^2 + y^2} = \sqrt{1^2 + 1^2} = \sqrt{2}$$

また，$\cos\theta = \dfrac{x}{r} = \dfrac{1}{\sqrt{2}}$ から $\theta = \dfrac{\pi}{4}$

すなわち極座標では $P\left(\sqrt{2}, \dfrac{\pi}{4}\right)$ と表される。■

2 次元での座標の記述は，3 次元にも拡張することが可能である。互いに直交する 3 つの軸 x, y, z を用いれば，3 次元上の任意の位置 P を $P(x, y, z)$ として記述できる。これを**3 次元直交座標**という。ただし z

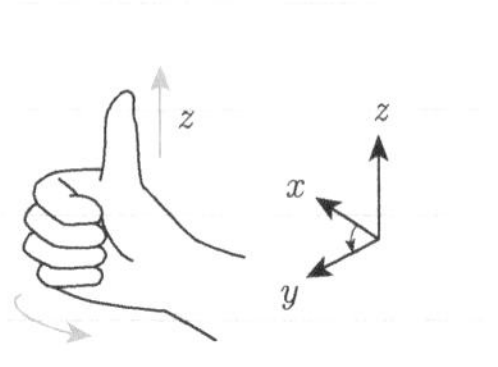

図 1.5

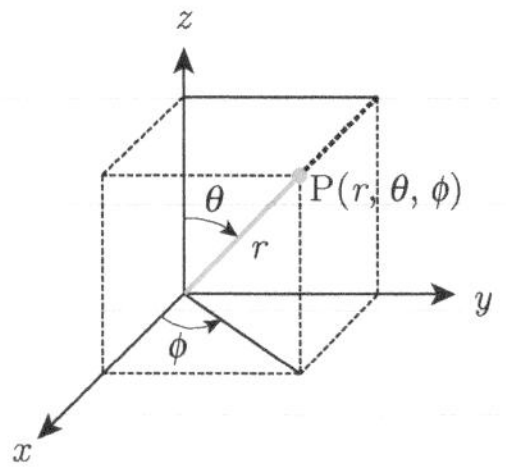

図 1.6

軸の方向については注意が必要である。x 軸から y 軸に向かう回転を行ったとき，右ねじの進む向きを z 軸と取ることが慣例となっている。これは図 1.5 に示されるように右手の手のひらを x 軸から y 軸に回したときの親指の方向と同じであり，こうして作られた座標系を**右手系**という。

また 3 次元においても極座標を設定することが可能である。これは図 1.6 に示されるように $P(x, y, z)$ に対して，原点からの距離を r, z 軸からの傾き角度を θ，P を xy 平面に射影した点 (x, y) に対して x 軸からの傾き角度を ϕ として $P(r, \theta, \phi)$ と表される。これを**3 次元極座標**という。r, θ, ϕ の範囲をそれぞれ $0 \leqq r$, $0 \leqq \theta < \pi$, $0 \leqq \phi < 2\pi$ とすれば，3 次元上の任意の位置を示すことが可能である。なお，3 次元直交座標と 3 次元極座標の間には次の関係が成り立つ。

$$x = r\sin\theta\cos\phi, \quad y = r\sin\theta\sin\phi, \quad z = r\cos\theta \tag{1.6}$$

例題 1-3

3 次元直交座標で $P(1, 1, \sqrt{6})$ と表される点を，3 次元極座標で示しなさい。

解説 & 解答

(1.6) 式から $x^2 + y^2 + z^2 = r^2$ であるから

$$r = \sqrt{x^2 + y^2 + z^2} = \sqrt{1+1+6} = \sqrt{8}$$

また，$\cos\theta = \dfrac{z}{r} = \dfrac{\sqrt{6}}{\sqrt{8}} = \dfrac{\sqrt{3}}{2}$ から $\theta = \dfrac{\pi}{6}$

$$\cos\phi = \frac{x}{r\sin\theta} = \frac{1}{\sqrt{8}\cdot\dfrac{1}{2}} = \frac{1}{\sqrt{2}} \text{ から } \phi = \frac{\pi}{4}$$

すなわち極座標では $P\left(2\sqrt{2}, \dfrac{\pi}{6}, \dfrac{\pi}{4}\right)$ と表される。■

1.3 スカラー量とベクトル量

1.3.1 スカラーとベクトル

物理量のなかには大きさだけを持つもの（**スカラー量**）と大きさと向きを持つもの（**ベクトル量**）がある。例えば温度や音量，光量などは大きさはあるが，向きを持たないのでスカラー量である。一方，力や風速などは大きさとともに向きも持つ量であるのでベクトル量である。

★ 補足
対象としている物理量がスカラー量であるかベクトル量であるかを常に意識することが，力学を理解するためには大切である。

まず，記法について確認しておこう。文字を用いて物理量が表されているとき，スカラー量に対しては

a, b, c ・・・

のように細字で記述される。一方，ベクトル量に対しては

$\boldsymbol{a}, \boldsymbol{b}, \boldsymbol{c}$ ・・・

のように太字で記述される。高校の数学ではベクトルは文字の上に矢印をつけて

$\vec{a}, \vec{b}, \vec{c}$ ・・・

と記述していたが，今後は太字で表すことに慣れておこう。手書きの場合は，下記のように一部を二重線にして，太字として代用する。何度か練習して書けるようにしておこう。

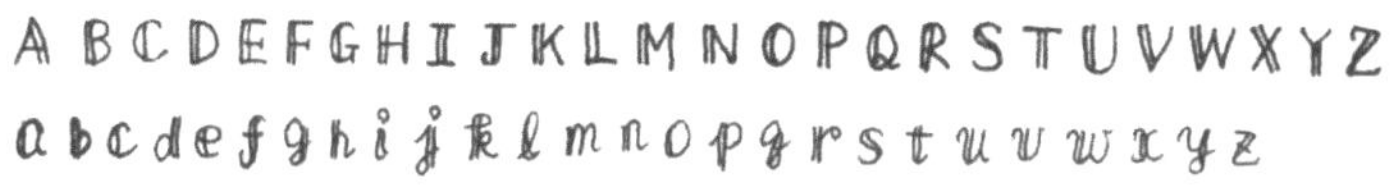

A B C D E F G H I J K L M N O P Q R S T U V W X Y Z
a b c d e f g h i j k l m n o p q r s t u v w x y z

1.3.2 ベクトルの基本的性質

力学ではベクトル量を取り扱うことが多いので，今後必要となる基本的性質を確認しておこう。

ベクトルは大きさと向きが等しければ同じものとして扱われる。図 1.7 (a) には 2 つのベクトルが矢印で示されている。矢印の長さがベクトルの大きさを，また矢印の向きがベクトルの向きを表している。2 つの矢印は大きさと向きが同じなので，同一のベクトルとして扱われる。言い方を変えれば，あるベクトルに対して任意に平行移動（矢印の大きさと向きを変えない移動）を行っても構わないということである。図 1.7 (b) では 2 次元直交座標が追記されている。このとき左側の矢印の先端の座標は (4, 2) であり，そのしっぽの座標は (2, 1) であったとしよう。一方右側の矢印の先端の座標は (7, 2) であり，そのしっぽの座標は (5, 1) となっている。ベクトルは先端の座標からしっぽの座標を引いたものとして表される。すなわち左側のベクトルについては

$$(4, 2) - (2, 1) = (2, 1)$$

右側のベクトルに対しては

$$(7, 2) - (5, 1) = (2, 1)$$

となり，どちらも (2, 1) という同じベクトルであることがわかる。このようにベクトルを座標系の各軸方向の成分として表記することができる。これを**ベクトルの成分表示**という。ただし，座標の表記とベクトルの成分の表記はどちらも括弧を用いて表されるので，括弧の中の数値が座標を表しているのか，ベクトルを表しているのかの区別を意識しておくことが必要である。なお，矢印のしっぽを常に座標系の原点と一致させるようにし

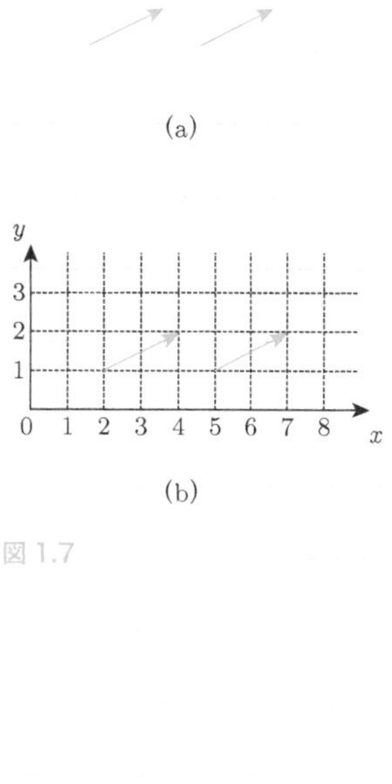

(a)

(b)

図 1.7

★ 補足

ベクトルを行列で扱うときは，$\begin{pmatrix} x \\ y \end{pmatrix}$ のように成分をたてに書くことが多い。例にあるベクトルはたて書きでは $\begin{pmatrix} 2 \\ 1 \end{pmatrix}$ のように表す。

★ 補足

成分による計算は結果が数値として出てくるので，実際の問題を解く際には便利であるが，成分に分けてしまったことでベクトルの特性を見失ってしまう危険性もある。力学の本質を考える場合には，図形的な見方も常に忘れずに意識しておくことが重要である。

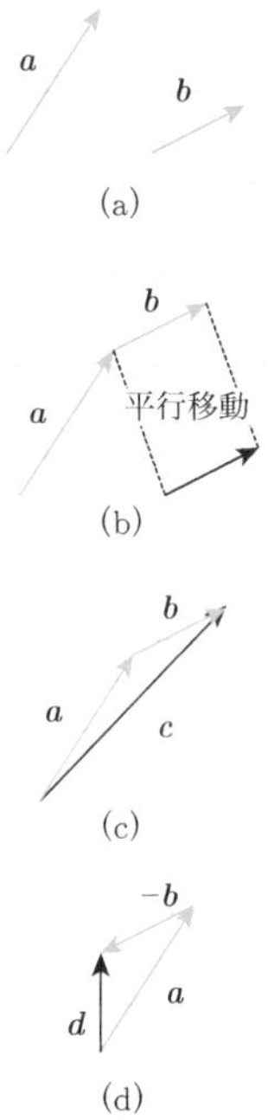

図 1.8

★ 補足

ベクトルのたて書きだと

2 次元： $\boldsymbol{a}=\begin{pmatrix} a_x \\ a_y \end{pmatrix}$

3 次元： $\boldsymbol{a}=\begin{pmatrix} a_x \\ a_y \\ a_z \end{pmatrix}$

$\boldsymbol{i}=\begin{pmatrix} 1 \\ 0 \\ 0 \end{pmatrix}$, $\boldsymbol{j}=\begin{pmatrix} 0 \\ 1 \\ 0 \end{pmatrix}$, $\boldsymbol{k}=\begin{pmatrix} 0 \\ 0 \\ 1 \end{pmatrix}$

のようになる。

たベクトルを用いることもある。これを**位置ベクトル**という。この場合，しっぽの座標が (0, 0) であるために，矢印の先端の座標とベクトルの成分は一致する。

次にベクトルの足し算について確認しておこう。図 1.8 (a) のように 2 つのベクトル $\boldsymbol{a}$, $\boldsymbol{b}$ を加え合わせて新たなベクトル $\boldsymbol{c}$ を作ることを考える。式で表現すれば $\boldsymbol{c}=\boldsymbol{a}+\boldsymbol{b}$ である。図形的に考えると，図 1.8 (b) のようにまず $\boldsymbol{b}$ を平行移動して $\boldsymbol{b}$ の矢印のしっぽを $\boldsymbol{a}$ の先端に持ってくる。そして $\boldsymbol{a}$ のしっぽから $\boldsymbol{b}$ の先端に向かってまっすぐな矢印を引く（図 1.8 (c)）。ここで平行移動しても $\boldsymbol{b}$ は変わらないという性質を用いている。ベクトルの成分として足し算を考える場合には，例えば $\boldsymbol{a}=(a_x,\ a_y)$, $\boldsymbol{b}=(b_x,\ b_y)$ とすると $\boldsymbol{c}=\boldsymbol{a}+\boldsymbol{b}$ で $=(a_x+b_x,\ a_y+b_y)$ と表すことができる。

ベクトルの引き算については，あるベクトルに −1 を掛けると大きさは変わらず向きが反転することに注意すれば，上述の足し算の方法を用いることができる。例えば $\boldsymbol{d}=\boldsymbol{a}-\boldsymbol{b}$ というベクトルを考えよう。$-\boldsymbol{b}$ は $\boldsymbol{b}$ に −1 を掛けたものであるので，図 1.7 (d) のように $\boldsymbol{b}$ を反転させたベクトルであり，$\boldsymbol{d}=\boldsymbol{a}+(-\boldsymbol{b})$ と見なせば図形的な足し算として $\boldsymbol{d}$ が表されることがわかるだろう。成分として計算する場合は，$-\boldsymbol{b}=(-b_x,\ -b_y)$ と各成分に −1 をかけることで $\boldsymbol{d}=\boldsymbol{a}+(-\boldsymbol{b})=(a_x-b_x,\ a_y-b_y)$ と表すことができる。

次にベクトルの大きさについて述べておこう。$\boldsymbol{a}$ の大きさは $|\boldsymbol{a}|$ として表される。図形的にはベクトルの大きさは矢印の長さで表されることは前述の通りである。成分表示されている $\boldsymbol{a}=(a_x,\ a_y)$ に対して，その大きさを求める場合は三平方の定理から $|\boldsymbol{a}|=\sqrt{{a_x}^2+{a_y}^2}$ となる。$\boldsymbol{a}$ が 3 次元のベクトル $\boldsymbol{a}=(a_x,\ a_y,\ a_z)$ であれば $|\boldsymbol{a}|=\sqrt{{a_x}^2+{a_y}^2+{a_z}^2}$ である。なお，大きさが 1 のベクトルを**単位ベクトル**という。$\boldsymbol{a}$ を $|\boldsymbol{a}|$ で割った $\boldsymbol{a}/|\boldsymbol{a}|$ は，向きは $\boldsymbol{a}$ と変わらない単位ベクトルである。重要なものとして，直交座標系の各軸方向の単位ベクトルがある。3 次元直交座標系で考えると x, y, z 方向それぞれに対して $\boldsymbol{i}=(1,\ 0\ ,0)$, $\boldsymbol{j}=(0,\ 1\ ,0)$, $\boldsymbol{k}=(0,\ 0,\ 1)$ となる。このような単位ベクトルを用いると $\boldsymbol{a}=(a_x,\ a_y,\ a_z)$ のように成分表示されたベクトルを $\boldsymbol{a}=a_x\boldsymbol{i}+a_y\boldsymbol{j}+a_z\boldsymbol{k}$ のように記すこともできる。

これは

$$\begin{aligned}\boldsymbol{a}&=(a_x,\ a_y,\ a_z)=(a_x,\ 0,\ 0)+(0,\ a_y,\ 0)+(0,\ 0,\ a_z)\\&=a_x(1,\ 0,\ 0)+a_y(0,1,0)+a_z(0,\ 0,\ 1)=a_x\boldsymbol{i}+a_y\boldsymbol{j}+a_z\boldsymbol{k}\end{aligned}$$

と変形すれば理解できるであろう。

1.3.3 ベクトルの内積と外積

次に 2 つのベクトルの掛け算について考えよう。ベクトルの掛け算には高校の数学で学習した内積と，もう 1 つ別に大学で初めて目にする外積という 2 種類がある。まず内積について確認しておこう。

2つのベクトル $\boldsymbol{a}$ と $\boldsymbol{b}$ の内積を $\boldsymbol{a}\cdot\boldsymbol{b}$ のように，間に「・」を入れて表す。$\boldsymbol{a}$ と $\boldsymbol{b}$ のなす角度を θ とすると内積は

$$\boldsymbol{a}\cdot\boldsymbol{b} = |\boldsymbol{a}|\,|\boldsymbol{b}|\cos\theta \tag{1.7}$$

と定義される。$|\boldsymbol{a}|$，$|\boldsymbol{b}|$，$\cos\theta$ は大きさだけの量であるので内積はスカラー量である。そのため内積のことをスカラー積とも呼ぶ。ここで図 1.9 のように $|\boldsymbol{b}|\cos\theta$ は $\boldsymbol{b}$ の $\boldsymbol{a}$ 方向成分である。$\boldsymbol{a}$ に垂直方向から光が射し込んでいると想像すると $|\boldsymbol{b}|\cos\theta$ はちょうど $\boldsymbol{b}$ によってできる $\boldsymbol{a}$ 上の影に相当する。そのため $|\boldsymbol{b}|\cos\theta$ は $\boldsymbol{a}$ に対する $\boldsymbol{b}$ の射影と呼ばれる。ここで3次元直交座標系における3つの単位ベクトル $\boldsymbol{i}, \boldsymbol{j}, \boldsymbol{k}$ の内積を考えよう。それぞれ大きさが1のベクトルであるから，同じもの同士の内積は1となる。また，異なるベクトル同士のなす角 θ は直交しているので $\cos\theta = 0$ から，その内積も0になる。すなわち

$$\boldsymbol{i}\cdot\boldsymbol{i} = 1,\ \boldsymbol{j}\cdot\boldsymbol{j} = 1,\ \boldsymbol{k}\cdot\boldsymbol{k} = 1,\ \boldsymbol{i}\cdot\boldsymbol{j} = 0,\ \boldsymbol{j}\cdot\boldsymbol{k} = 0,\ \boldsymbol{k}\cdot\boldsymbol{i} = 0$$

である。また，内積では掛ける順番を入れ替えても結果は変わらない。これを用いて内積をベクトルの成分表示により表してみよう。

$$\boldsymbol{a} = (a_x,\ a_y,\ a_z) = a_x\boldsymbol{i} + a_y\boldsymbol{j} + a_z\boldsymbol{k}$$
$$\boldsymbol{b} = (b_x,\ b_y,\ b_z) = b_x\boldsymbol{i} + b_y\boldsymbol{j} + b_z\boldsymbol{k}$$

とすると，

$$\begin{aligned}\boldsymbol{a}\cdot\boldsymbol{b} &= (a_x\boldsymbol{i} + a_y\boldsymbol{j} + a_z\boldsymbol{k})\cdot(b_x\boldsymbol{i} + b_y\boldsymbol{j} + b_z\boldsymbol{k}) \\ &= a_xb_x\boldsymbol{i}\cdot\boldsymbol{i} + a_xb_y\boldsymbol{i}\cdot\boldsymbol{j} + a_xb_z\boldsymbol{i}\cdot\boldsymbol{k} \\ &\quad + a_yb_x\boldsymbol{j}\cdot\boldsymbol{i} + a_yb_y\boldsymbol{j}\cdot\boldsymbol{j} + a_yb_z\boldsymbol{j}\cdot\boldsymbol{k} \\ &\quad + a_zb_x\boldsymbol{k}\cdot\boldsymbol{i} + a_zb_y\boldsymbol{k}\cdot\boldsymbol{j} + a_zb_z\boldsymbol{k}\cdot\boldsymbol{k} \\ &= a_xb_x + a_yb_y + a_zb_z\end{aligned} \tag{1.8}$$

のように表すことが可能である。

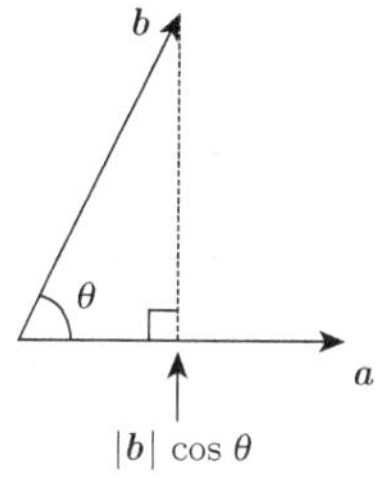

図 1.9

★ 補足

$\boldsymbol{a}\cdot\boldsymbol{b}$ を行列表現で書いてみよう。

$$\boldsymbol{a} = \begin{pmatrix} a_x \\ a_y \\ a_z \end{pmatrix},\ \boldsymbol{b} = \begin{pmatrix} b_x \\ b_y \\ b_z \end{pmatrix}$$

とすると，$\boldsymbol{a}$ は転置して行ベクトルで書き，

$$\begin{aligned}\boldsymbol{a}\cdot\boldsymbol{b} &= (a_x\ a_y\ a_z)\cdot\begin{pmatrix} b_x \\ b_y \\ b_z \end{pmatrix} \\ &= a_xb_x + a_yb_y + a_zb_z\end{aligned}$$

となる。

例題 1-4

$\boldsymbol{a} = (1, 0, 0)$，$\boldsymbol{b} = (1, 1, 0)$ のとき，2つのベクトルのなす角はいくらになるか。

解説＆解答

$\boldsymbol{a}\cdot\boldsymbol{b} = |\boldsymbol{a}|\,|\boldsymbol{b}|\cos\theta = \sqrt{1}\sqrt{2}\cos\theta = \sqrt{2}\cos\theta$

一方，内積を成分表示で表すと，

$\boldsymbol{a}\cdot\boldsymbol{b} = a_xb_x + a_yb_y + a_zb_z = 1 + 0 + 0 = 1$

これより，$\sqrt{2}\cos\theta = 1$ となるので，$\cos\theta = 1/\sqrt{2}$

よって，$\theta=\pi/4$。■

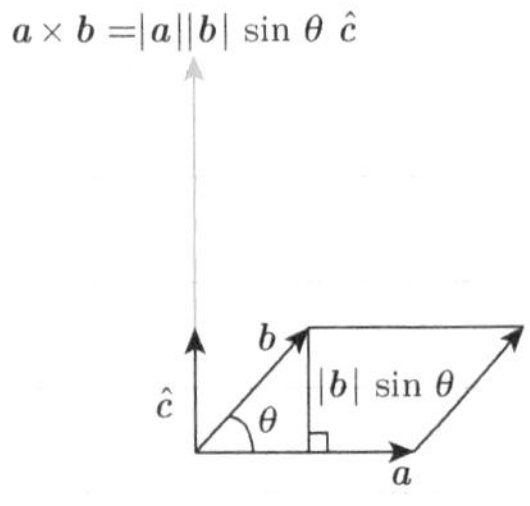

図 1.10

次に外積(がいせき)について説明しよう。2つのベクトル $\boldsymbol{a}$ と $\boldsymbol{b}$ の外積を $\boldsymbol{a}\times\boldsymbol{b}$ のように間に「×」を入れて表す。$\boldsymbol{a}$ と $\boldsymbol{b}$ のなす角度を θ とすると**外積**は

$$\boldsymbol{a}\times\boldsymbol{b}=|\boldsymbol{a}|\,|\boldsymbol{b}|\sin\theta\ \hat{\boldsymbol{c}}$$

と定義される。ただし $\hat{\boldsymbol{c}}$ は図 1.10 に示されるように，$\boldsymbol{a}$ から $\boldsymbol{b}$ に向かう回転を行ったとき，右ねじの進む向きの単位ベクトルであり，$\boldsymbol{a}$ とも $\boldsymbol{b}$ とも垂直な方向となる。このように外積は $\hat{\boldsymbol{c}}$ の向きを持つベクトル量を与えるので**ベクトル積**とも呼ばれる。また $\boldsymbol{b}\times\boldsymbol{a}$ では $\hat{\boldsymbol{c}}$ の向きが逆になる。すなわち $\boldsymbol{b}\times\boldsymbol{a}=-\boldsymbol{a}\times\boldsymbol{b}$ となる。したがって外積では掛ける順番が異なると結果が違う（可換性が成り立たない）。$|\boldsymbol{a}|$ と $|\boldsymbol{b}|\sin\theta$ はそれぞれ，$\boldsymbol{a}$ と $\boldsymbol{b}$ を二辺とする平行四辺形の底辺の長さと高さに相当する。したがって外積の大きさは，この平行四辺形の面積を与えている。ここで 3 次元直交座標系における 3 つの単位ベクトル $\boldsymbol{i}, \boldsymbol{j}, \boldsymbol{k}$ の外積を考えよう。同じベクトル同士のなす角 θ は 0 であるので，$\sin\theta=0$ となり，外積は 0 となる。また，異なるベクトル同士では，なす角は直交しているので $\sin\theta=1$ である。$\boldsymbol{i}, \boldsymbol{j}, \boldsymbol{k}$ は右手系の直交座標軸上にあることに注意すると下記のようにまとめることができる。

$$\begin{aligned}
&\boldsymbol{i}\times\boldsymbol{i}=0,\quad \boldsymbol{j}\times\boldsymbol{j}=0,\quad \boldsymbol{k}\times\boldsymbol{k}=0,\\
&\boldsymbol{i}\times\boldsymbol{j}=\boldsymbol{k},\quad \boldsymbol{j}\times\boldsymbol{k}=\boldsymbol{i},\quad \boldsymbol{k}\times\boldsymbol{i}=\boldsymbol{j},\\
&\boldsymbol{j}\times\boldsymbol{i}=-\boldsymbol{k},\quad \boldsymbol{k}\times\boldsymbol{j}=-\boldsymbol{i},\quad \boldsymbol{i}\times\boldsymbol{k}=-\boldsymbol{j}
\end{aligned}$$

これを用いて外積をベクトルの成分表示により表してみよう。

$$\begin{aligned}
&\boldsymbol{a}=(a_x,\ a_y,\ a_z)=a_x\boldsymbol{i}+a_y\boldsymbol{j}+a_z\boldsymbol{k},\\
&\boldsymbol{b}=(b_x,\ b_y,\ b_z)=b_x\boldsymbol{i}+b_y\boldsymbol{j}+b_z\boldsymbol{k}
\end{aligned}$$

とすると，

$$\begin{aligned}
\boldsymbol{a}\times\boldsymbol{b}&=(a_x\boldsymbol{i}+a_y\boldsymbol{j}+a_z\boldsymbol{k})\times(b_x\boldsymbol{i}+b_y\boldsymbol{j}+b_z\boldsymbol{k})\\
&=a_xb_x\boldsymbol{i}\times\boldsymbol{i}+a_xb_y\boldsymbol{i}\times\boldsymbol{j}+a_xb_z\boldsymbol{i}\times\boldsymbol{k}\\
&\quad+a_yb_x\boldsymbol{j}\times\boldsymbol{i}+a_yb_y\boldsymbol{j}\times\boldsymbol{j}+a_yb_z\boldsymbol{j}\times\boldsymbol{k}\\
&\quad+a_zb_x\boldsymbol{k}\times\boldsymbol{i}+a_zb_y\boldsymbol{k}\times\boldsymbol{j}+a_zb_z\boldsymbol{k}\times\boldsymbol{k}\\
&=a_xb_y\boldsymbol{k}-a_xb_z\boldsymbol{j}-a_yb_x\boldsymbol{k}+a_yb_z\boldsymbol{i}+a_zb_x\boldsymbol{j}-a_zb_y\boldsymbol{i}\\
&=(a_yb_z-a_zb_y)\boldsymbol{i}+(a_zb_x-a_xb_z)\boldsymbol{j}+(a_xb_y-a_yb_x)\boldsymbol{k}
\end{aligned}\tag{1.9}$$

のように表すことが可能である。内積に比べて複雑な式に思えるかもしれないが，下記のように 3 行 3 列の行列式として書き直しておくとわかりやすい。

$$\boldsymbol{a}\times\boldsymbol{b}=\begin{vmatrix}\boldsymbol{i} & \boldsymbol{j} & \boldsymbol{k}\\ a_x & a_y & a_z\\ b_x & b_y & b_z\end{vmatrix} \tag{1.10}$$

3 行 3 列の行列式の計算は図 1.11 のように上から右斜め下に掛けていくときに＋符号，上から左斜め下に掛けていくときに − 符号となるので，ちょうど外積の結果と同じになる。これをサラスの方法という。

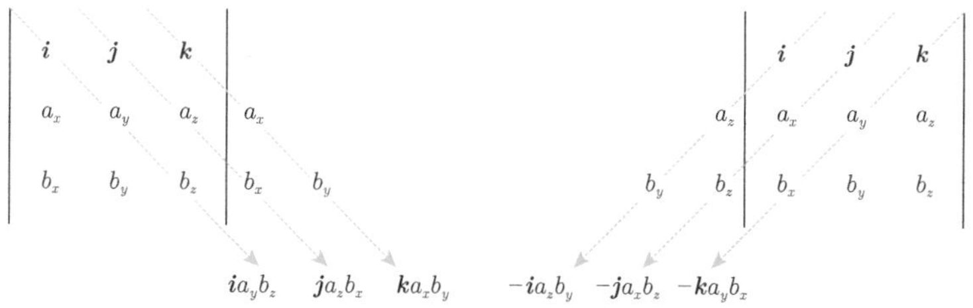

図 1.11

★ 補足

単位ベクトルを省き，下記のように並べて覚える方法もある。まず破線の四角枠で囲んだ 2 行 2 列の行列式を求め，外積の x 成分とする。次に四角枠を右に 1 つずらし，y 成分を，続けて右にずらし z 成分を求めていくと(1.9)式が算出される。なお，最左列の添字は y であることに留意。

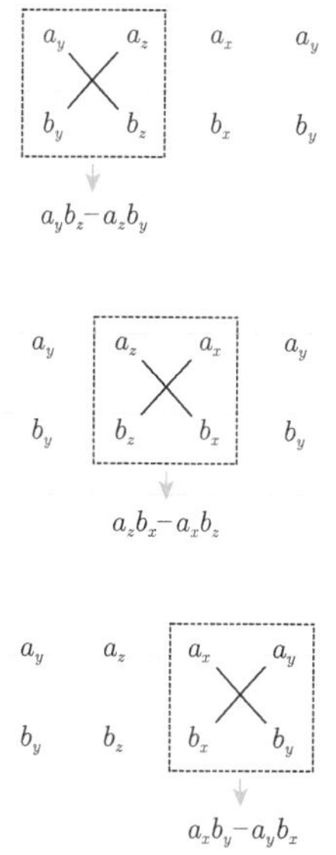

例題 1-5

$\boldsymbol{a}=(1, 0, 0)$，$\boldsymbol{b}=(1, 1 ,1)$ のとき，この 2 つのベクトルを含む面に対して垂直な単位ベクトルを求めなさい。

解説 & 解答

$\boldsymbol{a}$ と $\boldsymbol{b}$ との外積により与えられるベクトルは，$\boldsymbol{a}$ とも $\boldsymbol{b}$ とも垂直であることを利用する。

$$\boldsymbol{a}\times\boldsymbol{b}=\begin{vmatrix}\boldsymbol{i} & \boldsymbol{j} & \boldsymbol{k}\\ 1 & 0 & 0\\ 1 & 1 & 1\end{vmatrix}=\boldsymbol{k}-\boldsymbol{j}=(0,\ -1,\ 1)$$

このベクトルの大きさは $\sqrt{0^2+(-1)^2+1^2}=\sqrt{2}$ なので，単位ベクトルは

$$\pm\frac{1}{\sqrt{2}}(0,\ -1,\ 1)$$

ただし，面に対して垂直な向きは 2 つあるので，負号も含めてある。■

弧度法について

角度の表し方として，度（degree〔°〕）とラジアン（radian〔rad〕）がよく使われるが，ラジアンで表す方法を弧度法という。

弧度法とは，読んで字のごとく，「弧の長さ」で「角度」を表す方法である。図のように，半径1の円（単位円）を考えたとき，弧の長さが1となる扇形の角度を1 radとする。すなわち，弧の長さ＝角度である。この扇形は正三角形がちょっとつぶれた感じになっているので，1 rad ≒ 57° であることも感覚的にわかるだろう。180° に対応する弧の長さは，3.141592… となるが，これは無理数であり π と定義される。したがって，π rad $= 180°$ となる。この両辺を π で割って，$1 \text{ rad} = \dfrac{180}{\pi}°$，さらに θ 倍すれば $\theta \text{ rad} = \dfrac{180}{\pi}\theta°$ と表されることもわかる。代表的な角度の対応を下表にまとめた。

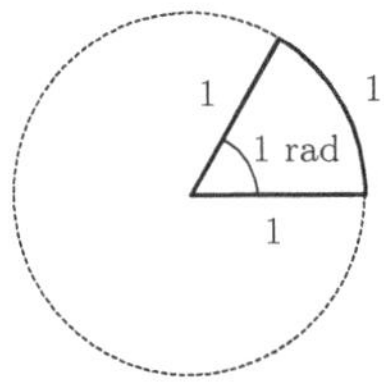

このように，きりのよい角度が π で表されるので，ラジアンで表すときには π の何倍（もしくは何分の1）という表し方がよく使われるが，π を使わなければいけないわけではない。

度〔°〕	0°	30°	45°	約 57°	60°	90°	180°	360°
〔rad〕	0	$\frac{\pi}{6}$	$\frac{\pi}{4}$	1	$\frac{\pi}{3}$	$\frac{\pi}{2}$	π	2π

次に半径が r 倍になった扇形を考えよう。これは半径1の扇形の相似形なので，弧の長さも r 倍になる。このため，中心角が1 radのときの弧の長さは r となる。中心角が θ rad の扇形の弧の長さ ℓ は，θ 倍すればよく，

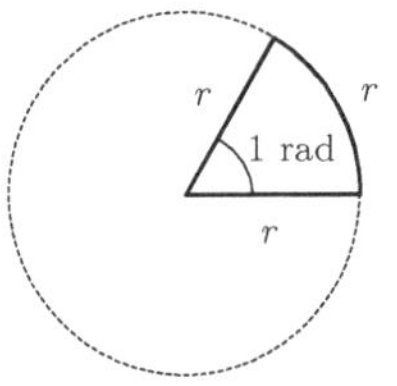

$$\ell = r\theta \qquad ①$$

と表される。

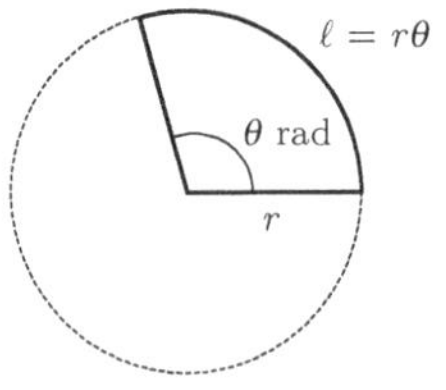

また半径 r（一定）の円弧にそって物体が運動するときを考えて，時間で微分すると，

$$\frac{d\ell}{dt} = r\frac{d\theta}{d\ell}$$

となる。$d\ell/dt$ は円周上の変位の時間変化，すなわち速度 v であり，$d\theta/dt$ は中心角の時間変化，すなわち角速度 ω なので，

$$v = r\omega \qquad ②$$

が得られる。①式や②式の関係は円運動を扱うときによく出てくるが，弧度法の定義を理解していれば，覚えるような公式ではないことがわかるだろう。

①式をみると，左辺も右辺も長さであるので，radは無次元量の扱いとなっていることがわかる。このため，単位をつけないことも多い。逆に，角度で単位のないものは，通常radで表されているものと考えて良い。

第2章　速度と加速度

本章では物体の運動を調べるために，微分・積分の発見者の一人であるニュートン（Newton）が行ったように，速度や加速度のような物理量について，微分・積分を用いて学習する。初学者にとっては速度や加速度は混同しやすく，理解が難しいかもしれないが，この後の学習でも活用する重要な物理学の概念であるので十分に学習されることを望む。

2.1　直線運動の速度

図 2.1 のような直線の線路上を走る電車を例として考える。電車の速さを比較するとき，同じ駅までの到着時間で比較することが多い。すなわち，同じ距離を短い時間で到着する電車の方が速いと考える。一方，物理学では，物体の動きを表す物理量としては，同じ時間内で移動する距離で比較する。すなわち，同じ時間で長い距離を進む物体の方が速いとし，単位時間（例えば，1 秒間）あたりの移動距離を速さと定義している。この速さに移動する向きも考慮した物理量を速度と定義する。例えば，同じ速さであっても，東京から大阪行き，大阪から東京行きの電車を符号で区別する（+200 km/h と −200 km/h のような区別）。速度は大きさと向きを持つベクトル量で，速さは速度の大きさでスカラー量である。

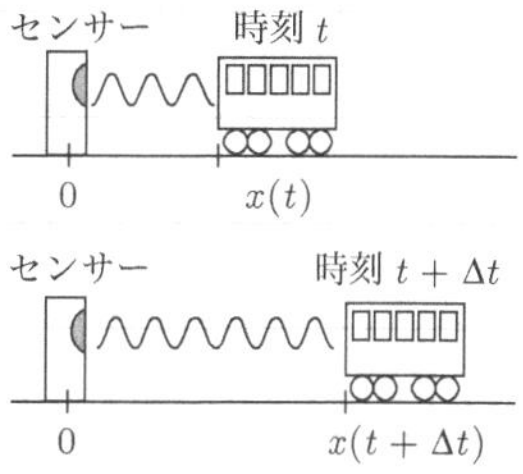

図 2.1

2.1.1　平均速度

同様に，直線上（x 軸上）を運動する電車の運動を考える。図 2.1 の原点 0 に距離センサーを設置し，このセンサーと電車との距離をリアルタイムに測定できるようになっているとする（原点 0 より右に電車がいるときは数値はプラス，原点より左にいるときは数値はマイナスとなるようになっている）。時刻 t における電車までの距離が $x(t)$ で，時間 Δt 後の時刻 $t+\Delta t$ には，電車が動いて距離が $x(t+\Delta t)$ になったとする。この $x(t)$ や $x(t+\Delta t)$ を物体（電車）の位置という。また，運動の終わりの位置 $x(t+\Delta t)$ から，はじめの位置 $x(t)$ を引いた物理量を変位 Δx といい，$\Delta x = x(t+\Delta t) - x(t)$ となる。この変位 Δx を経過時間 Δt で割ったものが平均速度 $\overline{v}$ で，次式で表される。

★ 補足
距離センサーは，センサーから放射される超音波（他にもレーザ，電波等も用いられる）が測定する対象物で反射して，センサーまで戻ってくる反射時間を用いて測定している。最近では，自動車の衝突防止，自動運転等に使用されている。

$$\text{平均速度}：\overline{v} = \frac{(\text{変位})}{(\text{経過時間})} = \frac{x(t+\Delta t)-x(t)}{\Delta t} = \frac{\Delta x}{\Delta t} \tag{2.1}$$

2.1.2　瞬間の速度

Δt が 1 秒の場合，距離センサーで 1 秒ごとに距離のデータを測定することに対応している（サンプリング周期が 1 秒という）。この場合には，1 秒以内の運動の変化を測定することはできないが，Δt を小さくするほど

★ 補足
サンプリング周期とは，センサーが測定データを取り込む時間間隔のことである。

運動の変化を正確に測定することができる。Δt を限りなく小さくして（$\Delta t \to 0$ の極限）計算した速度を時刻 t における瞬間の速度という。この速度を v とすると，位置 x の時間微分として，次式で定義される。x の時間微分は $\dot{x}$ と記載することもある。

★ 補足
物理では，時間微分の表記として，変数の上にドットをつけて表す。
微分表記が簡便になるので，慣れておくとよいであろう。

$$\text{速度：} v = \lim_{\Delta t \to 0} \frac{\Delta x}{\Delta t} \equiv \frac{dx}{dt} = \dot{x} \tag{2.2}$$

2.1.3 $x - t$ グラフにおける速度

位置と時間の関係を示しているグラフを $x - t$ グラフと呼ぶ。図 2.2 において，点 P は時刻 t での電車の位置 $x(t)$ で，点 Q は時間 Δt 後に移動した位置を表している。点 P から点 Q までの時間 Δt での平均速度は，点 P と点 Q を結ぶ直線の傾きで表される。図 2.3 は時間 Δt を小さくした $\Delta t'$ での平均速度を表している。図 2.2 の直線 PQ と比べて図 2.3 の直線 PQ$'$ の傾きが変化していることがわかる。この Δt を限りなく小さくすると，点 P での接線に近づいていく。この接線の傾きが，時刻 t における瞬間の速度 v である。

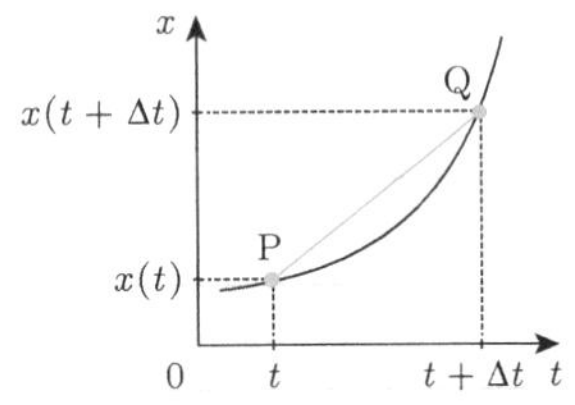

図 2.2

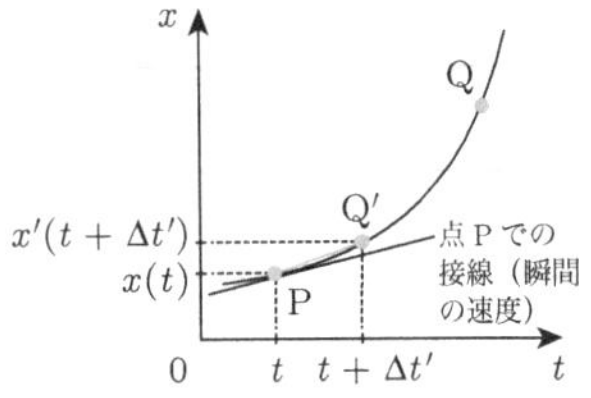

図 2.3

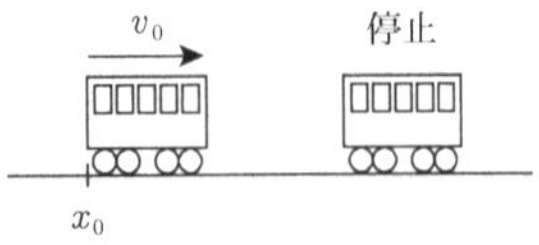

図 2.4

例題 2-1

図 2.4 のように，時刻 $t = 0$ に位置 x_0 で速さ v_0 であった電車が，停車駅に近づいたため，減速を行い停止した。時刻 t における電車の位置 x は，$x(t) = x_0 + v_0 t - \frac{1}{2}at^2$ のように表される。ここで，x_0，v_0，a は正の定数とする（次の 2.2 節で述べるが a は加速度の大きさである）。また，電車の進行方向を x 軸の正の向きとする。

[1] 時刻 t から $t + \Delta t$ までの間における平均の速度 $\bar{v}$ を求めよ。

[2] Δt が非常に小さく，$\Delta t = 0$ と近似できるときの［1］の値（時刻 t における瞬間の速度 $v(t)$）を求めよ。このとき，$x(t)$ を時間 t で微分した式と同じになることを示せ。

[3] この運動の $x - t$ グラフ（2 次関数の放物曲線）を描き，停車したときの位置と時刻を与えられた式から求めよ。

解説 & 解答

[1] 平均速度の定義式より，

$$\bar{v} = \frac{x(t+\Delta t) - x(t)}{\Delta t}$$

$$= \frac{x_0 + v_0(t+\Delta t) - \frac{1}{2}a(t+\Delta t)^2 - \left(x_0 + v_0 t - \frac{1}{2}at^2\right)}{\Delta t}$$

$$= \frac{v_0 \Delta t - at\Delta t - \frac{1}{2}a\Delta t^2}{\Delta t} = v_0 - at - \frac{1}{2}a\Delta t \qquad ①$$

[2] ①式の Δt を 0 に近づけると，瞬間の速度は

$$v(t) = v_0 - at$$

また，$x(t)$ を時間 t で微分すると，次のようになる。

$$\frac{dx(t)}{dt} = v_0 - at$$

［3］ $x(t) = x_0 + v_0 t - \frac{1}{2}at^2 = -\frac{1}{2}a\left(t - \frac{v_0}{a}\right)^2 + \frac{v_0^2}{2a} + x_0$

図 2.4 の運動について，$x - t$ グラフにしたものが図 2.5 となり，このグラフの頂点の座標は $\left(\frac{v_0}{a}, x_0 + \frac{v_0^2}{2a}\right)$ となる。これにより，電車の停車した位置（図の点 A）は $x_0 + \frac{v_0^2}{2a}$ で，その時刻は $\frac{v_0}{a}$ となる。時刻 $t = \frac{v_0}{a}$ のとき，$v\left(\frac{v_0}{a}\right) = v_0 - a \times \frac{v_0}{a} = 0$ となり，停止する。■

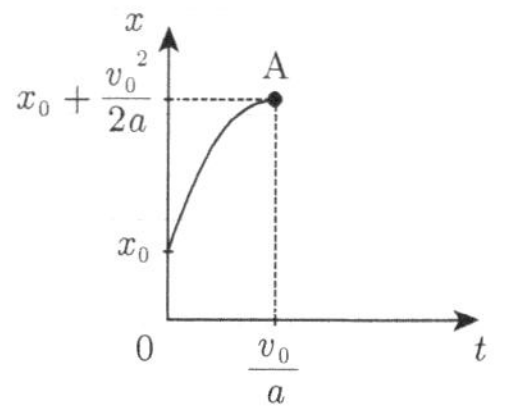

図 2.5

2.1.4 積分により速度 v から求めた位置 x

速度と時間の関係を示しているグラフを $v - t$ グラフと呼ぶ。図 2.6 は，電車が一定の速度 v_0 で移動しているとき（等速直線運動）のグラフを表している。この場合，時刻 0 から時刻 t まで経過したときの移動距離は，速度 v_0 と t の積で計算できる。$v_0 t$ は，図の長方形の面積（斜線部分）に対応している。図 2.7 は電車が速度を増加させているときの $v - t$ グラフである。この場合も，斜線部分の面積が移動距離となる。この面積（移動距離）を求めるためには，時刻 0 から時刻 t までの定積分を行う。移動距離 x は次の式で表される（時刻 $t = 0$ における位置 x が 0 の場合）。

$$x(t) = \int_0^t v(t)\,dt \tag{2.3}$$

時刻 $t = 0$ における位置が x_0 の場合は，x_0 を加えた次の式となる。

$$x(t) = x_0 + \int_0^t v(t)\,dt \tag{2.4}$$

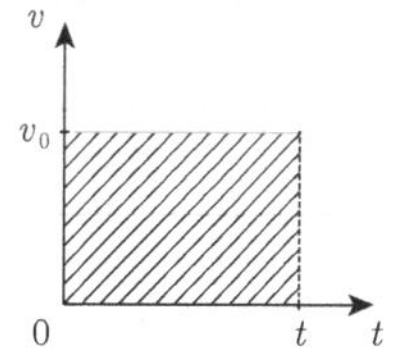

図 2.6

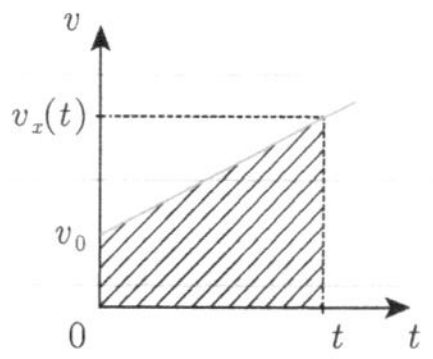

図 2.7

例題 2-2

例題 2-1 と同様に，時刻 $t = 0$ で速さ v_0 であった電車が停車駅に近づいたためブレーキを掛けて，一定の割合で減速して停止した。例題 2-1 でも示したように，時刻 t における速度は，$v(t) = v_0 - at$ で表される。また，v_0, a は正の定数である。次の問いに答えよ。

［1］ この電車の運動について，$v - t$ グラフを描け。

［2］ この電車が時刻 $t = 0$ から駅で停車する時刻までの移動距離は，［1］のグラフのどの部分の面積であるのか斜線で示せ。また，その面積から移動距離 x_1 を求めよ（時間についての積分で求める）。

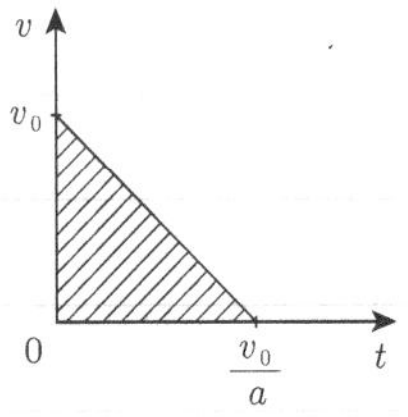

図 2.8

解説＆解答

［1］y 軸との交点は，$t=0$ のときの $v(0)$ の値（初速度）であり，$v(0)=v_0-a\times 0=v_0$ となる。また，横軸との交点は $v(t)=0$ となるときの t の値であり，$t=\dfrac{v_0}{a}$ となる。

グラフは図 2.8 のようになる。

［2］図 2.8 の斜線部が移動距離となる。その面積は三角形の面積で，$\dfrac{1}{2}\times\dfrac{v_0}{a}\times v_0=\dfrac{v_0^2}{2a}$ となる。この移動距離 x_1 は，時間について 0 から $\dfrac{v_0}{a}$ まで定積分で求めることができる。

$$x_1=\int_0^{\frac{v_0}{a}}v(t)dt=\int_0^{\frac{v_0}{a}}(v_0-at)dt=\left[v_0t-\frac{1}{2}at^2\right]_0^{\frac{v_0}{a}}=\frac{v_0^2}{2a}$$ ■

2.2 直線運動の加速度

一般的に，物体の速度は，電車の例（図 2.7）のように変化することが多い。物体の速度は外からの力の作用によって変化する。電車の場合には，内蔵されているモータの力によって速度が変化している。この速度の変化の度合いを表す物理量として，単位時間あたりの速度の変化量を加速度と定義する。加速度は，速度の変化量であるので大きさと向きを持つベクトル量である。

2.2.1 平均の加速度と瞬間の加速度

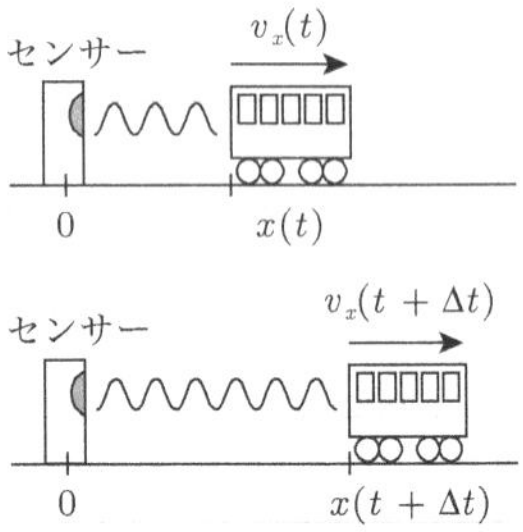

図 2.9

図 2.9 に示すように，電車の速度が，時刻 t に速度が $v(t)$ で，時間 Δt 経過後の時刻 $t+\Delta t$ には，速度が $v(t+\Delta t)$ へと変化した。このときの速度の変化量は $\Delta v=v(t+\Delta t)-v(t)$ である。Δv を Δt で割ったものが平均の加速度 $\bar{a}$ であり，次式で定義される。

$$\text{平均の加速度：}\bar{a}=\frac{(\text{速度の変化量})}{(\text{経過時間})}=\frac{\Delta v}{\Delta t} \tag{2.5}$$

Δt を限りなく 0 にすることで，瞬間の加速度となる。時刻 t の瞬間における加速度 a は，速度 v の時間微分として，次式で定義される。加速度 a は，位置 x の 2 階微分となり，$\ddot{x}$ と記載することもある。

$$\text{加速度：}a=\lim_{\Delta t\to 0}\frac{\Delta v}{\Delta t}\equiv\frac{dv}{dt}=\frac{d^2x}{dt^2}=\ddot{x} \tag{2.6}$$

例題 2-3

次の関数を時間 t で 2 階微分せよ。なお，t 以外は全て定数であり，虚数単位 $i = \sqrt{-1}$ である。

[1]　$x(t) = x_0 + v_0 t - \dfrac{1}{2}gt^2$

[2]　$x(t) = A\sin(\omega t + \theta_0)$

[3]　$x(t) = Ae^{-i(\omega t + \theta_0)}$

[4]　$x(t) = A\ln(at + b)$

★ 補足
ln は $\log_e$

解説 & 解答

[1]　$\dfrac{d^2x}{dt^2} = -g$

[2]　$\dfrac{d^2x}{dt^2} = -A\omega^2 \sin(\omega t + \theta_0)$

[3]　$\dfrac{d^2x}{dt^2} = -A\omega^2 e^{-i(\omega t + \theta_0)}$

[4]　$\dfrac{d^2x}{dt^2} = -\dfrac{Aa^2}{(at+b)^2}$　■

2.2.2　$v - t$ グラフにおける加速度

図 2.10 の $v - t$ グラフにおいて，点 P は時間 t での電車の速度 $v(t)$ で，点 Q は時間 Δt 経過後の速度 $v(t + \Delta t)$ を表している。点 P から点 Q までの時間 Δt での平均加速度は，点 P と点 Q を結ぶ直線の傾きで表される。この Δt を限りなく小さくすると，点 P での接線に近づいていく。この接線の傾きが，時刻 t における瞬間の加速度 a となる。

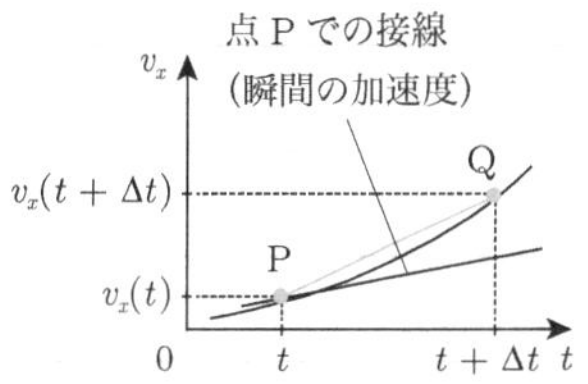

図 2.10

2.2.3　積分により加速度 a から求めた速度 v

図 2.11 は，電車が一定の加速度 a_0 で移動しているときの加速度と時間の関係（$a - t$ グラフ）を示している（等加速度運動）。加速度は単位時間あたりの速度の変化量であるので，時間 t だけ経過したときの速度の変化量は，加速度 a_0 と時間 t の積で計算できる。$a_0 t$ は，図の長方形の面積に対応している。図 2.12 は加速度が変化しているときの $a - t$ グラフである。この場合も，斜線部分の面積が速度の変化量となる。この面積（速度の変化量）は，時刻 0 から t までの定積分に等しい。速度の変化量 v は次の式で表される（初速度が 0 の場合）。

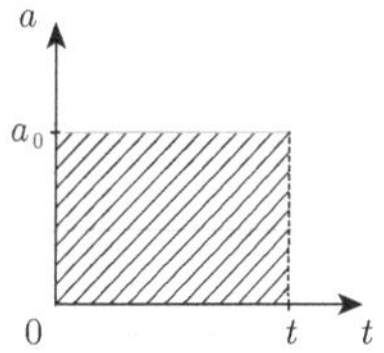

図 2.11

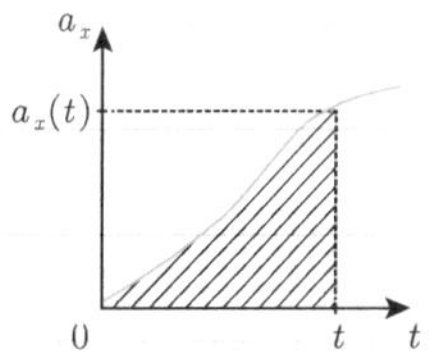

図 2.12

$$v(t) = \int_0^t a(t)\,dt \tag{2.7}$$

時刻 $t = 0$ における初速度が v_0 の場合は，v_0 を加えた次の式となる。

$$v(t) = v_0 + \int_0^t a(t)\,dt \tag{2.8}$$

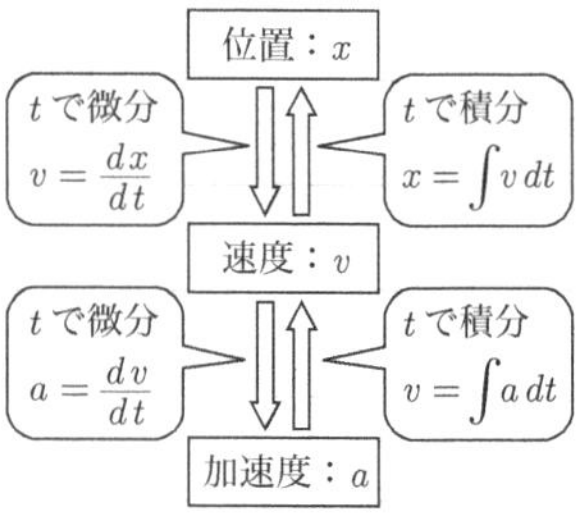

図 2.13

2.2.4 位置 x，速度 v_0，加速度 a の関係のまとめ

位置，速度，加速度が t の関数であるとき，図 2.13 に示すように，時間微分により，位置から速度，速度から加速度を得ることができる。また，時間積分により，加速度から速度，速度から位置を得ることができる。

例題 2-4

時刻 $t=0$ で速さ v_0 で，宇宙空間を走行していた宇宙船が，前方に障害物があったため，逆噴射をして停止した。宇宙船の進行方向を x 軸の正の向きとし，減速時の加速度の大きさを bt とする（減速の割合は時間的に変化する）。積分を用いて，加速度から速度，速度から位置を計算することで，任意の時刻 t における速度 v と位置 x を求めよ。なお，時刻 $t=0$ のとき，位置が x_0 とする。

解説＆解答

速度は（2.8）式より次のとおりとなる。

$$v(t)=v_0+\int_0^t(-bt)\,dt=v_0-\frac{1}{2}bt^2 \qquad ①$$

位置は（2.4）式に①式の $v(t)$ の式を代入して求める。

$$x(t)=x_0+\int_0^t v(t)\,dt=x_0+\int_0^t\left(v_0-\frac{1}{2}bt^2\right)dt=x_0+v_0t-\frac{1}{6}bt^3$$ ■

2.3 3次元における速度と加速度

今まで，直線の線路上を動く電車の運動を考えてきたが，ここからは，直線運動以外の3次元における速度と加速度について考える。なお，ここでは，質量だけあって大きさのない点状の物体（質点）の動きで表現する。さらに，x, y, z 軸方向も考慮した3次元ベクトルに拡張して考える。

2.3.1 3次元における速度

1次元の場合と同様に，平均速度は経過時間あたりの変位を求める。例えば，図 2.14 の場合には，時刻 t における位置が $\boldsymbol{r}(t)$ で，時間 Δt 後の時刻 $t+\Delta t$ における位置が $\boldsymbol{r}(t+\Delta t)$ とする。変位は $\Delta\boldsymbol{r}=\boldsymbol{r}(t+\Delta t)-\boldsymbol{r}(t)$ と書け，平均速度 $\bar{v}$ は次式で表される（Δx, Δy, Δz は x 方向，y 方向，z 方向の変位である）。

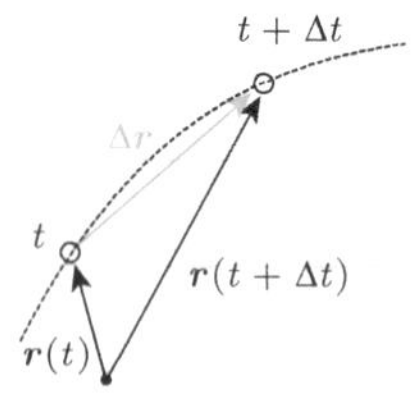

図 2.14

$$\text{平均速度：}\bar{\boldsymbol{v}}=\frac{(\text{変位})}{(\text{経過時間})}=\frac{\Delta\boldsymbol{r}}{\Delta t}=\left(\frac{\Delta x}{\Delta t},\frac{\Delta y}{\Delta t},\frac{\Delta z}{\Delta t}\right) \tag{2.9}$$

時刻 t の瞬間の速度 $\boldsymbol{v}=(v_x, v_y, v_z)$ を求めるために，1次元の場合と同様に $\Delta t\to 0$ の極限をとり，位置 $\boldsymbol{r}=(x, y, z)$ の時間微分として，次式で定義する。

速度：$\boldsymbol{v} = (v_x, v_y, v_z)$

$$= \lim_{\Delta t \to 0} \frac{\Delta \boldsymbol{r}}{\Delta t} = \frac{d\boldsymbol{r}}{dt} = \left(\frac{dx}{dt}, \frac{dy}{dt}, \frac{dz}{dt}\right) \tag{2.10}$$

速度 $\boldsymbol{v}$ の方向は質点が動くときに空間に描く曲線の接線の方向であり，その速度の大きさ（速さ）は，

$$|\boldsymbol{v}| = \sqrt{v_x^2 + v_y^2 + v_z^2}$$

となる。3 次元空間では，(2.4) 式の速度から位置を求める式は次のベクトル式で表される（x, y, z 成分についての 3 つの式を 1 つにまとめたもの）。

$$\boldsymbol{r}(t) = \boldsymbol{r}_0 + \int_0^t \boldsymbol{v}(t)\,dt \tag{2.11}$$

2.3.2 3次元における加速度

図 2.15 に示すように，点 P から，時間 Δt 経過後に，点 Q に移動したとする。速度の変化量は，$\Delta \boldsymbol{v} = \boldsymbol{v}(t + \Delta t) - \boldsymbol{v}(t)$ となる。この場合の平均加速度 $\bar{\boldsymbol{a}}$ は，次の式で表される。

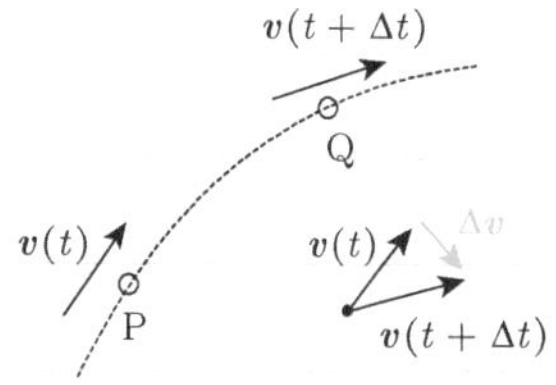

図 2.15

平均加速度：$\bar{\boldsymbol{a}} = \dfrac{(\text{速度の変化量})}{(\text{経過時間})} = \dfrac{\Delta \boldsymbol{v}}{\Delta t} = \left(\dfrac{\Delta v_x}{\Delta t}, \dfrac{\Delta v_y}{\Delta t}, \dfrac{\Delta v_z}{\Delta t}\right)$ (2.12)

ここで，点 Q での速度 $\boldsymbol{v}(t + \Delta t)$ から点 P での速度 $\boldsymbol{v}(t)$ をベクトル的に引いているので，点 P と点 Q の速度の大きさ（速さ）が同じであっても，向きが異なれば加速度が発生する。このことは，後の章で述べる円運動での加速度を考える上で必要となる。

速度の場合と同様に，$\Delta t \to 0$ の極限をとり，時刻 t の瞬間における加速度 $\boldsymbol{a} = (a_x, a_y, a_z)$ を速度 $\boldsymbol{v}$ の時間微分として，次式で定義する。速度 $\boldsymbol{v}$ は，位置 $\boldsymbol{r}$ の時間微分であることから，加速度 $\boldsymbol{a}$ は位置 $\boldsymbol{r}$ の 2 階微分となる。

加速度：$\boldsymbol{a} = (a_x, a_y, a_z)$

$$= \lim_{\Delta t \to 0} \frac{\Delta \boldsymbol{v}}{\Delta t} = \frac{d\boldsymbol{v}}{dx} = \frac{d^2\boldsymbol{r}}{dt^2}$$

$$= \left(\frac{dv_x}{dt}, \frac{dv_y}{dt}, \frac{dv_z}{dt}\right) = \left(\frac{d^2x}{dt^2}, \frac{d^2y}{dt^2}, \frac{d^2z}{dt^2}\right) \tag{2.13}$$

加速度の向きは速度の微小変化 $d\boldsymbol{v}$ の向きで，その大きさは，

$$|\boldsymbol{a}| = \sqrt{a_x^2 + a_y^2 + a_z^2}$$

となる。3 次元空間では，(2.8) 式の加速度から速度を求める式は次のベクトル式で表される。

$$\boldsymbol{v}(t) = \boldsymbol{v}_0 + \int_0^t \boldsymbol{a}(t)\,dt \tag{2.14}$$

例題 2-5

時刻 t における位置ベクトルが $\boldsymbol{r} = (x(t),\ y(t)) = (2At,\ -Bt^2)$ で与えられている。ただし，A，B は正の定数とする。次の問いに答えよ。

［1］ 時刻 t から $t = \Delta t$ での平均の速度ベクトル $\bar{\boldsymbol{v}} = (\overline{v_x},\ \overline{v_y})$，平均の加速度ベクトル $\bar{\boldsymbol{a}} = (\overline{a_x},\ \overline{a_y})$ を定義にしたがって求めよ。

［2］ ［1］で得られた式の Δt を限りなく 0 に近いとした瞬間の速度ベクトル $\boldsymbol{v} = (v_x,\ v_y)$，瞬間の加速度ベクトル $\boldsymbol{a} = (a_x,\ a_y)$ を求めよ。また，この答えが位置ベクトルを時間 t で微分したものと一致することも示せ。

解説＆解答

［1］ $$\overline{v_x} = \frac{x(t+\Delta t) - x(t)}{\Delta t} = \frac{2A(t+\Delta t) - 2At}{\Delta t} = 2A$$

$$\overline{v_y} = \frac{y(t+\Delta t) - y(t)}{\Delta t} = \frac{-B(t+\Delta t)^2 - (-Bt^2)}{\Delta t} = -2Bt - B\Delta t$$

$$\therefore \bar{\boldsymbol{v}} = (2A, -2Bt - B\Delta t)$$

$$\overline{a_x} = \frac{v_x(t+\Delta t) - v_x(t)}{\Delta t} = \frac{2A - 2A}{\Delta t} = 0$$

$$\overline{a_y} = \frac{v_y(t+\Delta t) - v_y(t)}{\Delta t} = \frac{-2B(t+\Delta t) - B\Delta t - (-2Bt - B\Delta t)}{\Delta t}$$
$$= -2B$$

$$\therefore \bar{\boldsymbol{a}} = (0, -2B)$$

［2］ $\Delta t \to 0$　とすると $\boldsymbol{v} = (2A,\ -2Bt)$ $\boldsymbol{a} = (0,\ -2B)$

$\dfrac{dx}{dt} = 2A$，$\dfrac{dy}{dt} = -2Bt$，$\dfrac{d^2x}{dt^2} = 0$，$\dfrac{d^2y}{dt^2} = -2B$ であるから，一致していることがわかる。■

第3章　運動の法則

ニュートンは，力学の研究を体系的にまとめた「プリンキピア」（“Philosophiæ Naturalis Principia Mathematica”（自然哲学の数学的諸原理））という全３巻の解説書を1687年に出版した。この中の第１巻に，運動の３法則（第１法則：慣性の法則，第２法則：運動の法則，第３法則：作用・反作用の法則）が記されている。

本章では，それぞれの法則の意味を理解し，どのように使われるかについて学ぶことにしよう。

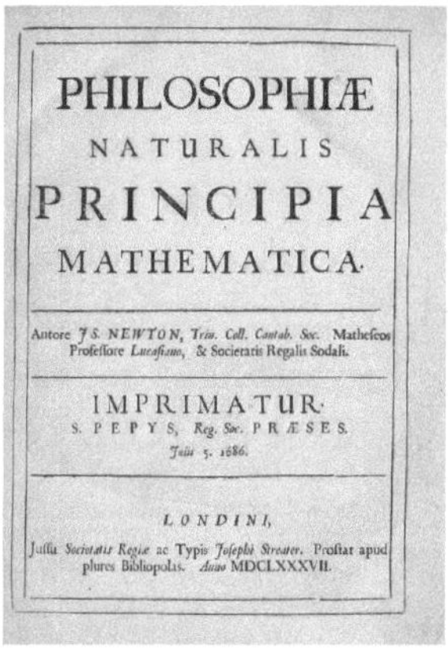

プリンキピアの初版の表紙

3.1　運動の第１法則（慣性の法則）

3.1.1　慣性の法則

机の上に本が置いてある。なにもせずにみているだけであれば，本は動かないが，指で押すと本は動き，押すのをやめると止まってしまう。このように，物体に力を作用させている間は，物体が運動するといえるだろう。しかし，例えば，氷上を滑るカーリングのストーンのように，物体に力が作用していなくても，物体が運動し続けることもある。これら２つの場合を比べてみると，本の場合には摩擦力が作用しているのでやがて止まるが，摩擦力が作用していなければ動き続けてもよいはずであることに気がつくであろう。このように，物体は，そのときに行っている運動（＝物体の速度）を持続しようとする性質を持っている。物体が持つこのような性質を**慣性**と呼ぶ。そして，この法則のことを**慣性の法則**といい，次のように説明される。

「全ての物体は，外部から力を受けていないとき，静止している物体は静止し続け，運動している物体は等速直線運動を続ける」

★ 補足
ここで，「外部から力を受けていない」というのは，受けていてもその合力が０であるとき，すなわち，「力がつりあっている」場合も含むことに注意しよう。

3.1.2　運動の第１法則の役割

この法則は，よく考えてみると次に述べる第２法則（運動の法則）で扱う運動方程式の特別な場合（物体にはたらく力が０（つりあい）の場合）と同じことを示しているように思われる。しかし，運動の第１法則の本当の意味は，「慣性の法則が成り立つ座標系が存在しており，私たちの座標系がそのような座標系である」という「原理」（何からも導かれない根本的な法則）を宣言していることである。私たちの座標系ではこの法則が成立するからこそ，3.2節に出てくる第２法則（運動の法則）を使って運動の議論ができるのである。

第２法則（運動の法則）は，全ての座標系で成り立つわけではない。例えば，電車が加速している車内ではつり革は真下に垂れているのではなく，斜めの状態になっているだろう。車内にいる人からみれば，何も力がはたらいていないにもかかわらず，つり革が何かの力で横に引っ張られているようにみえる。これは明らかに私たちの知っているつりあいの状態ではなく，運動の法則に反する。このように加速している電車とともに動く座標系では，運動の法則は成り立っていない。その他にも，私たちの日常生活の中には運動の法則が成り立たない座標系は多い。本書では特に断りがない場合には，慣性の法則が成り立つ座標系を選択している。

このように運動の第１法則が成り立つ座標系を**慣性系**という。地上は通常は慣性系として扱う。本来，地上は地球の自転や公転で加速度運動をしているので慣性系ではないが，その影響が十分小さく無視できると考え，慣性系と近似できるためである。一方，加速している電車内のように，運動の第１法則が成り立っていないようにみえる座標系を**非慣性系**（**加速度系**）という。しかし，非慣性系でも運動方程式を使えると便利である。このつじつまを合わせるために導入した見かけの力が，「**慣性力**」である。非慣性系や慣性力については，第８章で学ぶ。

3.1.3　座標系と初期条件

このように物体の運動を考えるためには，まず運動の第１法則を満たす座標系をきちんと設定しなければならない。設定する座標系が慣性系であることを確認し，原点や座標軸の向きを決めると，物体の位置が決まる。また速度や加速度の記述のしかたも決まる。特に，座標軸の向きをしっかり認識しておかないと，符号で混乱することになるので注意が必要である。また，運動を調べていく際，時刻 $t = 0$ での位置や速度の条件が，後の運動に大きな影響を及ぼす。このような時刻 $t = 0$ での条件を**初期条件**といい，問題を解く際には，問題文の設定から適切に読み取らなくてはいけない。

3.2　運動の第２法則（運動の法則）

3.2.1　質量と重さ

運動の法則に入る前に，「質量」と「重さ」の用語について確認しておこう。両者は，日常的には混同して使われていることも多いが，物理を扱う上でこれらの区別は重要である。

「**質量**」とは，運動の変化のしにくさを表す量である。また，万有引力による引力の大きさを示す指標（「重さ」を与える能力）ともいえる。厳密には，前者の考え方から**慣性質量**，後者の考え方から**重力質量**という２種類の定義があるが，これらは物理的に等価とされているため，以降両者を区別することなく単に質量ということにする。

一方，「**重さ**」は，その物体に働く重力の大きさである。そして重さを感じるのは，物体を手に持った際にその重力が手に力を及ぼすからである。後で出てくるように，重力は質量に重力加速度をかけたものとして表される。同じ物体でも，別の天体上に持っていくと重力加速度が異なるため，異なる重さになる。例えば月の重力は地球の1/6であるので，質量は変わらないが，重さは1/6になる。重力加速度が0と見なせる状態（無重力状態）では，重さは感じられない。このように重さは環境によって変わるものである。地球上では重力加速度はどこでもほぼ同じであり（厳密には，場所によってわずかに異なる），重さの感じ方は質量に比例するため，日常生活では重さと質量の言葉は同じように使われてしまうことが多い。しかし，質量と重さ（重力）の単位はそれぞれ〔kg〕と〔N〕$=$〔$\mathrm{kg \cdot m/s^2}$〕で次元も異なっており，物理的にはしっかりと区別しなくてはならない。

★ 補足
重力の実用単位として，〔kgw〕（キログラム重）というものがある。これも力の単位である。普段，「重さxxキログラム」というのは，このキログラム重の「重」が省略されてしまっているためであり，これが質量と重さを混同する原因となっている。

力の単位〔N〕については，3.2.3節で説明する。
〔kgw〕と〔N〕との関係は，
1 kgw = 9.80655 N
である。

3.2.2 運動の法則

ニュートンは「プリンキピア」の中で，運動の第2法則を次のように説明している。

「運動の変化は，作用した力の合力に比例し，その力の方向に行われる」

多くの教科書では，質量や加速度，力という言葉を使ってもう少し直接的な表現で説明されているが，ここでは上記のニュートン自身の記述からこの意味について考えてみよう。

まず「運動の変化」とあるが，そもそも運動をどのような変数を用いて記述すればよいだろうか。運動している状態を表すので，速度vは必要である。加速度や位置は，速度の微分や積分で表せるので，これらは速度の情報に含まれていると考えてよい。その他にも何か運動に関係する変数があるだろうか。同じ速度で投げた鉄球とピンポン球を考えてみよう。私たちは，鉄球とピンポン球では，衝突したときの衝撃が違うことを知っている。また，質量が大きいものの方が，小さいものより動かしにくいことも日常的な経験から実感している。これらのことから，質量mも運動の違いを表すために必要と考えてよいだろう。

ここまでの考察で出てきた速度$\boldsymbol{v}$と質量mを用いて，「運動を表す量」を定義してみる。速度と質量はお互いに全く関係ない量（「独立である」という）であるため，両者の積をとることで物理量を定義する。ここで，

$$\boldsymbol{p} = m\boldsymbol{v} \tag{3.1}$$

を「運動を表す量」，すなわち運動量と定義することにしよう。運動量は，このように$\boldsymbol{p}$の記号を用いて書かれる。速度は大きさと向きの情報を持つベクトルであるので，運動量もベクトルである。

★ 補足
運動量については第10章で詳しく解説する。

先のニュートンの記述に戻ると，運動の第2法則とは，運動の変化，つまり，運動量の変化は，物体にはたらく力の総和（合力）の大きさに比例し，また，合力の向きに運動量が変化する，と説明しているのである。これらの関係を式で表しながら，さらに詳しく考えてみよう。

3.2.3 運動方程式

運動の未来を予測することは，時間がたつにつれて，運動がどのように変化していくか，すなわち「運動の変化」を考えることである。「運動」は，運動量を用いて記述することにしたので，「今」と「次の瞬間」の時間の変化 Δt の間の運動量の変化 $\Delta \boldsymbol{p}$ がわかれば，次の瞬間の運動量がわかることになる。したがって，知りたい量は「運動量の時間変化率（単位時間あたりの運動量の変化）」$\dfrac{\Delta \boldsymbol{p}}{\Delta t}$ であり，これは $\Delta t \to 0$ の極限をとれば，運動量の時間微分（運動量を時間で微分した導関数）として得ることができる。

$$\lim_{\Delta t \to 0} \frac{\Delta \boldsymbol{p}}{\Delta t} = \frac{d\boldsymbol{p}}{dt} \tag{3.2}$$

ここでは原子核反応等の本質的な質量変化は考えないので，

$$\frac{d\boldsymbol{p}}{dt} = m\frac{d\boldsymbol{v}}{dt} \tag{3.3}$$

のように，時間変化の対象は速度であり，「質量×加速度」の形に書かれる。速度が変化するということは，運動の速さや向きが変化することである。

それでは速度を変化させる原因は何であろうか。これが，外部から物体に作用する「力」である。物体に力が作用すると，物体の速さや向きが変化する。したがって，運動量の変化と力の関係を表す式が，我々の知りたい関係である。ここでニュートンは，これらを等号でつなぐことを考えた。

$$\frac{d\boldsymbol{p}}{dt} = \boldsymbol{F} \tag{3.4}$$

すなわち，速度 $\boldsymbol{v}$ や変位 $\boldsymbol{r}$ を用いれば，

$$m\frac{d\boldsymbol{v}}{dt} = \boldsymbol{F} \quad \text{または} \quad m\frac{d^2\boldsymbol{r}}{dt^2} = \boldsymbol{F} \quad (m\dot{\boldsymbol{v}} = m\ddot{\boldsymbol{r}} = \boldsymbol{F}) \tag{3.5}$$

である。このようにして，「質量 m ×加速度 $\ddot{\boldsymbol{r}}$ ＝ 力 $\boldsymbol{F}$」という式が得られる。ここで $\boldsymbol{F}$ は，物体に複数の力がはたらく場合は，その合力である。また，式からわかるように，加速度の向きと力の向きは平行である。すなわち，力の向きに加速度が生じる。国際単位系では，このように運動量の時間変化と力の比例定数が1になるように力の単位を〔N〕（ニュートン）と決めた。これが，ニュートンの**運動方程式**である。古典力学の範囲では，なぜ運動量と力の関係がこのように書けるのかの理由はないので，これも「原理」である。この式の正しさは，この式から構築された力学の学問体系が，実験的事実をよく説明できていることから立証されている。

運動の解析に用いる際には，成分ごとに運動方程式をつくる場合が多い。直交座標系の場合は，

★ 補足
ここで注意すべきことは，運動方程式は「運動量の時間変化率」と「力」という，何の関係もない量どうしを結び付けた関係式であり，ここで使われている「＝」は1＋1＝2の「＝」とは全く意味が異なっていることである。1＋1＝2の「＝」は単に左辺と右辺の量が等しいということを表している。運動方程式の「＝」は，量的に左辺と右辺が等しいことを表しているだけではなく，「因果律」（ある原因によって結果が生じるという原理）をも表している。因果律を表すときには，慣例として，右辺が原因，左辺を結果と表記するので，原因である「力」を右辺に，結果である「速度変化」を左辺にして，$m\dfrac{d\boldsymbol{v}}{dt} = \boldsymbol{F}$ と書かれることが多い。

★ 補足
物理では，時間微分の表記として，変数の上にドットをつけて表す。
微分表記が簡便になるので，慣れておくとよいであろう。

★ 補足
力の単位

$\mathrm{N} = \mathrm{kg \cdot m/s^2}$

$$
\begin{cases}
x\text{成分：}\ m\dfrac{dv_x}{dt} = F_x \quad \text{または} \quad m\dfrac{d^2x}{dt^2} = F_x \quad (m\ddot{x} = F_x) \\
y\text{成分：}\ m\dfrac{dv_y}{dt} = F_y \quad \text{または} \quad m\dfrac{d^2y}{dt^2} = F_y \quad (m\ddot{y} = F_y) \\
z\text{成分：}\ m\dfrac{dv_z}{dt} = F_z \quad \text{または} \quad m\dfrac{d^2z}{dt^2} = F_z \quad (m\ddot{z} = F_z)
\end{cases} \tag{3.6}
$$

また，平面内の円運動を記述する場合は，極座標系（ただし，動径方向は中心向きを正とする）で表し，

$$
\begin{cases}
\text{接線成分：}\ m\dfrac{dv}{dt} = F_{//} \quad \text{または} \quad m\dfrac{d^2r}{dt^2} = F_{//} \quad (m\ddot{r} = F_{//}) \\
\text{向心成分：}\ m\dfrac{v^2}{r} = F_{\perp} \quad \text{または} \quad mr\omega^2 = F_{\perp} \quad (\omega\text{は角速度})
\end{cases} \tag{3.7}
$$

（$\boldsymbol{F}_{//}$ は力の接線成分，$\boldsymbol{F}_{\perp}$ は力の向心成分を表す）

となる。円運動の運動方程式については，第5章で学ぶ。

3.3 力について

3.3.1 力について

力は物体に加速度を生じさせるものとして，運動の第2法則で導入した。力は大きさと向きで表され，ベクトルである。図に描くときは矢印で表記し，力の大きさは矢印の長さで，力の向きは矢印の向きで表現する。力の作用している点を作用点といい，矢印を描くときの始点となる。

質点の力学では物体の大きさを無視して考えるため，物体にはたらいている力の作用点の位置の違いについては深く考える必要はなく，運動方程式をたてる場合，力は一点に集中していると考えてよい（第11章以降に出てくる剛体の場合は，作用点の位置が重要になる）。

作用点に関連する作用線については，11.1節で解説する。

3.3.2 いろいろな力

自然界にある力は，重力，電磁気力，弱い力，強い力の4つしかない。そのほかに出てくる力は，全てこれらの力を起源としている。万有引力と重力は同義であるし，クーロン力やローレンツ力は電磁気力である。ここで，弱い力と強い力は原子核内ではたらく力なので，力学や電磁気学では登場しない。

それでは，「触って物体を押すときの力」や「糸で物体を引っ張る力」は上記のうち，どれに対応するのであろうか？　実は，これらの力は電磁気力を起源としており，原子レベルのミクロな領域で現れてくる力で，分子間力と呼ばれる。分子間力は，物体を構成する分子内の電子分布のゆらぎから，双極子相互作用（クーロン力）を通じて引力や斥力が生じるものである。図3.1のように，ある距離 r_0 より接近する（$r < r_0$）と斥力，ある距離より遠ざかれば（$r > r_0$）引力，さらに遠ざかると力は生じない。

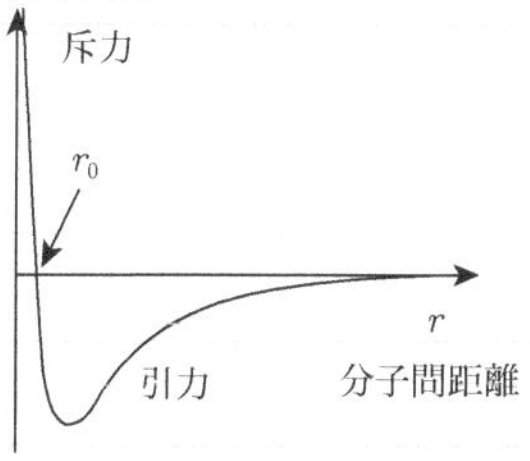

図3.1

しかし，ミクロな視点から全てを足し合わせて実際に生じた力を計算するのはほとんど不可能である。したがって，全体としてマクロな力がはたらくという取り扱いをする。このような力で，接触することによって与える力を**接触力**と呼ぶ。以下に接触力の例を挙げる。

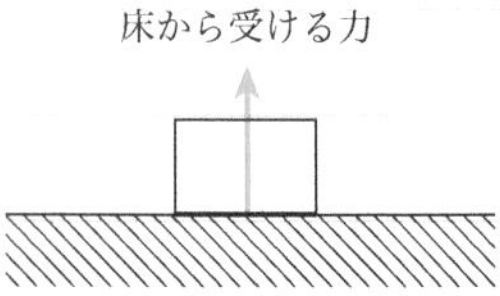

図 3.2

図 3.3

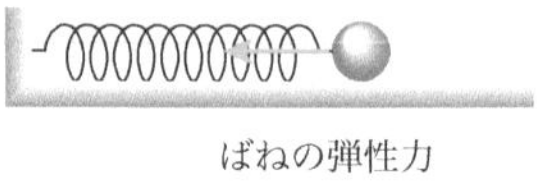

図 3.4

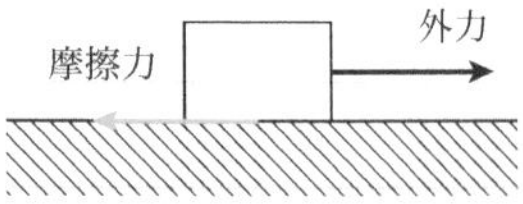

図 3.5

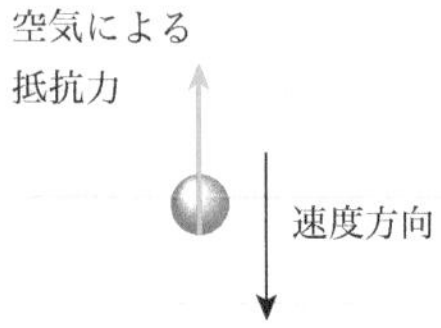

図 3.6

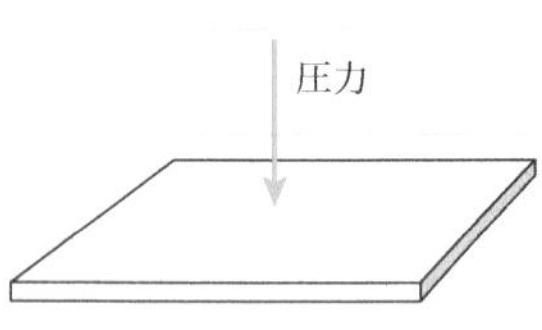

図 3.7

垂直抗力：物体同士が接触しているとき，接触している近傍の分子が押されてわずかに分子間距離が縮まることによって生じる斥力の分子間力を全て合わせたもの。面が物体に及ぼす力を抗力といい，特に接触面に垂直に及ぼす力を垂直抗力という。例えば，床に置いた物体が，床から受ける床面に垂直な力などがある。

張力：糸などを形作る分子がわずかに引き延ばされて，分子間距離が増加することによって生じる引力の分子間力を全て合わせたもの。糸の引っ張りなどで登場する力。通常，糸は十分軽いので質量を無視することが多く，糸の質量を無視する場合には，糸の張力はどこでも等しくなる（質量があるときは，張力が等しくならないことに注意が必要である。4.4 節例題）。

弾性力：物体を形作る分子が縮められたり伸ばされたりすることによって生じる分子間力をあわせたものである。変位が大きすぎなければ，もとに戻ろうとする力 F〔N〕は，物体の変形量（変位）x〔m〕に比例するので，k〔N/m〕を比例定数として，

$$F = kx \tag{3.8}$$

と表される（**フックの法則**）。ばねの弾性力は 6.2 節で学ぶ。

摩擦力：物体が接触しているときにその面に平行な方向にはたらく力で，材質や表面の凹凸の状態などによって決まり，運動を妨げる向きにはたらく。原因の 1 つとして，接触している部分の原子や分子間にはたらくクーロン力といわれている。粗い床上にある物体を動かすとき等に考える力で，摩擦力については 7.5 節で学ぶ。

抵抗力：物体の速度の向きに対して逆向きにはたらく力。物体が動くとき，気体分子や空気を構成する分子の影響により，動きを妨げられることから生じる。運動する物体の後方に生じる渦の有無等により，物体の速さに比例する抵抗力（**粘性抵抗**），物体の速さの 2 乗に比例する抵抗力（**慣性抵抗**）等が知られている。抵抗力のある運動については 4.4 節で触れる。

圧力：気体分子や水分子の熱運動によって，分子が物体にぶつかって押すことによる力を合わせたもの。圧力 P〔Pa（パスカル） (=N/m^2)〕は単位面積あたりの力の大きさで定義され，はたらいている力 F〔N〕，作用している面積 S〔m^2〕を用いて，

$$F = PS \tag{3.9}$$

のような関係がある。

空気による圧力は，地上ではほぼ一定であり，物体に等方的に作用して打ち消しあうため，通常の力学の問題では考慮しなくてよい。

浮力：水中の物体が受ける浮力は，その物体が押しのけた体積の水にはたらく重力に等しい。これは物体の上下の面にはたらく圧力の差から生じており，アルキメデスの原理という。水中の物体の体積を V〔$\mathrm{m^3}$〕，物体の周囲の液体の密度を ρ〔$\mathrm{kg/m^3}$〕，重力加速度を g〔$\mathrm{m/s^2}$〕とすると，水中の物体が受ける浮力 F〔N〕の大きさは

$$F = \rho V g \tag{3.10}$$

と表される。

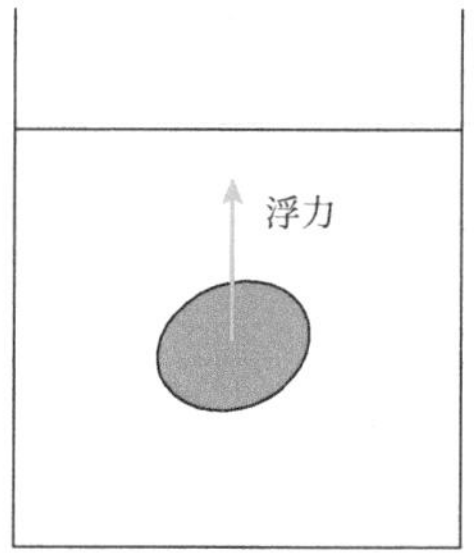

図 3.8

このように，次に示す非接触力以外では，力が作用するには他の物体を構成する原子や分子との相互作用が必要であり，必ず他の物体が接触していなければならない。

一方，重力やマクロな電磁気力は，接触せずに力を与えることができるため，非接触力といわれている。これらの力は場の力と呼ばれることもある。ここで，場とは，広がりを持った空間のようなものであり，物体が場の中に存在していることで物体が場から力を受けると考える。例えば，曲がっている空間に小球を置くと，小球はその曲がりに沿って動いていく。この空間の曲がりが，小球を動かす駆動力の原因である。このような曲がった空間のような広がりを持つものが場であり，この駆動力が場の力である。図 3.9 では太陽の重力を曲がった空間として描いており，場から受ける力（重力）によって地球が円運動している様子を示している。

■空間の曲がりが重力を生む

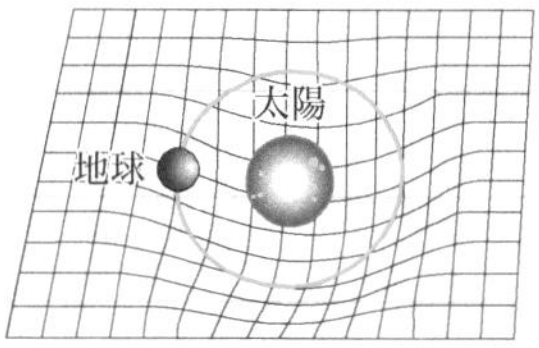

地球は太陽の周囲の空間の曲がりの影響を受けて公転している

図 3.9

万有引力（重力）　：重力場による力
クーロン力　：電場による力
ローレンツ力　：磁場による力

★ 補足
電場と磁場による力をあわせてローレンツ力と呼ぶこともある。

これまでたくさんの力を紹介してきたが，その中に慣性力がなかったことに注意してほしい。慣性力とは見かけの力であり，実在していない。これは，運動方程式が成り立たない座標系（非慣性系）でも，運動方程式を用いることができるように導入する力であり，運動方程式が成り立つ座標系（慣性系）で考えている限り必要ない。

★ 補足
慣性力や非慣性系については，第 8 章で扱う。

3.3.3 力のつりあい

物体に複数の力が作用しているときに，これらの力の合力が 0 である状態を「これらの力はつりあっている」という。これは，物体の運動の観点からみれば，物体の運動状態が変わらないことである。すなわち，静止している物体は静止したままであり，運動している物体はその速さや運動の向きが変わらない。物体の運動状態が変わらないということは，運動量が変化しない（加速度が 0）ことである。式で表せば，運動方程式

$$\frac{d\boldsymbol{p}}{dt} = \sum \boldsymbol{F} \quad \text{または} \quad m\frac{d\boldsymbol{v}}{dt} = \sum \boldsymbol{F} \tag{3.11}$$

の左辺が 0 となり，

$$0 = \sum \boldsymbol{F} \tag{3.12}$$

である。この式を「つりあいの式」と呼ぶこともあるが，このようにつりあいは運動方程式の特別な場合にすぎない。力学の運動を考える上では，全ての出発点として運動方程式を考えればよく，つりあいの場合も，着目した物体について運動方程式を立ててから，物体のおかれている状況（束縛条件）を考えたうえで，その左辺を0にすると考えたほうがよい。

★ 補足
このように書くのは，つりあっていない状況下であるにもかかわらず，なんとなくつりあいの式を使ってしまう人をよくみかけるからである。
束縛条件については後述。

3.4. 運動の第3法則（作用・反作用の法則）

3.4.1 作用・反作用の法則

摩擦のない床面上に2人の人が立っている状況を考えてみよう。一人がもう一人を押すと，押された側は押された向きに滑るが，押した側も逆向きに滑ってしまう。このように，一方の物体が他方の物体に力を及ぼすと，力を及ぼした側も他方の物体から逆向きに力を及ぼされることになる。この例のように，

「2つの物体がお互いに力を及ぼしあっているとき，力の作用線は同一直線上にあり，それらの力は大きさが等しくて向きが逆になる」

という法則がある。この法則を作用・反作用の法則という。これも「原理」であり，他の法則などから導くことはできない。

3.4.2 作用・反作用の法則とつりあい

「大きさが等しくて向きが逆」の力について，「つりあい」と混同しているケースをよくみかけるが，これらは全く違う現象なので，しっかりと区別する必要がある。

つりあいは，1つの物体に着目して，その物体に作用している力の合力が0であることである。すなわち，質量 m の1つの物体に2つの力 F_1, F_2 が作用している場合（図3.10）の運動方程式を書けば，

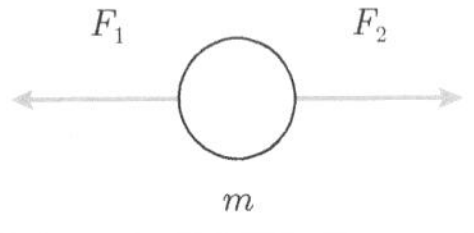

図3.10

$$m\frac{dv}{dt} = F_1 - F_2 \tag{3.13}$$

また，つりあっているということは，加速度は生じないので，

$$\frac{dv}{dt} = 0$$

ゆえに

$$F_1 = F_2 \tag{3.14}$$

である。これは運動方程式を用いて，運動状態が変化しないという条件から導かれた結果である。

一方，作用・反作用の法則の場合は，着目している物体が必ず2つ（以上）ある。そして，それぞれの物体には，相手の物体から受けた力が作用している。図3.11のように，それぞれの質量が m_1, m_2，速度が v_1, v_2 で

動く物体1，2が，万有引力などで引きあっている状態を考える。ここで，物体2から物体1に作用している力の大きさを $F_{2\to1}$，物体1から物体2に作用している力の大きさを $F_{1\to2}$ とした。一方からもう一方への力を表すため，物体を表す数字が2つあることに注意して欲しい（意味がわかりやすいように矢印も入れた）。それぞれの運動方程式を書くと，

$$\text{物体1：} m_1 \frac{dv_1}{dt} = F_{2\to1} \tag{3.15}$$

$$\text{物体2：} m_2 \frac{dv_2}{dt} = F_{1\to2} \tag{3.16}$$

となる。ここで気がついてほしいことは，それぞれの物体について別々に運動方程式が立てられていること，それぞれの運動方程式の中には，今考えている力の両方が入ることはないことである。そして，これらの式から，$F_{1\to2} = F_{2\to1}$ を導くことはできない。

$F_{1\to2} = F_{2\to1}$ は，お互いに力を及ぼし合っているという状況から，作用・反作用の法則で与えられるものであって，式から導かれるものではない。さらに，作用・反作用の法則から，これらの物体をまとめて考えた系（質点系）の運動量保存の法則が導かれるのである（第12章参照）。

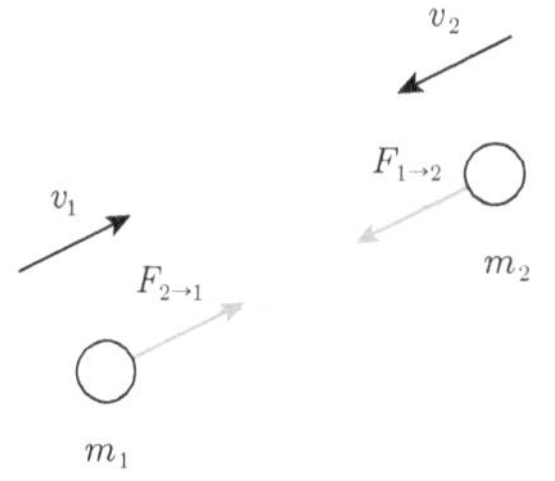

図 3.11

★ 補足
このように，つりあいと作用・反作用の法則は全く別物である。混同が起こるのは，F_1, F_2 のように2つの力の意味を考えずに，単に「$F_1 = F_2$」とイコールで結ぶことしかしないからである。着目している物体をはっきりさせ，運動方程式をいつも念頭において，両者を混同させてはいけない。

例題 3-1

図3.12のように，床の上に物体が置いてある。物体と床にはたらいている力をそれぞれ書き出し，どの力の組み合わせが，つりあいの2力，作用・反作用の2力になっているか説明しなさい。

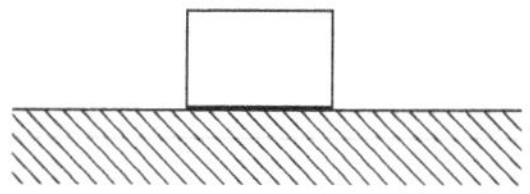
図 3.12

解説＆解答

まず，物体に着目して考える。このとき，非接触力として重力，接触力として物体が床から受ける抗力（垂直抗力）がある（図3.13上）。

次に，床に着目して考える。このとき，床は接触力として物体から押される力を受ける（図3.13下）。

これらの力の中で，つりあいは「1つの物体に着目した関係」，作用・反作用は「2つ（以上）の物体に着目した関係」であることから，

　つりあいの2力：「重力」と「床から受ける抗力」

　作用反作用の2力：「床から受ける抗力」と「物体から押される力」

である。つりあいと作用・反作用の法則を合わせて考えると，結局全ての力の大きさは同じになるが，「重力」と「床が物体から押される力」は直接的な関係はないことに注意しよう。また，「物体が床から受ける抗力」と「床が物体から押される力」がつりあっている，というような表現も間違いである（これは作用・反作用の法則）。さらに，物体の重力の反作用についても触れておこう。重力は，地球が物体を引く力なので，その反作用は，物体が地球を引く力である。物体が地球を引く力を実感することができないのは，地球の質量が約 6×10^{24} kg と物体に比べて非常に大きく地球がびくともしないからである。

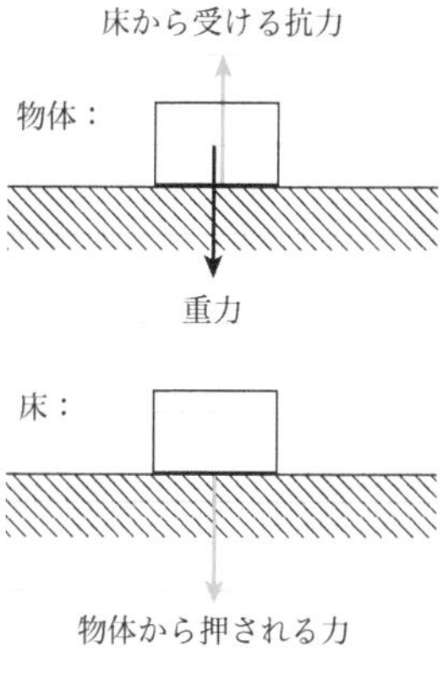

図 3.13

3.5 運動方程式による解法

3.5.1 慣性系について

運動方程式を用いる場合，慣性系の座標系が必要である。それでは，慣性系はどこにあるのだろうか。運動の第１法則から，慣性系が少なくとも宇宙に１つは存在していることは保証されている。

我々のまわりでは，太陽系の重心に固定した座標系はよい慣性系だと考えられている。地上の問題を考える上では，地上に固定した座標系もよい慣性系とされている。

一方，慣性系に対して加速度運動している座標系（加速している電車やエレベーターの中の座標系，円運動している物体上で考えている座標系）は全て非慣性系である。そして非慣性系では運動方程式は成り立たない。

ここで「よい慣性系」というのは「慣性系と見なしてよい座標系」という意味である。

銀河系の重心を中心とした座標系で考えると，太陽系は銀河系の周囲を円運動している。さらに地球は太陽の周りを円運動しており，また地球自身も自転している。回転運動は加速度運動である（向心力がはたらいているので，円運動の中心向きに加速度を生じている）ため，厳密には地球上の座標系は非慣性系である。しかし，対象としている運動が地球規模の大きなものでない限り，これらの回転運動の影響は小さいために無視することができ，地上に固定した座標系を慣性系と考えてよい。このため，通常扱う力学の問題は，地上に固定した座標系を慣性系として，運動方程式を考えればよい。一方，台風の運動など規模の大きな運動は，地球の自転の影響を無視することができず，地上に固定した座標系を慣性系とすることはできない。

非慣性系では，運動方程式は成り立たないので，本来ならば運動方程式を使って問題を解くことはできない。しかし，慣性力という見かけの力を使って，慣性系と同様の扱いをすることができる便利な方法がある（つまり，慣性系では慣性力が表れることは絶対にない）。非慣性系を用いることで，非常に簡便に解ける現象もあるが，慣性系と非慣性系をきちんと理解した上で使わないと間違いのもとになる。慣性系と非慣性系の区別がきちんとできるかは，座標軸の設定を適切にできるかにかかっている。本書では，第８章を除き，断りがない限り慣性系で考える。

3.5.2 運動方程式による解法

物体の運動は運動方程式を立てて考えればよいので，この節では，運動方程式の立て方の基本を説明する。なお，具体的な問題の解き方は第 4 章で解説する。

1）座標軸の設定
2）力の発見（力を見いだす）
3）運動方程式
4）初期条件と束縛条件の検討
5）計算して，結果の物理的な意味を吟味

以下では，それぞれについてもう少し詳しくみていこう。

1）座標軸の設定

ガリレオは「宇宙は数学の言葉で書かれている」と言った。このことが正しければ，自然現象を説明する物理学は数学によって記述できるはずである。すなわち，物理法則は数式で書き表すことができるのである。

現象を数式に表す　―「数式」に翻訳する―　には，まず座標軸を設定しなくてはならない。座標軸は自分で自由に設定することができ，どのように座標軸をとっても現象自体が変わることはない。しかし，座標軸の設定の仕方によって，数学の部分（途中の計算部分）の労力は大きく変わることがある。また，加速度運動している物体上に座標をとると，非慣性系になるので，運動方程式は成り立たない（この場合，わざわざ非慣性系に座標軸をとったことを認識していなければならないし，慣性力を導入してつじつまを合わせる必要がある）。このため，適切な座標軸を設定することは大切である。

★ 補足
座標軸の取り方は先人の知恵から学び，経験を積むことで身についてくる。

このように，まず問題を考えやすいように座標軸をとり，どの向きを正にするかを適切に決めることから始める。

2）力の発見

物体の運動を考えるときには，運動方程式を書くために，物体に作用している力を全てみつけ出さなくてはいけない。まず，式を立てようとする物体に着目して，非接触力（場の力）を考える。地球上での運動を考えるなら，重力と電磁気力しかないことに注意しよう（物体間の万有引力は非常に小さいので無視する）。

次に，接触力を考える。これは，着目している物体の表面や輪郭をなぞっていき，何かにぶつかれば物体が何かに接触しているのであるから，そこには必ず力が作用していることになる。このようにして全ての接触力を探して矢印を描き込み，全ての力を数式に表せるように，適当に文字を定める。

複数の物体に着目する場合は，それぞれの物体にはたらいている力を区別して描き込む。この場合，物体ごとに分けた図を描いた方が，間違いがなく確実である。

3）運動方程式

★ 補足
わざわざこのように書くのは，右辺に速度 v を書く人や，物体から離れたところに書いた矢印の力を書く人をよくみかけるからである。

全ての非接触力と接触力を見いだすことができれば，設定した座標軸について，着目する物体ごとに運動方程式をたてる。左辺は常に質量×加速度，右辺は力である。力は，向き（符号）に注意して書く。このとき，着目していない物体にはたらいている力が含まれないように注意する。

★ 補足
もちろん，慣れてきたら初めから省略して構わない。多くの本は，問題を解くために必要なことしか書いていないため，問題ごとに違うことをやっているようにみえるのである。

設定した全ての座標軸についての運動方程式を書くと，解くべき問題では使わない式も含まれるかもしれない。しかし，まずは全て書くところから出発するとよいだろう。全てがわかった上で「必要ないから省略する」というのと，気付かないまま「その式がなくても問題が解けてしまう」のは大違いである。後者で慣れてしまうと，「物の見方」，「気付く力」が身につかず，大事なものを見落とす原因となる。

4）初期条件と束縛条件の検討

運動方程式は微分方程式であるので，加速度から，速度，変位を積分によって求めていく際に，初期条件が必要である。

また，運動方程式だけでは表現できない実際上の制限を考える必要がたびたびある。この条件のことを束縛条件（拘束条件）という。これは問題の設定から読み取らなくてはならない。例えば，物体を地面の上においてある場合について（図 3.14），鉛直方向上向きに座標軸（y 軸）を設定して，鉛直方向に関する運動方程式を書いてみよう。ここで $N = mg$ というつりあいを表す式を思い浮かべた人は，要注意である。つりあいを表す式は運動方程式ではない。運動方程式は，

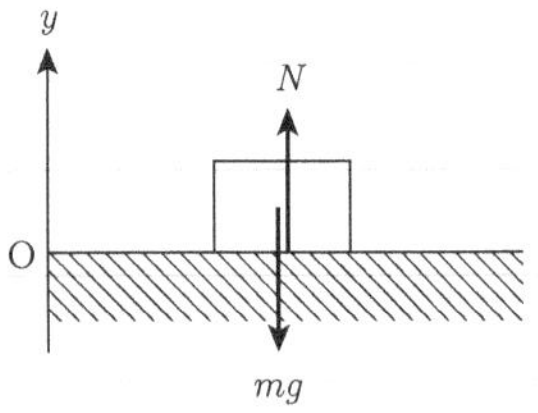

図 3.14

$$m\frac{d^2y}{dt^2} = N - mg$$

である。これは y 方向の加速度と力の関係を表しているだけで，地面の上に静止したまま止まっていることは表していない。もし地面が液状化していれば，地面は垂直抗力によって物体を支えきれないため，物体は地面の中にずぶずぶと沈むであろう。このことを数式で説明すれば，「$N < mg$ のため，$\frac{d^2y}{dt^2} < 0$ となる」と書ける。物体が地中に沈まないという条件（束縛条件）を数式で表現すれば，「常に $y = 0$」である。y の時間変化はないので，時間微分して，$\frac{dy}{dt} = 0$，$\frac{d^2y}{dt^2} = 0$ が得られ（すなわち鉛直方向の速度が 0 で，加速度も 0 であり），この式を運動方程式に代入することにより，$0 = N - mg$ が得られる。つまり，「常に $y = 0$」という束縛条件が，y 方向の力がつりあっていることを示しているのである。

★ 補足
無意識のうちに束縛条件を使って式を立てていることは多い。気が付いたときは，何が束縛条件になっているか，考えておこう。

このように状況が自明な場合は，初めからつりあいの式を考えればいいと思うかもしれない。そもそも，つりあっている方向（軸）の式が，求めたい物理量と関係なければ，式をたてることすらしないかもしれない。し

かし，運動方程式があって，束縛条件によってつりあいの式が得られるという背景を知らないと，つりあっていない条件下でもつりあいの式を用いて，誤った議論をしてしまうことがある。慣れてくるまでは，中途半端な直感でつりあいの式をたてるのではなく，「運動方程式」と，題意から考えられる「束縛条件」をきちんと考えるところから出発する必要がある。

5）計算して，結果の物理的な意味を吟味

このように考えてきた式の数が，未知数の数（物体の加速度や未知の力の数）と同じなら，連立方程式の解が存在し，解を得ることができる。もし未知数より式の数が少なければ，解くための条件が足りていないことになる。もし未知数より式の数が多ければ，式の意味が重複しているか，解が存在しない可能性を示しているので，式を見直す必要がある。計算を進めて解が得られれば，得られた結果について物理的に解釈する。これは，得られた結果の「数値」や「数式」から，現象を説明する「日常の言葉」に翻訳するということである。

得られた結果が正しいかどうかの吟味には，まず単位（もしくは次元）があっているかをチェックする。これが間違っている場合は，すでに計算間違いがあり，これ以上吟味しても意味がない。

他にも考えるとよい点をいくつか挙げておこう。1 つは極端な場合を考えてみることである。計算結果は，質量，時間，角度などの変数が含まれている。これらが変化したとき，結果がどのように変化するかを考えるのである。例えば，角度であれば，$\theta = 0$ や $\theta = \pi/2$ のときを考えたり，質量や時間であれば，0 や無限大のときにどうなるかを考えたりするとよい。

また，対称性を考えてみるのもよいだろう。2 つの同等の物体を扱っている場合など 1，2 のように番号で区別することがよくある。このとき，1 と 2 を入れ替えても状況が変わらないような問題設定であれば，結果も 1 と 2 を入れ替えてもつじつまのあうようにならなければならない。

第4章 重力のもとでの運動

地球と物体の間には万有引力が作用し，その向きは地球の中心向きで，その大きさは地球の表面付近では一定であると考えてよい。重力はこの万有引力に起因しており，地表にある物体にはたらく重力の方向が鉛直方向である。

まず，万有引力と重力の関係を確認してから，重力のもとでの運動を例にして，前章で学んだ運動方程式の解法に習熟しよう。

4.1 万有引力と重力の法則

「ニュートンは，リンゴが落ちるのをみて，万有引力を発見した」という逸話がよく出てくる。真偽の程は定かでないが（本当ではないというのが最近の定説のようである），この万有引力について考える。万有引力は

「物体は互いに引き合い，その力の大きさは２つの物体の質量の積に比例し，２つの物体間の距離の２乗に反比例する」

と説明される。

万有引力の大きさは，2 物体の質量をそれぞれ m_1, m_2，2 つの物体間の距離を r として式に表すと，

$$F = G\frac{m_1 m_2}{r^2} \tag{4.1}$$

となる。ここで G は万有引力定数（$G = 6.6743 \times 10^{-11}\ \mathrm{Nm^2/kg^2}$（2018 年））と呼ばれる比例定数である。

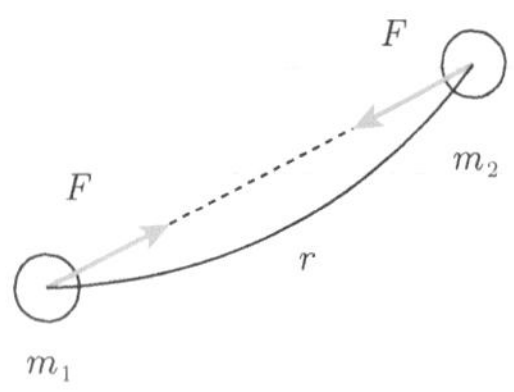

図 4.1

地上にある質量 m の物体にはたらく地球による万有引力は，地球の質量を M, 半径を R とすると

$$F = G\frac{Mm}{R^2} = mg \tag{4.2}$$

と表される。ここで

$$g = \frac{GM}{R^2} \tag{4.3}$$

とおいた。このように，地球上の質量 m の物体にはたらく重力は，mg と表せることがわかる。G, M, R は定数であり，g は加速度の次元を持った定数となることから，g は重力加速度と呼ばれる。重力加速度の値は，実測の代表値として $g = 9.80\ \mathrm{m/s^2}$ が使われる。

万有引力は全ての物体同士にはたらくため，地上の物体同士にももちろんはたらいている。しかしその力は非常に小さく，通常は考慮する必要はない。地球の質量は非常に巨大なため，万有引力の影響が目にみえる力となって現れるのである。

★ 補足
ここに示したように，重力を mg と書くのは，万有引力の式から導かれる。「力＝質量×加速度だから重力を mg と書く」のではない。

★ 補足
重力は，厳密には地球が物体を引っ張る万有引力に加え，地球の自転による遠心力が加わった合力である。自転による遠心力の寄与は赤道付近で大きく，緯度が大きいほど遠心力の寄与は小さくなる。また，地下の岩石の密度分布や標高によっても重力は変化する。このため，重力の実測値は地球の場所によって少しずつ異なっている。

4.2 自由落下運動

まずは物体の落下運動について考えよう。初速度 $\boldsymbol{v}_0$ の向きと大きさ v_0 によって，初速度0，投げ上げ，投げ下ろし等の場合があるが，ここでは投げ下ろしを例に説明する（初速度0の場合は $v_0 = 0$ とすればよく，投げ上げの場合は v_0 の向き（符号）を変えればよい）。

★ 補足
4.3 節の放物運動で，y 軸に沿った運動の $\theta = 0$ としたときの解が投げ上げに相当する。

質量 m の小球を，時刻 $t = 0$ に高さ h から鉛直下向きに初速度の大きさ v_0 で投げ下ろした場合を考えよう。

1）座標軸の設定

自由落下運動は鉛直下向きの一直線上の運動であるため，鉛直方向の軸だけとれば十分であるが，ここでは水平方向も省略せずに，図 4.2 のように水平右向きに x 軸，鉛直上向きに y 軸をとろう。地上では，上に行くほど高さが大きくなるので，座標軸は鉛直上向きを正とするのが自然である。地上では，他の取り方で特別メリットがない限り，原則として鉛直上向きを正とするのがよい（例外を 4.4 節に示した）。

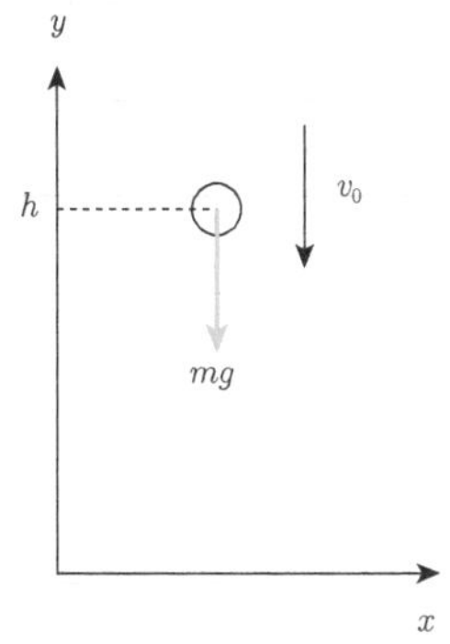

図 4.2

2）力の発見

まず非接触力を考える。地上では質量 m の小球には鉛直下向きに mg の重力がはたらく。次に接触力を考えるが，小球に接しているものは何もないため，接触力ははたらかない。

3）運動方程式

各座標軸の成分に分けて運動方程式をたてると

★ 補足
ここでは空気抵抗は無視する。空気抵抗を考慮する場合は，後で述べる。

$$
\begin{cases}
x\text{成分} \quad m\dfrac{d^2x}{dt^2} = 0 & \text{①} \\
y\text{成分} \quad m\dfrac{d^2y}{dt^2} = -mg & \text{②}
\end{cases}
$$

重力は鉛直下向きであり，座標軸の正とは反対の向きになるので，マイナスがつくことに注意する。

4）初期条件と束縛条件の検討

初期条件は，$t = 0$ のときに高さ h，初速度 $-v_0$ である（初速度は下向きなので，マイナスをつけることを忘れない）。水平方向は，$t = 0$ のときの位置を $x = 0$ とし，水平方向の初速度は0である。

これを位置 $x(t)$，$y(t)$，速度 $v_x(t)$，$v_y(t)$ のような形で書けば，

$$
\begin{cases}
x(0) = 0 \\
y(0) = h
\end{cases}
\text{③} \qquad
\begin{cases}
v_x(0) = 0 \\
v_y(0) = -v_0
\end{cases}
\text{④}
$$

★ 補足
この表記で，x や v_x の後ろにある (t) は時間の関数である（時間で変化する）ことを明示的に示したもので，省略されることも多い。省略されている場合は，その変数が時間で変化するのか，時間で変化しないのかを適切に判断しなくてはならない。③，④の式で (0) としたのは $t = 0$ のときの値であることを示した。

となる。束縛条件は，他に運動を制限しているものがないため，考えなくてよい。

5）計算して，結果の物理的な意味を吟味する

運動方程式を解いていく。①，②式の両辺を質量 m で割ると

$$\begin{cases} \dfrac{d^2x}{dt^2} = 0 & ⑤ \\ \dfrac{d^2y}{dt^2} = -g & ⑥ \end{cases}$$

のようにそれぞれの成分の加速度が得られる。これらの式には，質量 m は含まれない。すなわち，落下運動の加速度は質量によらない。軽いものはゆっくり落ち，重いものは早く落ちると感じられるが，空気抵抗を無視できる範囲では変わらない。

★ 補足
空気抵抗まで考えた問題は後述する。微分方程式を解く必要がある。

任意の時刻 t の速度は，それぞれの式を t で積分して，積分定数として初期条件 $v_x(0)$，$v_y(0)$ を考慮すればよい。

$$\begin{cases} v_x(t) = \dfrac{dx}{dt} = \displaystyle\int 0\,dt = 0 + v_x(0) = 0 \\ v_y(t) = \dfrac{dy}{dt} = \displaystyle\int (-g)\,dt = -gt + v_y(0) = -gt - v_0 \end{cases}$$

任意の時刻 t の位置は，それぞれの式をさらに t で積分して，積分定数として初期条件 $x(0)$，$y(0)$ を考慮すればよい。

$$\begin{cases} x(t) = \displaystyle\int 0\,dt = 0 + x(0) = 0 \\ y(t) = \displaystyle\int (-gt - v_0)\,dt = -\dfrac{1}{2}gt^2 - v_0t + y(0) = -\dfrac{1}{2}gt^2 - v_0t + h \end{cases}$$

最終的に得られた式をまとめると，次のようになる。

$$\begin{cases} v_x(t) = 0 & ⑦ & x(t) = 0 & ⑨ \\ v_y(t) = -gt - v_0 & ⑧ & y(t) = -\dfrac{1}{2}gt^2 - v_0t + h & ⑩ \end{cases}$$

これで，運動は全て解けた。これらの式が揃えば，知りたいことは全てわかるのである。

水平方向の速度，位置ともに0のままであり，鉛直方向だけの運動であることもわかる。このため自由落下では，普通は鉛直方向の式だけを考えれば十分である。

例題 4-1

上記の落下運動について，

［1］ 地上に到達するまでの時間

［2］ 地上に到達したときの速度

を求めなさい。

解説＆解答

[1]　地上に到達するまでの時間

これは，$y(t) = 0$ となるときの t を求めればよい。⑩式から，

$0 = -\dfrac{1}{2}gt^2 - v_0t + h$ より，$gt^2 + 2v_0t - 2h = 0$ が得られ，

2 次方程式の解の公式を用いれば,

$$t = \frac{-v_0 \pm \sqrt{{v_0}^2 + 2gh}}{g} \qquad ⑪$$

となる。

ここで, − の方の解をとると負の時刻となるので, 物理的に意味のあるのは＋の方の解である。

もし初速度が $v_0 = 0$ であれば,

$$t = \sqrt{\frac{2h}{g}}$$

と, 初速度 0 の場合の見慣れた解が得られる。

[2] 地上に到達したときの速度

⑧式に地上に到達したときの時刻 (⑪式) を代入すればよい。

$$\begin{aligned} v_y &= -gt - v_0 \\ &= -g\frac{-v_0 + \sqrt{{v_0}^2 + 2gh}}{g} - v_0 \\ &= -\sqrt{{v_0}^2 + 2gh} \end{aligned}$$

もし初速度 $v_0 = 0$ であれば,

$$v_y = -\sqrt{2gh}$$

となり, こちらも初速度 0 のときの解が得られる。一方, v_y の式で重力がなければ $g = 0$ とでき, $v_y = -v_0$ が導かれるので, 等速で落下することが確認できる。どちらの場合も上向きが正であるため, v_y にはマイナスがついており, 下向きの速度を表していることも確認できる。■

★ 補足

この問題で, 時刻 t が負の解は, 物理的に全く意味がないのであろうか？

実は, 負の解の時刻に高さ 0 から投げ上げたと考えた場合に相当する。

この問題では, 投げ上げた物体が落ちてきて, 速度 v_0 になった時点を時刻 $t = 0$ とした場合と同じである (図 4.3)。

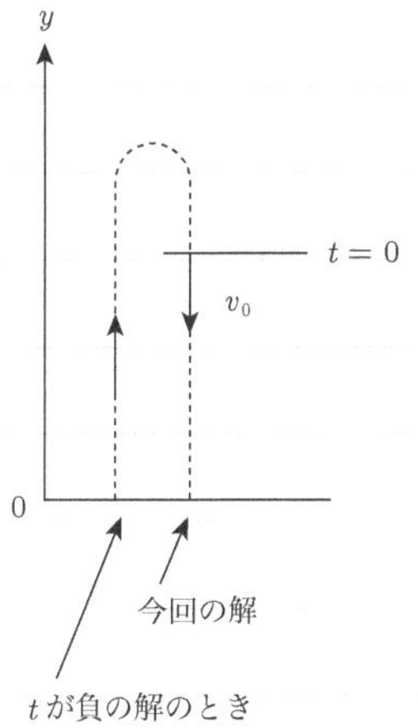

図 4.3

4.3 放物運動 (斜方投射)

次に, 斜め上方に投げ出した物体の運動を考えよう。時刻 $t = 0$ に, 質量 m の物体を, 水平面に対して角度 θ の方向に初速度の大きさ v_0 で投射する。

1) 座標軸の設定

地上の運動なので, 座標軸の設定は 4.2 節の投げ下ろしのときと変わらない。図 4.4 のように, 水平右向きに x 軸, 鉛直上向きに y 軸をとる。簡単のため, 物体を投げ出した位置 (投射点) を原点 O とする。

2) 力の発見

これも投げ下ろしのときと変わらない。はたらいている力は, 鉛直下向きに mg の重力だけである。

3) 運動方程式

各座標軸の成分に分けて運動方程式をたてると

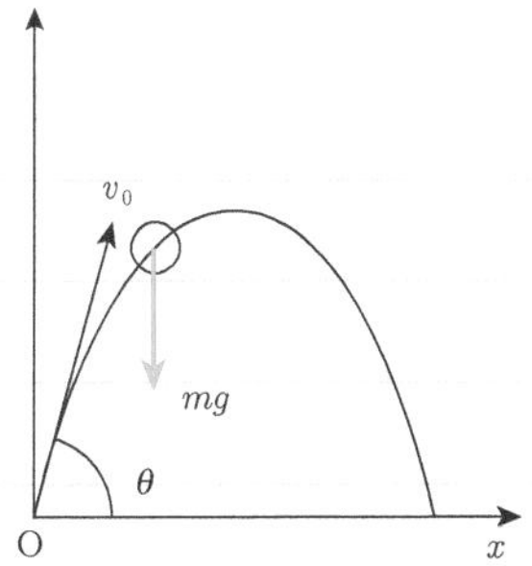

図 4.4

$$
\begin{cases}
x\text{成分：} & m\dfrac{d^2x}{dt^2}=0 \quad ① \\
y\text{成分：} & m\dfrac{d^2y}{dt^2}=-mg \quad ②
\end{cases}
$$

この時点では，投げ下ろし運動の場合と全く同じであることに注意してほしい。運動方程式は，運動中に物体にどのような力がはたらいているかを記述したものであり，どのように投げたかは関係ない。

4）初期条件と束縛条件の検討

ここで初めて投げ下ろしのときとの違いがでてくる。投射点を原点としたので，

$$
\begin{cases}
x(0)=0 \\
y(0)=0
\end{cases} \quad ③
$$

また，初速度の各成分は，水平面に角度 θ の方向に v_0 で投射したため，

$$
\begin{cases}
v_x(0)=v_0\cos\theta \\
v_y(0)=v_0\sin\theta
\end{cases} \quad ④
$$

である。もし，高さ h からの水平投射であれば，$y(0)=h$，$\theta=0$ とすればよい。束縛条件は，自由落下のときと同様にない。

5）計算して，結果の物理的な意味を吟味する

①，②式より，

$$
\begin{cases}
\dfrac{d^2x}{dt^2}=0 \quad ⑤ \\
\dfrac{d^2y}{dt^2}=-g \quad ⑥
\end{cases}
$$

となり，それぞれの方向の加速度が得られる。

★ 補足
この時点でも，投げ下ろし運動の場合と変わらない。

任意の時刻 t の速度は，それぞれの式を t で積分して，積分定数として初期条件 $v_x(0)$，$v_y(0)$ を考慮すればよい。

$$
\begin{cases}
v_x(t)=\dfrac{dx}{dt}=\displaystyle\int 0\,dt=0+v_x(0)=v_0\cos\theta \\
v_y(t)=\dfrac{\mathrm{d}y}{\mathrm{d}t}=\displaystyle\int(-g)\,dt=-gt+v_y(0)=-gt+v_0\sin\theta
\end{cases}
$$

このように初期条件の違いが，その後の運動の違いに影響していくことがわかる。任意の時刻 t の位置は，それぞれの式をさらに t で積分して，積分定数として初期条件 $x(0)$，$y(0)$ を考慮すればよい。

$$
\begin{cases}
x(t)=\displaystyle\int v_0\cos\theta\,dt=v_0t\cos\theta+x(0)=v_0t\cos\theta \\
y(t)=\displaystyle\int(-gt+v_0\sin\theta)\,dt=-\dfrac{1}{2}gt^2+v_0t\sin\theta+y(0) \\
\qquad=-\dfrac{1}{2}gt^2+v_0t\sin\theta
\end{cases}
$$

最終的に得られた式をまとめると，次のようになる。

$$\begin{cases} v_x(t) = v_0 \cos\theta & ⑦ \qquad x(t) = v_0 t \cos\theta \quad ⑨ \\ v_y(t) = -gt + v_0 \sin\theta & ⑧ \qquad y(t) = -\dfrac{1}{2}gt^2 + v_0 t \sin\theta \quad ⑩ \end{cases}$$

例題 4-2

上記の放物運動について，

［1］ 最高点に達する時間

［2］ 最高点の高さ

［3］ 再び地上に到達した位置

［4］ 小球の軌道の式

を求めなさい。

解説 & 解答

［1］ 最高点に達する時間

最高点である条件は，上向きに上がってる状態から下向きに落ちる状態への切り替わる瞬間であるから，$v_y(t) = 0$ と考えることができる（図4.5）。y 方向の速度の⑧式から

$$0 = -gt + v_0 \sin\theta$$

として，

$$t = \frac{v_0}{g}\sin\theta \qquad ⑪$$

が得られる。

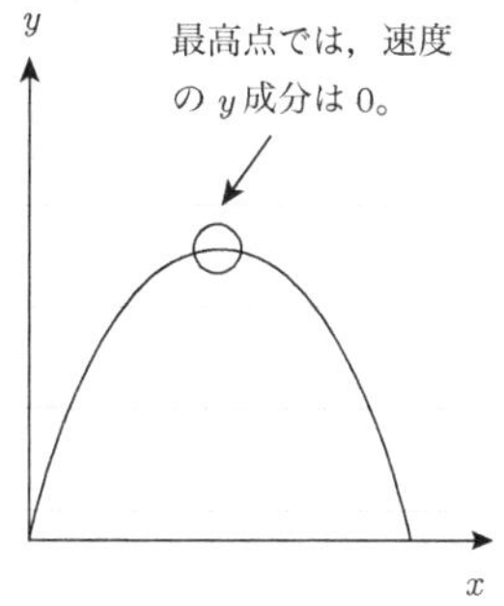

図 4.5

［2］ 最高点の高さ

最高点の高さは，y の位置を示す⑩式に求めた最高点に達する時間⑪式を代入すればよい。

$$\begin{aligned} y &= -\frac{1}{2}gt^2 + v_0 t \sin\theta \\ &= -\frac{1}{2}g\left(\frac{v_0}{g}\sin\theta\right)^2 + v_0\left(\frac{v_0}{g}\sin\theta\right)\sin\theta \\ &= \frac{{v_0}^2}{2g}\sin^2\theta \end{aligned}$$

最高点の高さは，v_0 の 2 乗に比例しているため，高く投げ上げるためには，初速度が大きく影響することがわかる。

［3］ 再び地上に到達した位置

地上に落ちたときの状況を表す条件は，$y(t) = 0$ と考えられる（図4.6）。まず落ちた時間を求めて，その後，位置を求めることにしよう。⑩式から

$$0 = -\frac{1}{2}gt^2 + v_0 t \sin\theta = t\left(-\frac{1}{2}gt + v_0 \sin\theta\right)$$

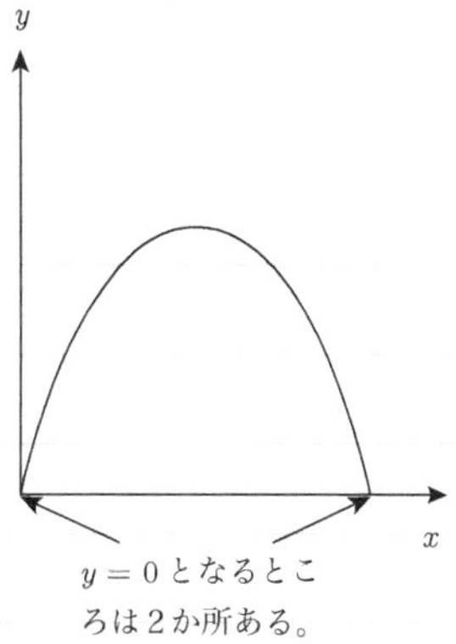

図 4.6

★ 補足
$t \neq 0$ と考えて，t で割ってしまう人もいると思われる。しかし，このような場合は割らずにくくりだした方がよい。割ってみえなくなると，0 のときの可能性を忘れてしまうからである。

★ 補足
投射点を $y=0$ からとしているので，

$$t = \frac{2v_0}{g}\sin\theta$$

の半分が，ちょうど最高点に到達する時刻（⑪式）になっている。

$$\therefore \quad t = 0, \quad \frac{2v_0}{g}\sin\theta$$

ここで，$t=0$ は投げ上げた瞬間なので，今回必要な時刻は $t = \dfrac{2v_0}{g}\sin\theta$ である。これを x の位置を示す⑨式に代入すれば，

$$x = v_0 t\cos\theta$$

$$= v_0\left(\frac{2v_0}{g}\sin\theta\right)\cos\theta$$

$$= \frac{2{v_0}^2}{g}\sin\theta\cos\theta$$

が得られる。

この解の意味をもう少し考えてみよう。上式では θ が $\sin\theta$ と $\cos\theta$ の 2 か所に分散していて少しわかりにくいので，三角関数の倍角公式を用いて 1 か所にまとめると，

$$x = \frac{2{v_0}^2}{g}\sin\theta\cos\theta = \frac{{v_0}^2}{g}\sin 2\theta$$

となる。x が最大になるのは，$\sin 2\theta = 1$ となるときであるから

$$2\theta = \frac{\pi}{2} \qquad \therefore \theta = \frac{\pi}{4}$$

となり，このときの到達距離は，

$$x = \frac{{v_0}^2}{g}$$

である。このように $\theta = \dfrac{\pi}{4}$（45 度）で投げたときに x が最も大きくなる，すなわち，最も遠くまで投げられることがわかる。さらに θ の値が極端な場合を考えてみると，$\theta = \dfrac{\pi}{2}$（真上に投げたとき）は $x=0$ となり，確かに水平方向には進まない。$\theta = 0$（水平に投げたとき）でも $x=0$ となる。投げた次の瞬間には，すでに地面についているからである。

[4]　小球の軌道の式

軌道の式とは，座標 x と y の関係式であり，時間に依存しない。したがって，⑨，⑩式から t を消去することによって求められる。

⑨式から

$$t = \frac{x}{v_0\cos\theta}$$

⑩式に代入して整理すると

$$y = -\frac{g}{2{v_0}^2\cos^2\theta}x^2 + (\tan\theta)x$$

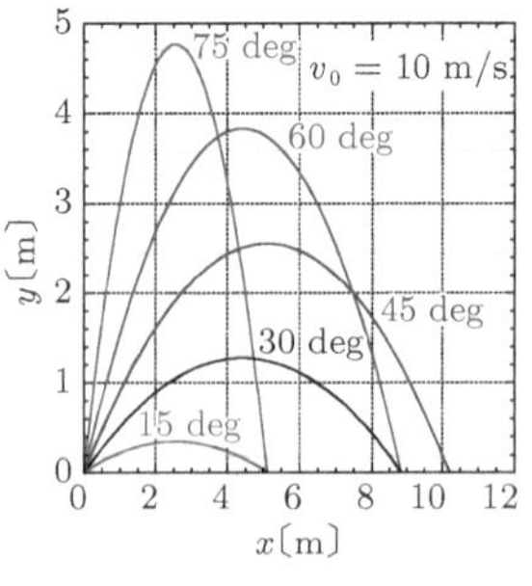

図 4.7

これは上に凸の 2 次関数であり，小球の軌道は図 4.7 のように放物線を描く（放物運動といわれる所以である）。■

4.4. 抵抗力のある運動

4.2 節では空気抵抗を無視した落下運動を考えた。このとき，物体は質量にかかわらず鉛直方向に加速度 $-g$ で落ちることがわかった。しかし，経験的に鳥の羽が鉄の球と同じように落ちると思う人はいないであろう。これは，空気抵抗の影響のためである。鳥の羽では下向きに落ちる際，空気抵抗を大きく受ける（上向きの力を受ける）ため，下向きの加速度が小さくなる。空気抵抗が生じないように，実際に真空中で鉄の球と鳥の羽を同時に落とせば，両者とも同時に地面に到達する。

ここでは，空気抵抗を受ける質量 m の小球の落下を考えてみよう。一般的に地表付近での空気抵抗（粘性抵抗）は，物体の速さ v に比例することが知られている。このため c を比例定数として，抵抗力の大きさを cv と書く。

★ 補足
物体の速さが小さい場合は，v に比例する抵抗が生じる（粘性抵抗）。球状物体の粘性抵抗は，

$F = 6\pi\eta rv$

η：粘性係数
r：球の半径
v：球の速さ
（ストークスの法則）

物体の速さが大きい場合は，v^2 に比例する抵抗が生じる（慣性抵抗）。

$F = C\rho Sv^2/2$

C：形状で決まる定数（0.5〜1）
ρ：密度
S：断面積
v：球の速さ

1）座標軸の設定

鉛直方向だけの運動なので，鉛直方向を y 軸として，今回は下向きを正とする（図 4.8）。鉛直下向きを正としたほうが，式をたてる上での混乱が少なくなるメリットがあるからである。

抵抗力は $-cv_y$ と書くが，このマイナスは力の向きが速度の反対向きであることを示す。$v_y = dy/dt$ であり，速度の正の向きは y 軸の正の向きに一致するため，v_y が正の値になるように座標軸をとったほうが，抵抗力の向きを図に書き込む際，直観的にわかりやすい。

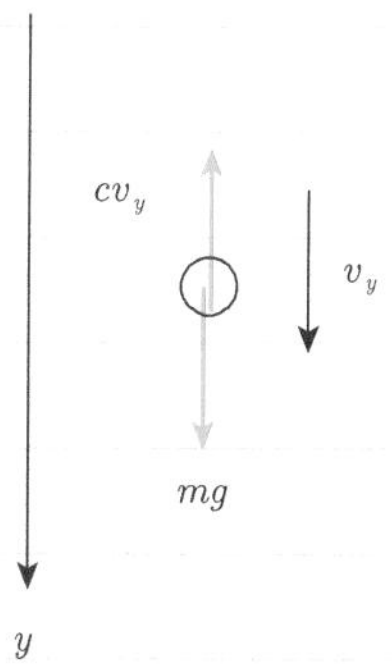

図 4.8

2）力の発見

非接触力として，鉛直下向きに mg の重力がはたらく。さらに，空気による接触力，すなわち空気による抵抗力が，速度の反対向きにはたらく。このとき，小球の速度を v_y とすると，空気の抵抗力は $-cv_y$ と書くことができる（$-cv_y$ のマイナスは，速度 v_y の反対向きという意味なので，v_y の符号にかかわらず必ずつけなくてはいけない。図に矢印を書く場合は，v_y と反対向きの矢印とし，大きさを cv_y と書く）。

3）運動方程式

鉛直成分の運動方程式をたてると，重力は下向き，抵抗力は上向きとなるので，鉛直下向きを正として

$$y\text{成分：}\quad m\frac{d^2y}{dt^2} = mg - cv_y \qquad ①$$

★ 補足
鉛直上向きを正にとった場合は，$v_y < 0$，$-cv_y > 0$ となり，速度は下向き，抵抗力はやはり上向きとなるので，数学的に正しい答えが得られる。

$v_y = \dfrac{dy}{dt}$ であるから，$\dfrac{d^2y}{dt^2} = \dfrac{dv_y}{dt}$ を用いて変数を v_y にそろえ，

$$m\frac{dv_y}{dt} = mg - cv_y \qquad ②$$

と書く。

4）初期条件と束縛条件の検討

初期条件は，簡単のため，小球の落ち始める時刻を $t = 0$ とする。

$$y(0) = 0$$
$$v_y(0) = 0$$

束縛条件は自由落下のときと同様にない。

5) 計算して，結果の物理的な意味を吟味する

②式より，

$$\frac{dv_y}{dt} = g - \frac{c}{m}v_y \qquad ③$$

となる。右辺には，g の他に第2項（負符号）が加わり，落ちるときの加速度が g より小さくなることがわかる。質量が大きくなると第2項の分母は大きくなるため，この項の寄与が小さくなり，空気抵抗を無視した状況に近づく。

この式では，右辺にも v_y が入っており，これまでのように単に両辺を時間で積分するだけでは v_y を求めることはできない。ここでは，変数分離法という解法を用いて解く（変数分離法については，付録E参照）。

2つの変数 v_y と t を左辺と右辺に分けるように変形して積分を進める。

★ 補足
v_y を左辺に持っていく際に，v_y の係数を1になるように整理しておいた方が，積分のときに間違えにくい。

$\int \frac{dx}{x} = \ln x$ である。$\ln x$ は底が e の対数のことであり，$\ln x = \log_e x$ である。単に $\log x$ と書くと常用対数（底が10）と間違うので，ln を使うこと。

$$\frac{dv_y}{dt} = g - \frac{c}{m}v_y$$
$$= -\frac{c}{m}\left(v_y - \frac{mg}{c}\right)$$
$$\frac{dv_y}{v_y - {mg}/{c}} = -\frac{c}{m}dt$$
$$\int \frac{dv_y}{v_y - {mg}/{c}} = \int\left(-\frac{c}{m}\right)dt$$
$$\ln\left(v_y - \frac{mg}{c}\right) = -\frac{c}{m}t + A \quad (A\text{は積分定数})$$
$$v_y - \frac{mg}{c} = e^{-\frac{c}{m}t + A}$$
$$v_y = \frac{mg}{c} + e^A e^{-\frac{c}{m}t}$$

★ 補足
A が積分定数なので，e^A もそのまま積分定数と考えてよい。

ここで e^A は積分定数なので，初期条件から決定する。$v_y(0) = 0$ なので，$t = 0$，$v_y = 0$ を代入して

$$0 = \frac{mg}{c} + e^A$$
$$\therefore e^A = -\frac{mg}{c}$$

のように決まり，

$$v_y(t) = \frac{mg}{c}\left(1 - e^{-\frac{c}{m}t}\right) \qquad ④$$

となる。

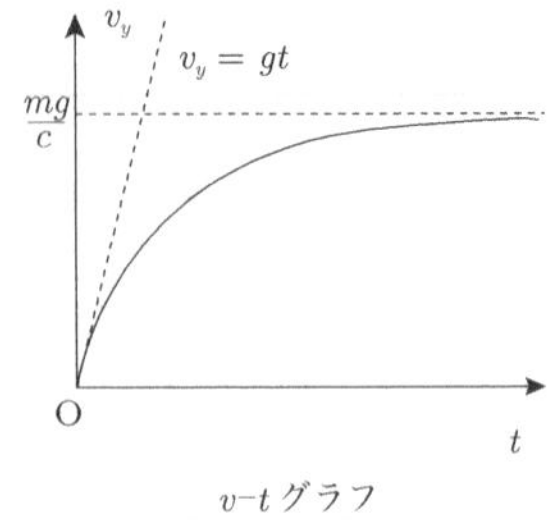

v–t グラフ

図 4.9

この変化の様子をグラフに表すと図4.9のようになる。落ち始めの速度

は，$t \to 0$ のときの近似を考えれば，$e^{-\frac{c}{m}t} \simeq 1-\dfrac{c}{m}t$ となるので，$v_y(t) = gt$ となる。十分に長い時間が経過すると（$t \to \infty$），$e^{-\frac{c}{m}t} \to 0$ となるので，速度は最終的に $v_y = \dfrac{mg}{c}$ の一定値に落ち着く。これを終端速度という。この状態では，重力の大きさと空気抵抗の大きさが等しくなり，等速度で落下していることになるので，②式の運動方程式で，加速度 $\dfrac{dv_y}{dt} = 0$ としても終端速度を求めることができる。

★ 補足
$|x| \ll 1$ のとき，e^x の近似式は $e^x = 1 + x$ となる。

ある位置での物体の位置 $y(t)$ は，④式を t で積分して，初期条件 $y(0) = 0$ を用いることにより

$$y(t) = \frac{mg}{c}t - \frac{m^2 g}{c^2}\left(1 - e^{-\frac{c}{m}t}\right)$$

が得られる。

4.5 なめらかな斜面をすべる物体（束縛運動）

水平面からの傾きが θ のなめらかな斜面（摩擦の無視できる斜面）がある。この上に質量 m の物体を置き，時刻 $t = 0$ に静かに手をはなしたところ，物体は斜面に沿ってすべり落ちた。この運動について考えよう。

以下では，時間に関する微分記号 d/dt の代わりに，変数の上にドットをつける表記を使ってみる（ダッシュではないので注意）。2.3 節で触れたように，ドット 1 つにつき時間に関する 1 階微分を表す。

$$\begin{cases} x\text{成分：速度 } \dot{x} = \dfrac{dx}{dt} \quad (= v_x) & \text{加速度 } \ddot{x} = \dfrac{d^2x}{dt^2} \quad \left(= \dfrac{dv_x}{dt}\right) \\ y\text{成分：速度 } \dot{y} = \dfrac{dy}{dt} \quad (= v_y) & \text{加速度 } \ddot{y} = \dfrac{d^2y}{dt^2} \quad \left(= \dfrac{dv_y}{dt}\right) \end{cases}$$

時間微分の表記が簡便になるので慣れてほしい。

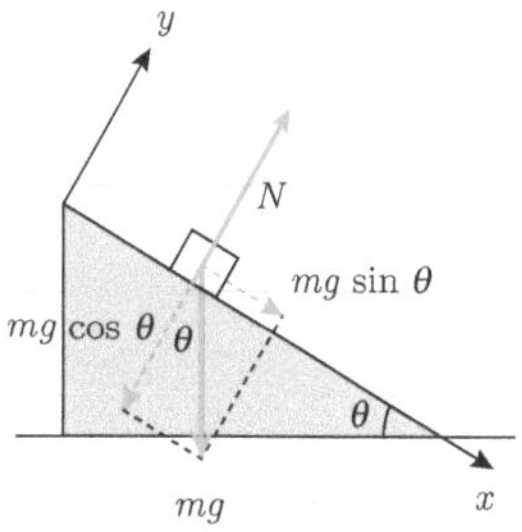

図 4.10

1）座標軸の設定

図 4.10 のように，斜面に沿って x 軸，斜面に垂直に y 軸をとる。また，初めに物体を置いた位置を原点とする。

★ 補足
このように座標軸をとった理由は，斜面に沿って軸をとった方が，計算が楽にできるためである。水平方向に x 軸，鉛直方向に y 軸をとった例については，後で比較する。

2）力の発見

物体にはたらいている非接触力は重力 mg であり，接触力は斜面がなめらかなので斜面から受ける垂直抗力だけである。垂直抗力は未知数であり，自分で適当に文字を割り当てる。ここでは N とする。

3）運動方程式

重力の x 成分は $mg\sin\theta$，y 成分は $-mg\cos\theta$ となるので，

x 成分：　$m\ddot{x} = mg\sin\theta$　　①

y 成分：　$m\ddot{y} = N - mg\cos\theta$　　②

4) 初期条件と束縛条件の検討

初期条件は，時刻 $t = 0$ に静かに手を放したことから初速度は 0 であり，そのときの位置を原点とした。これらより，初期条件は

$$\begin{cases} x(0) = 0 \\ y(0) = 0 \end{cases} \qquad \begin{cases} \dot{x}(0) = 0 \\ \dot{y}(0) = 0 \end{cases}$$

のように書ける。

上記の運動方程式では，未知数として，$\ddot{x}$，$\ddot{y}$，N の 3 つあるが，方程式としては①式と②式の 2 つしかない。問題を解くためには，もう 1 つ式が必要である。これを与える式が**束縛条件**である。この場合の束縛条件は，物体が常に斜面に接して動くことである。つまり，物体が斜面にめり込んだり，動いている途中に斜面から浮いたりしてしまうことはない。これを式で表そうとすると「常に $y = 0$」，すなわち y 方向の速度は 0 で，その状態が変わらない（y 方向の加速度が 0 である）ことが必要である。y 方向の速度 0 はすでに初期条件で与えられているため，

束縛条件： $\ddot{y} = 0$　　③

が必要な式となる（これが 3 つめの式で，後でわかるように斜面垂直方向のつりあいを与える）。

5) 計算して，結果の物理的な意味を吟味する

まず，②式に，束縛条件である③式を代入してみよう。

$$0 = N - mg\cos\theta$$

$$\therefore \quad N = mg\cos\theta$$

のように垂直抗力が得られる。このように，運動方程式と束縛条件から，つりあいの式が得られることがわかる。

次に x 方向の運動について考える。①式より，

$$\ddot{x} = g\sin\theta$$

これを t で積分して，初期条件を考えることにより

$$\dot{x} = \int g\sin\theta\,dt = (g\sin\theta)t + \dot{x}(0) = gt\sin\theta$$

$$x = \int gt\sin\theta\,dt = \frac{1}{2}gt^2\sin\theta + x(0) = \frac{1}{2}gt^2\sin\theta$$

となり，速度と位置が時間の関数として求まる。

結果の吟味のため，$\theta = 0$ にしてみよう。このとき，$\ddot{x} = 0$，$\dot{x} = 0$，$x = 0$，$N = mg$ である。$\theta = 0$ は水平な床を意味するため，物体が静止した状態でずっと動かない状況を表していることがわかる。

次に，$\theta = \dfrac{\pi}{2}$ にしてみよう。このとき $\ddot{x} = g$，$\dot{x} = gt$，$x = \dfrac{1}{2}gt^2$，$N = 0$ である。$\theta = \dfrac{\pi}{2}$ は斜面が垂直な壁となっていることを意味しており，壁面からは何も力を受けない。これは，自由落下になっていることを示している。

この問題について，座標軸の取り方を変えてもう一度考えてみよう。

1）座標軸の設定

上記では，斜面にそって x 軸，斜面に垂直に y 軸となるように座標軸をとった。普通に水平方向に x 軸，鉛直方向に y 軸をとるのではいけないのだろうか。今回は，図 4.11 のように水平右向きに X 軸，鉛直上向きに Y 軸をとってみる（斜面にそって座標軸をとった場合と区別するように，軸を大文字表記とした）。

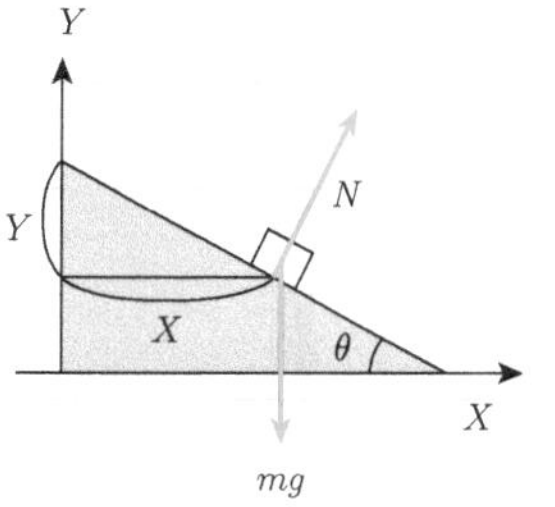

図 4.11

2）力の発見

はたらいている力は座標軸を変えても変わらないので，物体にはたらく力は重力の mg，および斜面から受ける垂直抗力 N である。

3）運動方程式

垂直抗力の X 成分は $N\sin\theta$，Y 成分は $N\cos\theta$ となるので，

X 成分：　$m\ddot{X} = N\sin\theta$　①

Y 成分：　$m\ddot{Y} = N\cos\theta - mg$　②

4）初期条件と束縛条件の検討

この場合，物体が常に斜面に接して動くための束縛条件はどのように書けるだろうか。物体が X だけ右方向に動いたとき，鉛直方向には Y だけ下に動く。これを式で表すと

$$-Y = X\tan\theta$$

である。Y の前のマイナスは，鉛直方向上向きを正としているためである。運動方程式では時間の 2 階微分が使われているので，時間に関して 2 階微分して，次の式が必要な束縛条件となる。

束縛条件：　$-\ddot{Y} = \ddot{X}\tan\theta$　③

5）計算して，結果の物理的な意味を吟味する

運動方程式と束縛条件を連立させて解く。③式の両辺に m を掛け，①，②式を代入して整理すると N が得られる。

垂直抗力：　$N = mg\cos\theta$

次にこれを①，②式に代入すれば，それぞれの方向の加速度が得られ，

X 方向の加速度：　$\ddot{X} = g\sin\theta\cos\theta$

Y 方向の加速度：　$\ddot{Y} = -g\sin^2\theta$

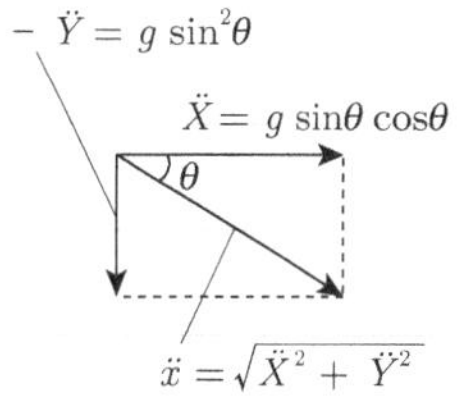

図 4.12

が求まる。斜面にそった x 方向の加速度は，図 4.12 のように 3 平方の定理から，$\ddot{x} = \sqrt{\ddot{X}^2 + \ddot{Y}^2} = g\sin\theta$ となり，斜面にそって x 軸をとった場合の解と一致する。速度や位置については，この加速度を時間で積分すれば，同様に得られる。

★ 補足

$\ddot{x} = \dfrac{\ddot{X}}{\cos\theta}$ もしくは

$\ddot{x} = \dfrac{|-\ddot{Y}|}{\sin\theta}$ としてもよい

このように軸の取り方を変えても，答えは変わらない。しかし，後者は前者に比べて計算が多くなり，よい方法とは言えないことがわかるだろう。なるべく計算が簡単になるような座標軸の取り方を身につけることが肝要である。

例題 4-3　質量のある糸の張力

図 4.13 のように，質量 m_0 のロープで，質量 m_1 の物体 P と，質量 m_2 の物体 Q をつなぎ，物体 Q に大きさ F の力を加えて引き上げる。ロープは伸び縮みしないとして，ロープの両端にかかる張力の大きさを求めよ。

また，両端にかかる張力が等しくなるためには，どのような条件が必要か。

図 4.13

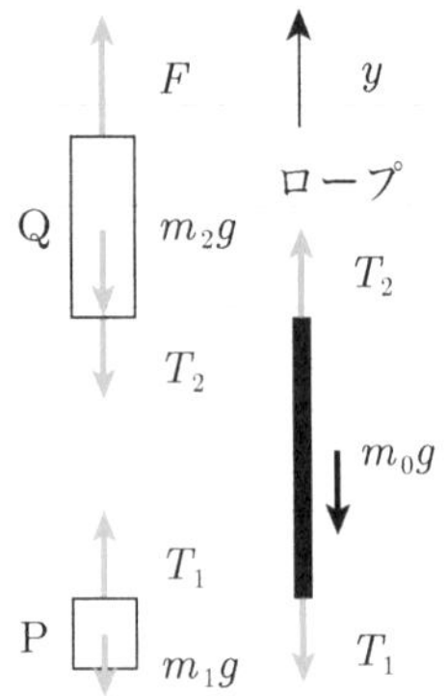

図 4.14

解説 & 解答

1）座標軸の設定

図 4.14 のように，鉛直上向きに y 軸をとる。

2）力の発見

今回着目すべき物体は，P，Q，ロープの 3 つである。それぞれの物体に着目して力を探す。まとめて力を書き込むと混乱するので，物体を分けて力を描き込むようにする。物体 P にはたらいている力は重力 m_1g と張力 T_1 の 2 つ，物体 Q については重力 m_2g と糸の張力 T_2 と上に引き上げる力 F の 3 つである。この時点では，T_1 と T_2 が等しいかどうかはわからないので，まとめて T としてはいけない。ロープには，ロープの重力 m_0g と，P が引き下ろす力 T_1 と Q が引き上げる力 T_2 がはたらく（この T_1，T_2 は物体とロープの間の作用・反作用の法則による）。

3）運動方程式（束縛条件を含む）

ロープは伸びないとすると，いずれの物体の運動も加速度 $\ddot{y}$ が共通となる（束縛条件）ので，それぞれの運動方程式は，

★ 補足

「ロープが伸びない」という表現から，束縛条件を読み取れる。ロープが伸びるとA, B の距離が変わるため，共通の加速度は使えない。

細かく記述するのであれば，それぞれの物体の加速度を $\ddot{y}_1$，$\ddot{y}_2$ と設定し，束縛条件として，「両者の加速度が等しい」すなわち，$\ddot{y}_1 = \ddot{y}_2$ とする。

ロープ：　$m_0\ddot{y} = T_2 - T_1 - m_0g$　①

物体 P：　$m_1\ddot{y} = T_1 - m_1g$　②

物体 Q：　$m_2\ddot{y} = F - T_2 - m_2g$　③

5）計算して，結果の物理的な意味を吟味する

ここで，未知数は $\ddot{y}$，T_1，T_2 の 3 つであり，運動方程式も 3 つあるので解ける。①式をみると $T_2 - T_1$ の形があり，一方，②と③式を辺々足せば $T_2 - T_1$ の形を作ることができる。これを利用すれば，両方の張力を一気に消去することができ，$\ddot{y}$ を求めることができる。

②と③式を辺々足して，

$$(m_1 + m_2)\,\ddot{y} = F - (T_2 - T_1) - (m_1 + m_2)g \qquad ④$$

①と④式を辺々足して，

$$(m_0 + m_1 + m_2)\,\ddot{y} = F - (m_0 + m_1 + m_2)g$$

したがって

$$\ddot{y} = \frac{F}{m_0 + m_1 + m_2} - g \qquad ⑤$$

となり，鉛直方向の加速度が求められた。

さらに，これを②，③式に代入して整理すると，

$$T_1 = \frac{m_1}{m_0 + m_1 + m_2} F \qquad ⑥$$

$$T_2 = \frac{m_0 + m_1}{m_0 + m_1 + m_2} F \qquad ⑦$$

となり，ロープの張力が得られる。このように T_1 と T_2 は異なっていることがわかる。

$T_1 = T_2$ となるためには，両者を比べて，$m_0 = 0$ とならなくてはいけないことがわかる。これはロープの質量を無視することを意味する。よく「糸の張力はどこでも等しい」と扱われるが，これは質量が無視できるときに限られる。質量が無視できるときは $m_0 = 0$ として，y 方向の加速度 $\ddot{y}$ とロープの張力 T はそれぞれ次のように書ける。

$$\ddot{y} = \frac{F}{m_1 + m_2} - g$$

$$T = \frac{m_1}{m_1 + m_2} F \quad ■$$

このとき，ロープの張力 T はどこでも同じとなる。上記のような背景を把握せずに，「糸の張力はどこでも同じ」と思っていると思わぬ間違いをするので，注意しなければならない。また，糸の質量が無視できても，つながっていない糸どうしでは，それぞれの糸にはたらく張力は異なる。

例題 4-4　滑車を用いた運動

質量 m_1 の物体 P と，質量 m_2 の物体 Q が，伸びない軽い糸（質量が無視できる糸）でつながれている。$m_1 > m_2$ とし，物体 P が下がっていく状況を考える。滑車は回転せず，滑車と糸の間の摩擦はないものとして，物体 P の加速度と糸の張力を求めよ。

★ 補足
日常的なイメージの滑車を用いた運動描像は，質点の力学では扱えない。質点は点であり，自身の回転を考えられないため，滑車の回転を記述できないのである。
これは剛体の力学（大きさを持った物体の力学）で扱う。滑車の回転の運動方程式が必要となる。

解説 & 解答

滑車は，回転せず糸との摩擦もないため，運動の向きを変えるだけであることに注意しよう。このような条件のときにはじめて，軽い糸の張力が滑車の左右で等しくなり，両物体をつないでいる糸の張力はどこも同じと考えてよい（あるいは，滑車の質量が無視でき，回転に際して摩擦がないという条件でも可）。逆にこのような条件が示されていないときには，糸の張力をどこでも同じであるとしてはいけない（15.2 節例題参照）。

1）座標軸の設定

P は下がり，Q は上がるので，両者の速度の向きが反対になる。このため，鉛直上向きに y 軸をとると，P と Q の速度や加速度の符号が逆になるため，この座標軸の取り方は得策ではない。

ここでは，図 4.15 のように糸に沿った経路を x 軸としてとってみよう。糸は伸び縮みしないため，両物体の加速度は共通の $\ddot{x}$ と書くことができ考えやすい（すでに束縛条件を含んだ座標軸設定となっている）。

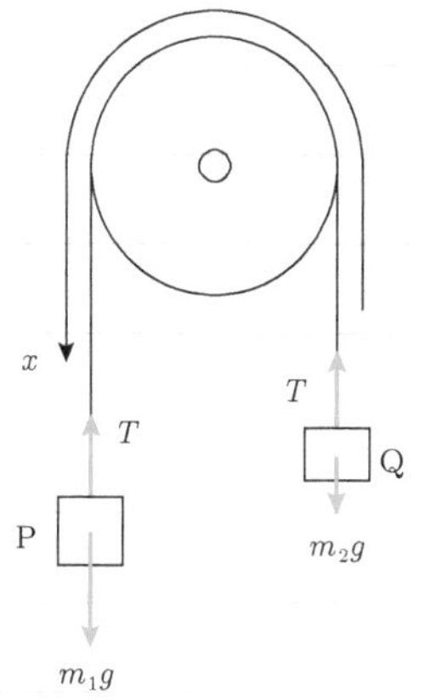

図 4.15

2) 力の発見

物体PとQにそれぞれ着目すると，Pには重力 m_1g と糸による張力 T，Qには重力 m_2g と糸による張力 T がはたらいている。このとき，PとQにはたらいている糸の張力は，糸の質量が無視できるため，いずれも同じ T とした。

3) 運動方程式（束縛条件を含む）

$$\text{物体P：}\quad m_1\ddot{x} = m_1g - T \qquad ①$$

$$\text{物体Q：}\quad m_2\ddot{x} = T - m_2g \qquad ②$$

5) 計算して，結果の物理的な意味を吟味する

①と②式を辺々足すと，糸の張力 T が消え，

$$(m_1 + m_2)\ddot{x} = (m_1 - m_2)g$$

$$\therefore\quad \ddot{x} = \frac{m_1 - m_2}{m_1 + m_2}g \qquad ④$$

となり，物体の加速度が得られる。また，④式を①か②式のいずれかの式に代入すると，

$$T = \frac{2m_1m_2}{m_1 + m_2}g \qquad ⑤$$

となり，糸の張力が得られる。

得られた結果を吟味してみよう。PとQのおかれている状況は全く同じなので，m_1 と m_2 を入れ替えてみても同様の形になるはずである。このとき，式中の $\ddot{x}$ は符号が変わるが，これは質量の大きさの関係が入れ替わるだけなので妥当である。また T も変わらないので，これも妥当である。

PとQの質量が同じ場合（$m_1 = m_2$），加速度 $\ddot{x}$ は0でつりあっている状態であり，糸の張力 T は $T = m_1g = m_2g$ となることがわかる。

極端な場合を考えてみると，さらに理解が深まる。m_1 に比べ，m_2 が非常に小さいとき（$m_1 \gg m_2$）を考えよう。このとき，$m_2/m_1 \to 0$ の近似を用いることができるように，次のように変形する。

$$\ddot{x} = \frac{m_1 - m_2}{m_1 + m_2}g = \frac{1 - m_2/m_1}{1 + m_2/m_1}g \fallingdotseq g \qquad ⑥$$

$$T = \frac{2m_1m_2}{m_1 + m_2}g = \frac{2m_2}{1 + m_2/m_1}g \fallingdotseq 2m_2g \qquad ⑦$$

$\ddot{x} \fallingdotseq g$ なので，物体Pはほとんど自由落下する（滑車の反対側で引っ張る力が弱いので，糸がきれて落ちていくのと同じような状況である）。また，m_2 は非常に小さいので，糸の張力 $T = 2m_2g$ も非常に小さい。すなわち，物体Pが落ちるのを妨げようとする力がほとんどはたらかないことがわかる。■

第5章 円運動

自然界の運動を観察すると，一定の時間が経過した後に元の位置まで戻ってきて，また同じように繰り返し動いていく現象が多くみられる。太陽のまわりを回る惑星の運動などは，その典型例であろう。またバネの動きも繰り返し同じように動いていることがわかるだろう。このような動きを周期運動と呼ぶ。本章では周期運動の最も基本的な例として円運動を取り上げ，周期運動を取り扱う際に重要な周期や振動数といった概念を学ぶことにしよう。

5.1 等速円運動

糸の一端を固定し，他端におもりをつけて一定の速さで円周上を回転している運動を考えよう。図 5.1 のように，固定されている点を O，おもりの位置を P とする。また OP 間の距離（＝糸の長さ）を R〔m〕，速さを v〔m/s〕としよう。ただし速さは一定であるが，P 点が円周上のどこにあるかで進む向きが違うことから，速度 $\boldsymbol{v}$〔m/s〕は一定ではないことに注意しよう。このように $|\boldsymbol{v}| = v$ を一定に保ちながら円周上を移動していく運動を等速円運動という。等速円運動は同じ運動を繰り返し行っていることから，周期運動の 1 つである。

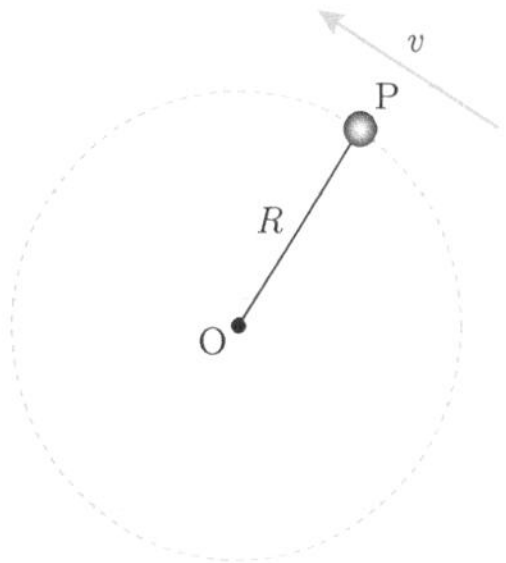

図 5.1

円周の長さは $2\pi R$ であるので，1 周回って元の位置に戻るまでの時間 T〔s〕は

$$T = \frac{2\pi R}{v} \tag{5.1}$$

となる。一般に周期運動に対して，元の状態に戻るまでの最短時間を周期と呼ぶ。よって (5.1) 式で表される T は等速円運動の周期である。さて，等速円運動で 1 周回るのにかかる時間が T〔s〕であるならば，1 秒間では何周回ることができるであろうか。もし $T = 0.5$〔s〕であれば 1 秒あたり 2 周，$T = 0.1$〔s〕であれば 10 周となるであろう。すなわち T の逆数が回った回数を与えることになる。いいかえれば，これは 1 秒間に何回同じ状態になるのかを示している。これを振動数（または周波数）と呼ぶ。単位は 1 秒あたりの回数であるから〔回数/s〕となることがわかるであろう。この振動数の単位は〔Hz（ヘルツ）〕である。上記の例で 1 秒あたり 2 周すれば 2〔Hz〕，10 周すれば 10〔Hz〕である。なお振動数は周期の逆数で与えられたので，振動数を f〔Hz〕とすると

$$f = \frac{1}{T} \tag{5.2}$$

と表せる。さて，どのような半径 R〔m〕の円であっても，円周を 1 周回るということは角度で表せば 2π〔rad〕回転するということである。そこで R によらずに円運動を記述することを考えてみよう。T〔s〕で 2π

★ 補足
ここで“元の位置”とはいわずに“元の状態”といったことに注意しよう。これは単に位置が同じであるだけではなく，その後の運動が再び同じように繰り返される必要があるからである。

★ 補足
「回数」は SI 単位ではないので〔1/s〕とも書く。

〔rad〕回転することから1秒あたりの回転角度 ω は

$$\omega = \frac{2\pi}{T} \tag{5.3}$$

となる。これを**角速度**という。角度〔rad〕を時間〔s〕で割っているので単位は〔rad/s〕である。(5.1) 式から T を代入すれば $\omega = 2\pi/(2\pi R/v) = v/R$ であるから

$$v = \omega R \tag{5.4}$$

という関係が成り立つ。同じ角速度であっても半径が大きな円周上を移動している物体のほうが大きな速さを持つことがわかる。

次に角速度と振動数の関係をみてみよう。(5.3) 式に (5.2) 式を代入すると

$$\omega = \frac{2\pi}{T} = 2\pi f \tag{5.5}$$

となり，角速度は振動数の 2π 倍であり，振動数と密接な関係があることがわかる。このため角速度は**角振動数**あるいは**角周波数**とも呼ばれる。

例題 5-1

半径 $r = 0.50$ m の円周上を一定の速さで円運動している物体を観察したところ，5.0 秒間で 10 回転していた。この物体の周期 T〔s〕，周波数 f〔Hz〕，角速度 ω〔rad/s〕，速さ v〔m/s〕を求めなさい。

解説＆解答

周期は1回転にかかる時間であるから，$T = 5.0/10 = 0.50$〔s〕
周波数は (5.2) 式を用いて，$f = 1/0.50 = 2.0$〔Hz〕
角速度は (5.5) 式を用いて，$\omega = 2\pi \times 2.0 = 4.0\pi \fallingdotseq 13$〔rad/s〕
速度は (5.4) 式を用いて，$v = 4\pi \times 0.50 = 2.0\pi \fallingdotseq 6.3$〔m/s〕 ■

ここまでは周期や周波数などの等速円運動の特徴を考えるにあたって，1回転以上観察することが前提にあった。ここでは，円運動の一部を観察して全体の特徴を捉えることを考えてみよう。今，図 5.2 に示されるように，観察時間が短く Δt〔s〕の間に $\Delta\theta$〔rad〕しか回転しなかったとしよう。しかしこの2つの量から角速度 ω〔rad/s〕は容易に求めることが可能である。すなわち

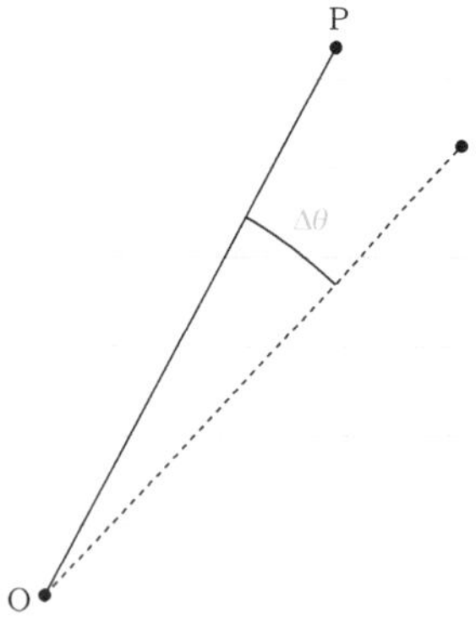

図 5.2

$$\omega = \frac{\Delta\theta}{\Delta t} \tag{5.6}$$

である。等速円運動であれば (5.3)〜(5.5) 式が成り立つので ω を用いて

$$T = \frac{2\pi}{\omega}, \quad f = \frac{\omega}{2\pi}, \quad v = \omega R$$

の各量が求められる。このように，回転する運動に対しては角速度を中心に考えていくことで見通しがよくなることが多い。そこでもう少し角速度について考察を進めてみよう。第2章で学んだように速度という概念は

無限小の時間における移動距離として「瞬間の速度」であったことを思い出してほしい。円運動に対しても同様に「瞬間の角速度」を定義しておこう。これは（5.6）式において Δt を無限小にすることである。すなわち

$$\omega = \lim_{\Delta t \to 0} \frac{\Delta \theta}{\Delta t} = \frac{d\theta}{dt} \tag{5.7}$$

を瞬間の角速度，あるいは単に角速度と呼ぶことにする。等速円運動ではこの ω が変わらない量（恒量）である。そこで（5.7）式の両辺に dt を掛けて積分すると次のようになる。

$$\int \omega \, dt = \int d\theta \qquad \therefore \theta(t) = \omega t + \theta_0 \tag{5.8}$$

回転角度 θ は時間 t の経過に伴い変化していくので，t の関数であることを明示した。また，不定積分から出てくる積分定数を θ_0 としてまとめている。（5.8）式の意味するところを考えてみよう。図 5.3 に示されるように，xy 座標系における円運動を考えたとき，$\theta(t)$ は x 座標からの角度に相当している。また $t = 0$ としたとき $\theta(0) = \theta_0$ となることから，θ_0 は観察開始時における角度を表している。この θ_0 のことを初期位相と呼ぶ。

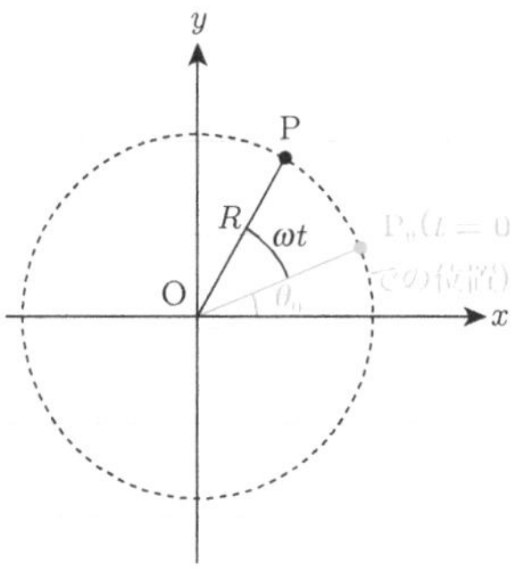

図 5.3

★ 補足
θ_0 との和で ωt が結ばれていることから，ωt 自体が角度の単位を持つことに留意しよう。

5.2 等速円運動の速度と加速度

図 5.3 の P 点で示された xy 座標系における等速円運動について，より詳しく調べてみよう。P 点の座標（x, y）は図 5.4 に示されるように x 軸からの角度 θ と円の半径 R によって次のように表される。

$$x = R\cos\theta,\ y = R\sin\theta \tag{5.9}$$

これはちょうど（1.1）式で示された極座標形式による表記と同じである。ただし，今，θ は（5.8）式の関係が成り立っているために，x と y も t の関数となる。すなわち

$$x(t) = R\cos(\omega t + \theta_0),\ y(t) = R\sin(\omega t + \theta_0) \tag{5.10}$$

である。ここで原点 O から点 P に向かう位置ベクトルを $\boldsymbol{r}$ とすると

$$\boldsymbol{r} = (x, y) = (R\cos(\omega t + \theta_0),\ R\sin(\omega t + \theta_0)) \tag{5.11}$$

である。なお $\sqrt{x^2 + y^2} = \sqrt{(R\cos(\omega t + \theta_0))^2 + (R\sin(\omega t + \theta_0))^2} = R$ であるから，$|\boldsymbol{r}| = R$ となっている。

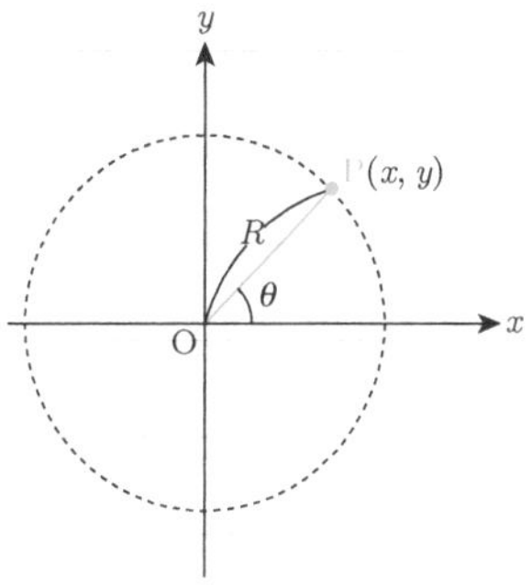

図 5.4

★ 補足
ベクトルのたて書き表現だと

$$\boldsymbol{r} = \begin{pmatrix} x \\ y \end{pmatrix} = \begin{pmatrix} R\cos(\omega t + \theta_0) \\ R\sin(\omega t + \theta_0) \end{pmatrix}$$

$$\boldsymbol{v} = \begin{pmatrix} v_x \\ v_y \end{pmatrix} = \begin{pmatrix} -\omega R\sin(\omega t + \theta_0) \\ \omega R\cos(\omega t + \theta_0) \end{pmatrix}$$

第 2 章で学んだように，速度ベクトル $\boldsymbol{v} = (v_x,\ v_y)$ は $\boldsymbol{r} = (x,\ y)$ の時間微分であるから

$$\begin{aligned}\boldsymbol{v} = (v_x,\ v_y) &= \frac{d\boldsymbol{r}}{dt} = \left(\frac{dx}{dt},\ \frac{dy}{dt}\right) \\ &= (-\omega R\sin(\omega t + \theta_0),\ \omega R\cos(\omega t + \theta_0))\end{aligned} \tag{5.12}$$

となる。（5.12）式は速さ $v = |\boldsymbol{v}|$ ではなく速度ベクトル $\boldsymbol{v}$ を表していることに留意しよう。これにより，刻々と変化する等速円運動の進む向きがわかる。今，位置ベクトル $\boldsymbol{r}$ と速度ベクトル $\boldsymbol{v}$ の内積をとると

$$\boldsymbol{r} \cdot \boldsymbol{v}$$
$$= R \cos (\omega t + \theta_0) \times (-\omega R \sin (\omega t + \theta_0)) \tag{5.13}$$
$$+ R \sin (\omega t + \theta_0) \times (\omega R \cos (\omega t + \theta_0)) = 0$$

である。すなわち速度ベクトル $\boldsymbol{v}$ はどの時刻 t においても常に位置ベクトル $\boldsymbol{r}$ と直交している。$\boldsymbol{r}$ は原点 O から円周上の P 点に向かう動径方向のベクトルであるから，その方向と直交している $\boldsymbol{v}$ は円周の接線方向に向かっていることがわかる。

では，等速円運動における加速度はどうなるであろうか。加速度ベクトル $\boldsymbol{a} = (a_x, a_y)$ は速度ベクトル $\boldsymbol{v} = (v_x, v_y)$ の時間微分であるから

$$\boldsymbol{a} = (a_x, a_y) = \frac{d\boldsymbol{v}}{dt} = \left(\frac{dv_x}{dt}, \frac{dv_y}{dt} \right)$$
$$= (-\omega^2 R \cos(\omega t + \theta_0), -\omega^2 R \sin(\omega t + \theta_0)) = -\omega^2 \boldsymbol{r} \tag{5.14}$$

である。ここで加速度ベクトル $\boldsymbol{a}$ は位置ベクトル $\boldsymbol{r}$ の $(-\omega^2)$ 倍であることに留意しよう。あるベクトルが別のベクトルの定数倍で表されるということは，同じ方向であるということである。$\boldsymbol{r}$ は原点 O から円周上の P 点に向かうベクトルであり，$\boldsymbol{a}$ はその定数倍，ただし負号を伴っているということから，加速度は P 点から原点 O に，いいかえれば常に円運動の中心に向かっていることがわかる。

5.3 円運動する物体

物体が円運動するためには，ある固定点（円運動の中心）に向かう力が常にはたらいている必要がある。この力のことを向心力という。この力のおかげで円の中心向きに加速度が生じ，直線的に進もうとする物体の軌道が曲げられることによって円軌道を描く。向心力としては，惑星の公転運動のときの万有引力や，糸のついた物体を振り回すときの糸の張力等が挙げられる。

前節で，等速円運動する物体の加速度は，$\boldsymbol{a} = -\omega^2 \boldsymbol{r}$ と求められた。これは，大きさが $r\omega^2$ で，向きが円の中心を向いていることを示している。この中心向きの加速度 $a_{向心} = \omega^2 r = v^2/r$ を向心加速度と呼ぶ。また，半径 r が一定でも円運動の接線方向に加速度 $a_{接線} = dv/dt$ が与えられれば，円運動の速さ v も変化する。

これらを考慮すると，半径 r が一定の場合の円運動の運動方程式は，次のように表される。

向心方向： $\quad m\dfrac{v^2}{r} = F_{向心} \quad$ もしくは $\quad mr\omega^2 = F_{向心} \tag{5.15}$

接線方向： $\quad m\dfrac{dv}{dt} = F_{接線} \tag{5.16}$

以下では，この運動方程式を用いて例題を解いてみよう。

★ 補足
なお，v の大きさをとると
$$v = |\boldsymbol{v}| = \sqrt{v_x^2 + v_y^2}$$
$$= \sqrt{(-\omega R \sin(\omega t + \theta_0))^2 + (\omega R \cos(\omega t + \theta_0))^2}$$
$$= \omega R$$
となり，(5.4) 式と一致することがわかる。

★ 補足
等速円運動に対する速度や加速度の大きさや向きは，一見すると難しくみえるかもしれないが，r を (5.11) 式とおくことさえできれば，あとは速度・加速度の定義にしたがって微分することで，自動的に計算できるものである。微分という数学上の手法に基づいた力学が非常に強力なものであることを味わってもらいたい。

★ 補足
円運動の速度や軌道がすでに決まっている場合，その運動に必要な力として，mv^2/r や $mr\omega^2$ を向心力という人もいる。
しかし，向心加速度が v^2/r や $r\omega^2$ で表されるので，運動方程式として書かれる (5.15) 式の左辺は「質量 × 加速度」であり，「力」ではない。向心力はあくまでも $F_{向心}$ である。

★ 補足
v と ω は，$v = r\omega$ の関係を用いて，臨機応変に書き換えられるようにしておくとよい。

例題 5-2　人工衛星

地球のまわりを，質量 m の人工衛星が地表からの高さ h で回っている。万有引力定数を G，地球の半径を R，地球の質量を M とする。

［1］　人工衛星の速さを求めよ。

［2］　人工衛星の公転周期を求めよ。

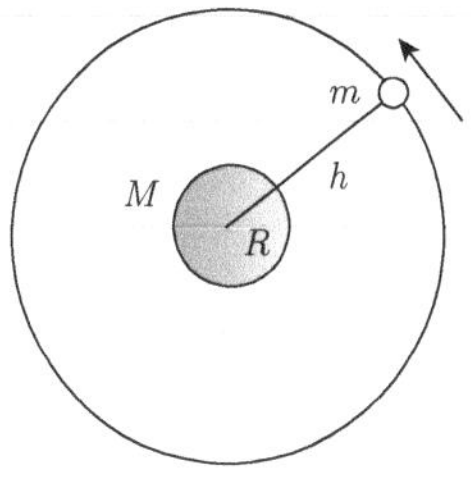

図 5.10

解説＆解答

1）座標軸の設定

円運動なので，向心方向と接線方向に分けて考える（図 5.11）。

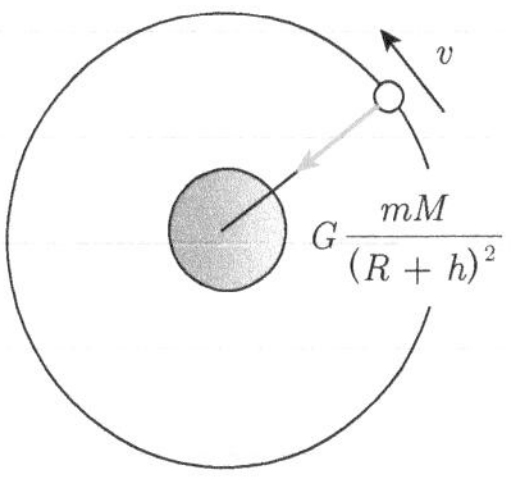

図 5.11

2）力の発見

向心方向に万有引力のみがはたらいている。

3）運動方程式

地球の中心からの距離は $R+h$ なので，人工衛星の速度を v として，

$$\text{向心方向：}\quad m\frac{v^2}{R+h}=G\frac{mM}{(R+h)^2} \qquad ①$$

$$\text{接線方向：}\quad m\frac{dv}{dt}=0 \qquad ②$$

［1］　①より v について整理して，$v=\sqrt{\dfrac{GM}{R+h}}$。

［2］　②より $\dfrac{dv}{dt}=0$ であり，接線方向の速度は変わらないことを示している。すなわち，この運動は等速円運動である。したがって，周期は軌道一周の長さを速度で割ればよい。

$$T=\frac{2\pi(R+h)}{v}=2\pi\sqrt{\frac{(R+h)^3}{GM}} \quad ■$$

例題 5-3　円筒内面を運動する小球

図 5.12 のように，水平面が点 A で，半径 r のなめらかな半円筒の内面につながっている。質量 m の小球を点 A に向かって滑らせたところ，小球は円筒内面にそって運動し，回転角 θ の点 B を通過した。

［1］　点 A を通過した直後の小球の速さは v_{A} であった。このとき小球が受ける垂直抗力の大きさを求めよ。

［2］　点 B を通るときの小球の速さは v_{B} であった。このとき小球が受ける垂直抗力の大きさを求めよ。

［3］　小球が点 B で面から離れたとする。このときの $\cos\theta$ を求めよ。

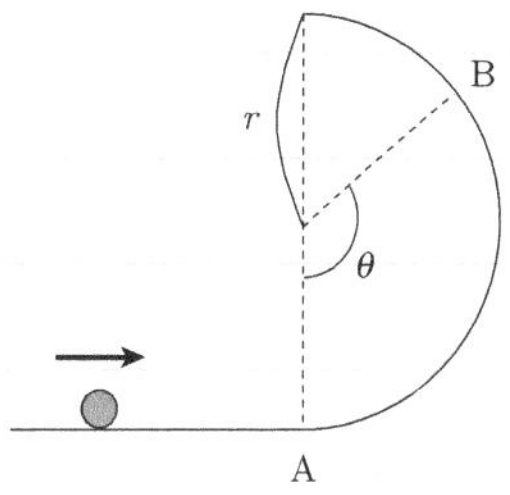

図 5.12

解説＆解答

1）座標軸の設定

円運動なので，向心方向と接線方向に分けて考える。接線方向は小球の進行方向を正とする。

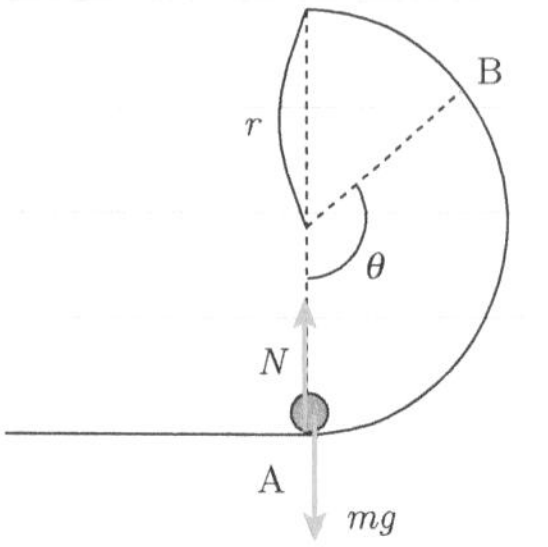

図 5.13

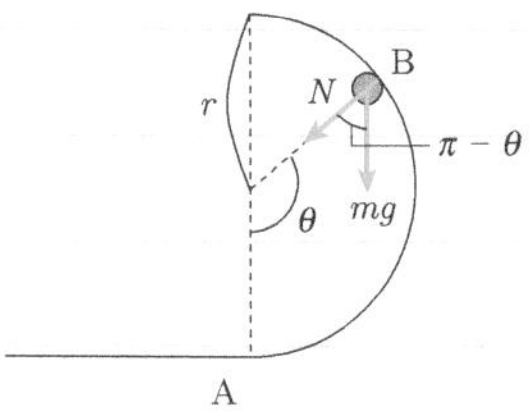

$\theta \leqq \dfrac{\pi}{2}$ では下の図のようになり

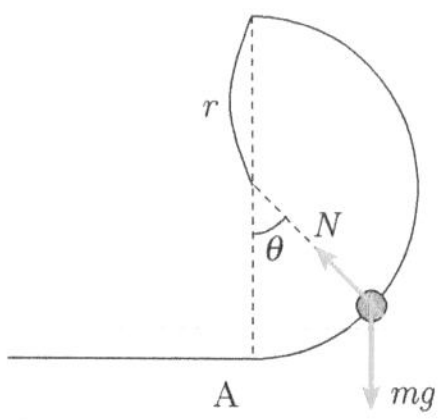

運動方程式は

向心方向：$m\dfrac{v_{\mathrm{B}}{}^2}{r} = N - mg\cos\theta$

接線方向：$m\dfrac{dv}{dt} = -mg\sin\theta$

これらは結局③, ④式と同じである。θ の範囲で場合分けする必要はない。

図 5.14

2) 力の発見

円筒にそった運動中は，重力 mg と，円筒の中心向きに垂直抗力 N がはたらいている。

[1]　$\theta = 0$ では点 A での速さが v_{A} なので（図 5.13），運動方程式は

$$\text{向心方向：}\quad m\frac{v_{\mathrm{A}}{}^2}{r} = N - mg \qquad ①$$

$$\text{接線方向：}\quad m\frac{dv}{dt} = 0 \qquad ②$$

①より，$N = m\dfrac{v_{\mathrm{A}}{}^2}{r} + mg$。点 A 通過直前の垂直抗力は mg なので，円運動領域に入った直後に追加の項が現れることがわかる。

（②はこの時点ではまだ速度は変化しないことを示している）

[2]　点 B での速さが v_{B} なので（図 5.14 上），運動方程式は

$$\text{向心方向：}\quad m\frac{v_{\mathrm{B}}{}^2}{r} = N + mg\cos(\pi - \theta) \qquad ③$$

$$\text{接線方向：}\quad m\frac{dv}{dt} = -\,mg\sin(\pi - \theta) \qquad ④$$

$$③\text{より，}\quad N = m\frac{v_{\mathrm{B}}{}^2}{r} + mg\cos\theta \qquad ⑤$$

$\theta > \dfrac{\pi}{2}$ を考えているので，$mg\cos\theta$ は負になっていることに注意しよう（④より，$\dfrac{dv}{dt} = -g\sin\theta$ が得られる。接線方向の加速度は負なので遅くなっていく。$\theta \leqq \dfrac{\pi}{2}$ でも同じ式が得られ，第 7 章を学ぶと④から力学的エネルギー保存則を導出することができる（向心方向の力は仕事をしないため，③は力学的エネルギー保存則には関係ない）。

[3]　小球が面から離れるとき垂直抗力は 0 となる。⑤で $N = 0$ として，

$$\cos\theta = -\frac{v_{\mathrm{B}}{}^2}{gr} \quad ■$$

5.4 惑星の運動

5.4.1 一般的な円運動の速度と加速度

★ 補足
時間の関数であることを明示的に表すときは $r(t)$，$\theta(t)$ と書くが，煩雑となるので途中からは (t) は省略する。

惑星の運動は完全な円軌道ではなく，わずかに楕円を描いていることは知っているだろう。ここでは，楕円軌道も含む一般的な円運動について考える。このため，半径 r も回転角 θ も時間 t の関数と考える。xy 平面内で運動を考え，位置 $\boldsymbol{r}(x, y)$ を極座標で表すと，

$$x = r(t)\cos\theta(t), \quad y = r(t)\sin\theta(t) \qquad (5.17)$$

となる。速度 $\boldsymbol{v}(v_x, v_y)$ は，これを t で微分して，

$$v_x = \frac{dx}{dt} = \frac{r(t)}{dt}\cos\theta(t) - r\frac{d\theta(t)}{dt}\sin\theta(t) \quad (= \dot{r}\cos\theta - r\dot{\theta}\sin\theta)$$
$$v_y = \frac{dy}{dt} = \frac{r(t)}{dt}\sin\theta(t) + r\frac{d\theta(t)}{dt}\cos\theta(t) \quad (= \dot{r}\sin\theta + r\dot{\theta}\cos\theta) \tag{5.18}$$

である。これは xy 座標表示であるが，この速度を $\boldsymbol{r}$ 方向（**動径方向**）とそれに垂直な方向（**方位角方向**：θ の増加する向きを正）に分けて考えるために，座標軸の回転を考える。

★ 補足
積の微分
$$\frac{d}{dx}f(x)g(x) = \frac{df(x)}{dx}g(x) + f(x)\frac{dg(x)}{dx}$$
合成関数の微分
$y = f(g(x))$ を
$y = f(t),\ t = g(x)$
の合成関数と考えたとき
$$\frac{dy}{dx} = \frac{dy}{dt}\frac{dt}{dx}$$

図 5.15 のように，xy 座標軸から θ 回転させた XY 座標軸への変換は，

$$A_X = A_x \cos\theta + A_y \sin\theta$$
$$A_Y = -A_x \sin\theta + A_y \cos\theta \tag{5.19}$$

となることがわかる。図 5.16 を見ると，上記の X 軸が動径方向，Y 軸が方位角方向に相当する。(5.19) 式を用いて，$\boldsymbol{v}(v_x,\ v_y)$ 動径成分 v_r と方位角成分 v_θ（図 5.16）に変換すると，簡単な形に整理されて

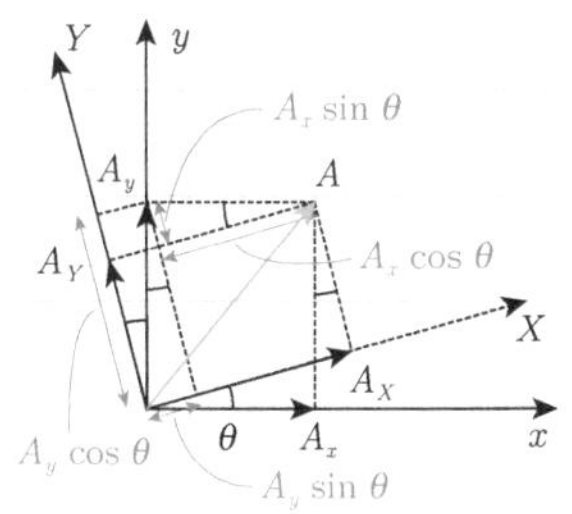

図 5.15

$$v_r = v_x\cos\theta + v_y\sin\theta = \frac{dr}{dt} \quad (= \dot{r})$$
$$v_\theta = -v_x\sin\theta + v_y\cos\theta = r\frac{d\theta}{dt} \quad (= r\dot{\theta}) \tag{5.20}$$

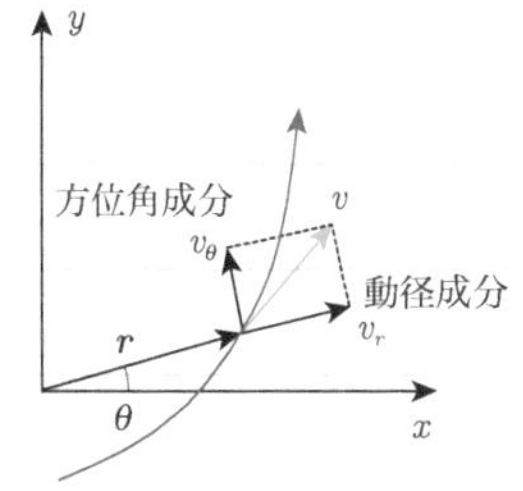

図 5.16

が得られる。加速度 $\boldsymbol{a}(a_x,\ a_y)$ は，速度 $\boldsymbol{v}(v_x,\ v_y)$ をさらに時間微分して，

$$a_x = \frac{dv_x}{dt} = \frac{d^2r}{dt^2}\cos\theta - 2\frac{dr}{dt}\frac{d\theta}{dt}\sin\theta - r\left(\frac{d\theta}{dt}\right)^2\cos\theta - r\frac{d^2\theta}{dt^2}\sin\theta$$
$$(= \ddot{r}\cos\theta - 2\dot{r}\dot{\theta}\sin\theta - r\dot{\theta}^2\cos\theta - r\ddot{\theta}\sin\theta)$$
$$a_y = \frac{dv_y}{dt} = \frac{d^2r}{dt^2}\sin\theta + 2\frac{dr}{dt}\frac{d\theta}{dt}\cos\theta - r\left(\frac{d\theta}{dt}\right)^2\sin\theta + r\frac{d^2\theta}{dt^2}\cos\theta$$
$$(= \ddot{r}\sin\theta + 2\dot{r}\dot{\theta}\cos\theta - r\dot{\theta}^2\sin\theta + r\ddot{\theta}\cos\theta) \tag{5.21}$$

となる。$\boldsymbol{a}(a_x,\ a_y)$ も $\boldsymbol{v}$ のときと同様に，(5.19) 式を用いて動径成分 a_r と方位角成分 a_θ に変換すると，

★ 補足
(5.19) 式は行列表現すると
$$\begin{pmatrix} X \\ Y \end{pmatrix} = \begin{pmatrix} \cos\theta & \sin\theta \\ -\sin\theta & \cos\theta \end{pmatrix}\begin{pmatrix} x \\ y \end{pmatrix}$$
となる。ここで，
$$\begin{pmatrix} \cos\theta & \sin\theta \\ -\sin\theta & \cos\theta \end{pmatrix}$$
は座標軸の回転を表す行列である。
回転行列は
$$\begin{pmatrix} \cos\theta & -\sin\theta \\ \sin\theta & \cos\theta \end{pmatrix}$$
であり，座標軸の回転の行列と逆行列の関係になっている（物体を回すのと，座標軸を回すのは，反対向きの回転になっている。回転行列で $\theta \to -\theta$ とすると，座標軸の回転の行列になる）。

$$a_r = \frac{d^2r}{dt^2} - r\left(\frac{d\theta}{dt}\right)^2 \quad (= \ddot{r} - r\dot{\theta}^2)$$
$$a_\theta = 2\frac{dr}{dt}\frac{d\theta}{dt} + r\frac{d^2\theta}{dt^2} = \frac{1}{r}\frac{d}{dt}\left(r^2\frac{d\theta}{dt}\right) \quad \left(= 2\dot{r}\dot{\theta} + r\ddot{\theta} = \frac{1}{r}\frac{d}{dt}(r^2\dot{\theta})\right) \tag{5.22}$$

が得られる。加速度の動径成分と方位角成分が得られたので，物体にはたらいている力の動径成分を F_r，方位角成分を F_θ として運動方程式を書くと，

$$\text{動径方向：}\quad m\left\{\frac{d^2r}{dt^2} - r\left(\frac{d\theta}{dt}\right)^2\right\} = F_r$$
$$\text{方位角方向：}\quad m\left\{2\frac{dr}{dt}\frac{d\theta}{dt} + r\frac{d^2\theta}{dt^2}\right\} = F_\theta \tag{5.23}$$

となる。これが**運動方程式の極座標表示**である。

前節で扱った r が一定の円運動では，$\dfrac{dr}{dt}=\dfrac{d^2r}{dt^2}=0$ であり，(5.23) 式は

$$
\begin{aligned}
a_r &= -r\left(\frac{d\theta}{dt}\right)^2 \quad (=-r\omega^2) \\
a_\theta &= r\frac{d^2\theta}{dt^2} \quad \left(=\frac{d^2(r\theta)}{dt^2}=\frac{d^2s}{dt^2}=\frac{dv}{dt}\right)
\end{aligned}
\tag{5.24}
$$

と簡略化できる。上式では，動径方向は中心から遠ざかる向きが正であるが，向心力は円の中心向きであり，これを正となるように書く方がわかりやすいので，円の中心向きを正にとることが多い。このため，a_r の負符号を除いた形を用いる。これらの加速度を用いて運動方程式をたてれば，(5.16) 式が得られる。ここで，動径方向が向心方向，方位角方向が接線方向に対応している。

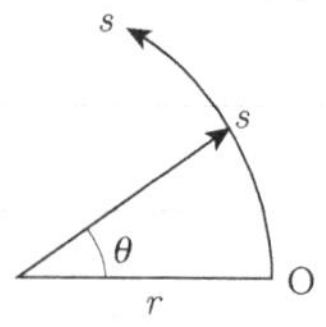

図 5.17

★ 補足

図 5.17 のように円運動の経路（円弧）にそって座標軸 s をとり，回転角 θ をとると，$s=r\theta$ である。

時間で微分して，

$\dfrac{ds}{dt}=v=r\dfrac{d\theta}{dt}$,

さらに時間で微分すると

$\dfrac{dv}{dt}=r\dfrac{d^2\theta}{dt^2}$

5.4.2 ケプラーの法則

天体の運動，とくに惑星の運動は人類の文明の夜明けから人々を強く魅了し続けてきた。人類は，どのようにして惑星の運動を解明してきたのだろうか。ケプラー（Johannes Kepler）は，当時，非常に精密な天体観測を行なっていたティコ・ブラーエ（Tycho Brahe）の観測データを整理し，惑星の運動に関する 3 つの法則を，ケプラーの法則としてまとめた。

ケプラーの法則

第 1 法則　惑星は太陽を焦点とする楕円軌道上を運動している（図 5.18）。

第 2 法則　1 つの惑星と太陽を結ぶ動径が，単位時間に掃く面積は一定である（面積速度一定の法則）。

第 3 法則　惑星の公転周期 T の 2 乗は，その楕円軌道の長半径 a の 3 乗に比例する（$T^2 \propto a^3$）。

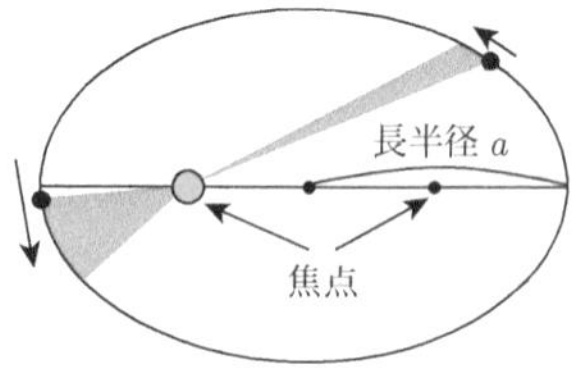

図 5.18

第 1，2 法則は 1609 年に『新天文学』に著され，第 3 法則はその後 10 年のときを待って 1619 年に『世界の調和』に著された。ケプラーが第 3 法則を発見するために，どれだけ熱意に満ちあふれた研究を継続したかが，この年月の重みから想像できよう。ケプラーの法則は，ティコの持続的・系統的な天体観測の信頼できるデータに基づいており，数学的に厳密に定式化された法則であったという意味で，近代物理学上，初めての自然法則といわれている。

また，惑星の運動が，円でなく楕円であることから，外的な原因として，太陽の引力を考えなければならなかったが，このことが，ニュートンの万有引力の法則の発見につながっていく。

ケプラーの 3 つの法則は，いずれも観測結果を整理して見いだされたものであるが，以下では万有引力と運動方程式に基づいて数学的に導出して

みよう。楕円軌道を扱うので，計算は少々煩雑となる。先を急ぐ場合はとばしてもよい。

5.4.3 ケプラーの第1法則

惑星の運動が楕円軌道になることを，運動方程式から導いてみよう。図5.19のように，極座標で位置を r と θ で表すと，速度は

動径方向： $v_r = \dfrac{dr}{dt} = \dot{r}$

方位角方向： $v_\theta = r\dfrac{d\theta}{dt} = r\dot{\theta}$

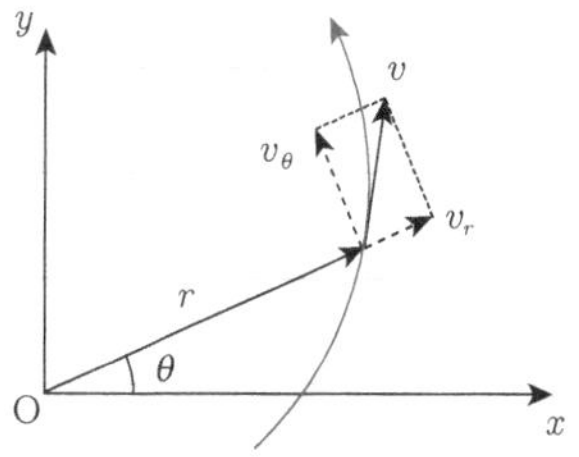

図 5.19

となり，加速度は，

動径方向： $a_r = \dfrac{d^2r}{dt^2} - r\left(\dfrac{d\theta}{dt}\right)^2 = \ddot{r} - r\dot{\theta}^2$

方位角方向： $a_\theta = 2\dfrac{dr}{dt}\dfrac{d\theta}{dt} + r\left(\dfrac{d^2\theta}{dt^2}\right) = \dfrac{1}{r}\dfrac{d}{dt}\left(r^2\dfrac{d\theta}{dt}\right) = \dfrac{1}{r}\dfrac{d}{dt}\left(r^2\dot{\theta}\right)$

となることを5.4.1節で導いた。

★ 補足
方位角方向とは，角度が増加する方向，すなわち動径方向に垂直な方向のことである。

太陽と惑星間には万有引力しかはたらいておらず，太陽を中心とした極座標では，その力の方向は動径方向である。したがって，太陽の質量を M，惑星の質量を m，太陽と惑星の間の距離を r，万有引力定数を G とすると，動径方向と方位角方向の運動方程式はそれぞれ，

動径方向： $m(\ddot{r} - r\dot{\theta}^2) = -G\dfrac{Mm}{r^2}$ (5.25)

方位角方向： $m\dfrac{1}{r}\dfrac{d}{dt}(r^2\dot{\theta}) = 0$ (5.26)

★ 補足
動径方向は，原点から遠ざかる向きが正になっていることに注意。
r は時間的に変化する。r を一定とすると，等速円運動になる。

となる。まず，(5.26) 式から

$$r^2\dot{\theta} = h \quad (\text{一定}) \tag{5.27}$$

が得られる。

軌道の式を求めたいので，r が θ に依存して変化することを考え，$\dot{r}$，$\ddot{r}$ を (5.27) 式を用いて変形し，時間に依存する項を消していく。

$$\dot{r} = \frac{dr}{dt} = \frac{d\theta}{dt}\frac{dr}{d\theta} = \frac{h}{r^2}\frac{dr}{d\theta} = -h\frac{d}{d\theta}\left(\frac{1}{r}\right) \tag{5.28}$$

$$\ddot{r} = \frac{d\dot{r}}{dt} = \frac{d\theta}{dt}\frac{d\dot{r}}{d\theta} = -\frac{h^2}{r^2}\frac{d^2}{d\theta^2}\left(\frac{1}{r}\right) \tag{5.29}$$

★ 補足
(5.27) 式から
$\dot{\theta} = \dfrac{d\theta}{dt} = \dfrac{h}{r^2}$

(5.25) 式の動径方向の運動方程式に，$\ddot{r}$，$\dot{\theta}$ を代入して整理すると，

$$m\left(-\frac{h^2}{r^2}\frac{d^2}{d\theta^2}\left(\frac{1}{r}\right) - r\left(\frac{h}{r^2}\right)^2\right) = -G\frac{Mm}{r^2}$$

$$\frac{d^2}{d\theta^2}\left(\frac{1}{r}\right) = -\left(\frac{1}{r} - \frac{GM}{h^2}\right)$$

ここで，$\dfrac{GM}{h^2}$ は定数であることを考慮して

$$u = \frac{1}{r} - \frac{GM}{h^2} \tag{5.30}$$

とおけば，この方程式は，

$$\frac{d^2u}{d\theta^2} = -u \tag{5.31}$$

のように単振動の式に帰着する。したがって，その解は，

$$u = A\cos(\theta + \alpha) \quad (A, \alpha \text{ は定数}) \tag{5.32}$$

となる。座標系は任意にとることができるので，初期位相を $\alpha = 0$ としても一般性は失われない。これを（5.30）式に戻すことにより，

$$\begin{aligned} r &= \frac{1}{\dfrac{GM}{h^2} + A\cos\theta} \\ &= \frac{\ell}{1 + e\cos\theta} \qquad \left(\ell = \frac{h^2}{GM},\ e = \frac{h^2A}{GM}\right) \end{aligned} \tag{5.33}$$

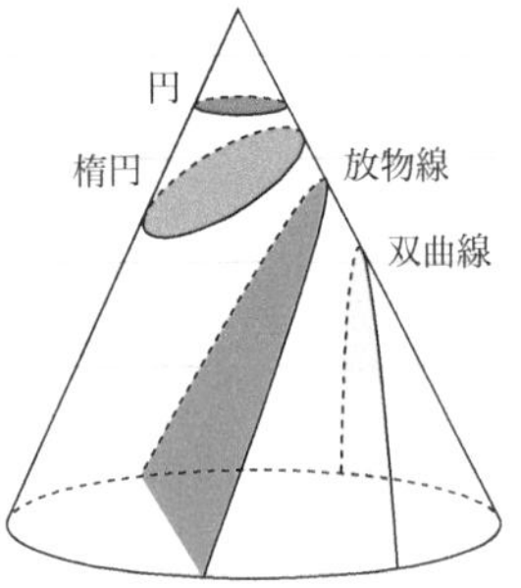

図 5.20

のように r と θ の関係式が得られ，これが惑星の軌道を表す。この式は，原点を焦点とした離心率 e の円錐曲線を表す。その曲線形状は，図 5.20 のように円錐のどのような断面をとるかによって変化する。e の値で形状を分類すると，

$$\begin{cases} 0 \leqq e < 1 & \text{楕円（}e = 0\text{ のときは，円になる）} \\ e = 1 & \text{放物線} \\ e > 1 & \text{双曲線} \end{cases}$$

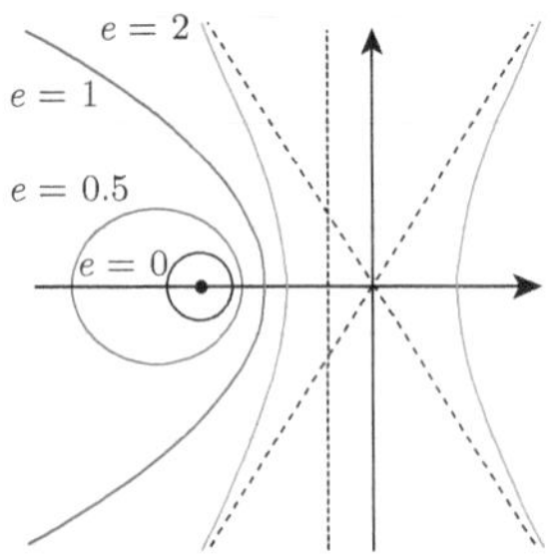

図 5.21

となる（図 5.21）。$e \geqq 1$ だと分母が 0 になり r が無限大になる点が出てくるため，惑星の運動には適さない。よって，r が有限となる $e < 1$ の場合が惑星の運動に相当し，軌道は楕円となる。このように，万有引力と運動方程式だけから，惑星の運動が楕円軌道を描くことを導出できる。

（5.33）式を直交座標での表現に変換し，楕円の標準形の式を導いてみよう。

★ 補足

$r\cos\theta = x$

$r^2 = x^2 + y^2$

x について，平方完成

$$\begin{aligned} r &= \frac{\ell}{1 + e\cos\theta} \\ r + er\cos\theta &= \ell \\ r &= \ell - ex \\ r^2 &= \ell^2 - 2\ell ex + e^2x^2 \\ x^2 + y^2 &= \ell^2 - 2\ell ex + e^2x^2 \\ (1 - e^2)x^2 + 2\ell ex + y^2 &= \ell^2 \\ (1 - e^2)\left(x + \frac{\ell e}{1 - e^2}\right)^2 + y^2 &= \ell^2 + \frac{\ell^2 e^2}{1 - e^2} = \frac{\ell^2}{1 - e^2} \\ \frac{\left(x + \dfrac{\ell e}{1 - e^2}\right)^2}{\left(\dfrac{\ell}{1 - e^2}\right)^2} + \frac{y^2}{\left(\dfrac{\ell}{\sqrt{1 - e^2}}\right)^2} &= 1 \\ \frac{(x + ae)^2}{a^2} + \frac{y^2}{b^2} &= 1 \end{aligned} \tag{5.34}$$

ここで,

$$a = \frac{\ell}{1-e^2},\ b = \frac{\ell}{\sqrt{1-e^2}} \tag{5.35}$$

とおいた。図 5.22 のように，a は楕円の長半径を表し，b は短半径を表す。極座標表現では，原点が楕円の一方の焦点となっていたため，直交座標では，楕円の中心が直交座標の原点に対して x 軸方向に ae（焦点までの距離）ずれた表現になっていることに注意しよう。また離心率 e は a, b の式から，ℓ を消去して,

$$e = \sqrt{1-\frac{b^2}{a^2}} \tag{5.36}$$

と表される。

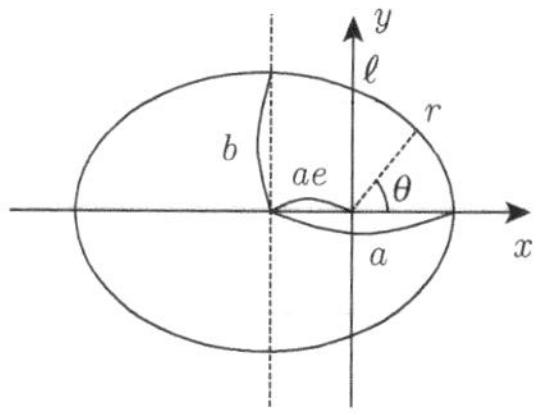

図 5.22

5.4.4 ケプラーの第 2 法則

まず，面積速度について考える。図 5.20 のように，微小時間 Δt の間に質点の位置ベクトルが $\boldsymbol{r}(t)$ から $\boldsymbol{r}(t+\Delta t)$ に変化し，このときの角度変化を $\Delta\theta$ とする。微小な変化なので，位置ベクトルが掃いた面積 ΔS は，図 5.23 から底辺 $r(t)$，高さ $r(t+\Delta t)\sin\Delta\theta$ の三角形の面積と考えることができ,

$$\Delta S = \frac{1}{2}r(t)r(t+\Delta t)\sin\Delta\theta$$

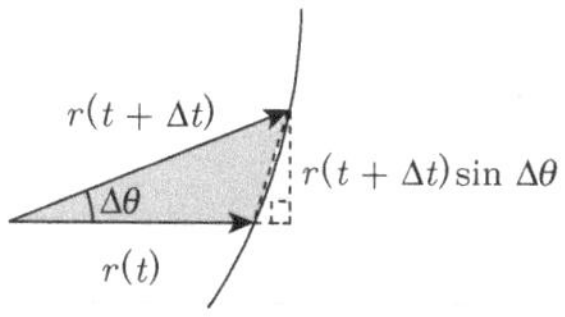

図 5.23

ここで，Δt が十分に小さければ,

$$r(t+\Delta t) \fallingdotseq r(t) + \dot{r}(t)\Delta t$$

$$\sin\Delta\theta \fallingdotseq \Delta\theta$$

と書けるので,

$$\Delta S = \frac{1}{2}(r^2 + r\dot{r}\Delta t)\Delta\theta = \frac{1}{2}r^2\Delta\theta + \frac{1}{2}r\dot{r}\Delta t\Delta\theta$$

$$\fallingdotseq \frac{1}{2}r^2\Delta\theta$$

★ 補足
微小量の 2 次の項 $\Delta t\Delta\theta$ は非常に小さくなるので，無視する。

となる。面積速度はこの時間変化率であり,

$$\frac{\Delta S}{\Delta t} = \frac{1}{2}r^2\frac{\Delta\theta}{\Delta t}$$

$\Delta t \to 0$ とすれば,

$$\dot{S} = \frac{1}{2}r^2\dot{\theta} \tag{5.37}$$

となる。前節の接線方向の運動方程式から（5.27）式の

$$r^2\dot{\theta} = h \quad (\text{一定})$$

の関係が得られていた。したがって得られた面積速度（5.37）は一定となる。この面積速度一定の法則は，中心力を受ける物体における角運動量保存の法則を意味している（13.3 節参照）。

5.4.5 ケプラーの第 3 法則

★ 補足
楕円軌道では速度も位置によって変化するので，単に円周を速度で割るのでは周期は求められない。

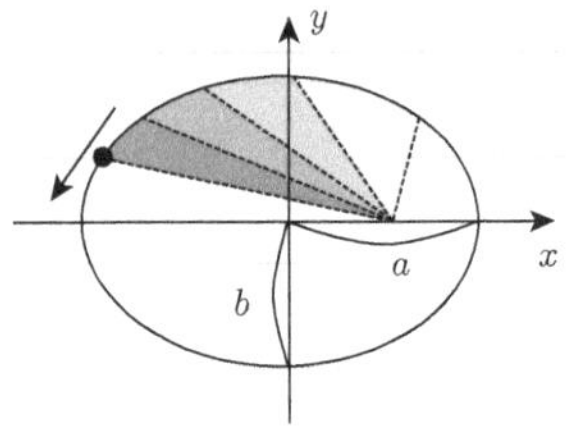

図 5.24

★ 補足
$\ell = \dfrac{h^2}{GM}$ から，$h = \sqrt{\ell GM}$
また，$a = \dfrac{\ell}{1-e^2}$

ケプラーの第 3 法則は公転周期に関する法則である。公転周期は楕円軌道の面積を面積速度で割ることにより得られる。楕円軌道の長半径 a，短半径 b は（5.35）式で与えられ，

$$a = \frac{\ell}{1-e^2},\ b = \frac{\ell}{\sqrt{1-e^2}}$$

である。楕円の面積 S は，$\pi\times$(長半径)$\times$(短半径）であるので，

$$S = \pi ab = \frac{\pi\ell^2}{(1-e^2)^{\frac{3}{2}}} \tag{5.38}$$

となる。また，面積速度は（5.37）式に（5.27）式を代入して，

$$\dot{S} = \frac{1}{2}r^2\dot{\theta} = \frac{1}{2}h \tag{5.39}$$

である。これらを用いて，公転周期 T は

$$T = \frac{S}{\dot{S}} = \frac{2\pi\ell^2}{h(1-e^2)^{\frac{3}{2}}} = \frac{2\pi}{\sqrt{GM}}\left(\frac{\ell}{1-e^2}\right)^{\frac{3}{2}} = \frac{2\pi}{\sqrt{GM}}a^{\frac{3}{2}} \tag{5.40}$$

と求められ，$T \propto a^{\frac{3}{2}}$ となっていることがわかる。すなわち公転周期の 2 乗は，軌道の長半径の 3 乗に比例する。

下の表に，太陽系の惑星に関連する数値をまとめた。また，図 5.25 のように縦軸に T^2 を，横軸に a^3 をとってその関係をプロットすると，全ての惑星の数値が一直線上に乗っており，この関係が良く成り立っていることがわかる。

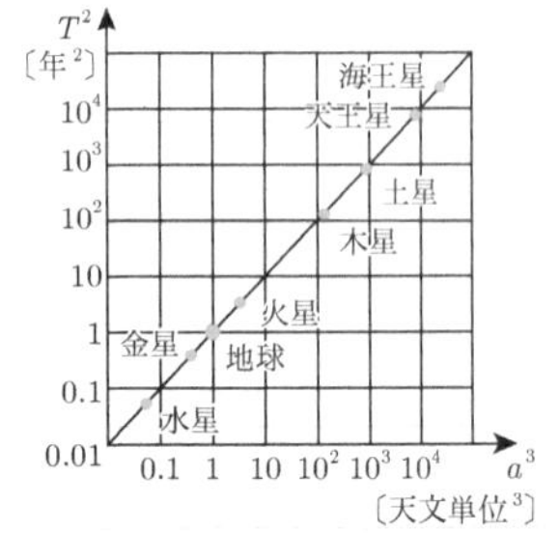

図 5.25

表 5.1　惑星についての定数

	赤道半径〔km〕	質　量〔kg〕	自転周期〔日〕	軌道長半径 a〔km〕	公転周期 T〔年〕	T^2/a^3 $\left[\dfrac{\text{年}^2}{\text{天文単位}^3}\right]$
水　星	2.44×10^3	3.30×10^{23}	58.6	5.79×10^7	0.241	1.001
金　星	6.05×10^3	4.84×10^{24}	243.01	1.08×10^8	0.615	1.000
地　球	6.38×10^3	5.97×10^{24}	0.9973	1.50×10^8	1.000	1.000
火　星	3.40×10^3	6.42×10^{23}	1.026	2.28×10^5	1.881	1.000
木　星	7.14×10^4	1.90×10^{27}	0.410	7.78×10^8	11.86	0.999
土　星	6.00×10^4	5.68×10^{26}	0.428	14.3×10^8	29.48	1.000
天王星	6.54×10^4	8.70×10^{25}	0.649	28.7×10^8	84.07	1.000
海王星	2.51×10^4	1.03×10^{26}	0.768	45.0×10^8	164.82	1.000
月	1.74×10^3	7.35×10^{22}	27.322	3.84×10^5	27.322 日	—
太　陽	6.96×10^5	1.99×10^{30}	25.38	—	—	—

1 天文単位とは，太陽と地球間の距離のことで，1 天文単位$=1.50\times10^8$ km$=1.50\times10^{11}$ m

第6章　振動現象

周期運動の中でも，ばねの振動や振り子の運動に代表される振動現象は特に広く自然界にみられるものである。例えば建物や橋の揺れのような目にみえる振動，物質を構成している原子の微視的な振動，また電子回路の中で起こる電気的な振動など，異なる事象であるにもかかわらず振動という共通の捉え方を通して理解を深めることができる。本章では振動現象の中で最も単純な単振動を扱う。実際の振動では複雑な挙動を示すことが多いが，そのような振動であっても，いくつかの単振動の集まりとして扱えることができるために，単振動について深く学んでおくことが重要である。

6.1　等速円運動と単振動

前章で学んだ等速円運動は，$x-y$ 座標系における平面上での運動であった。今，この等速円運動のうち y 軸方向の動きだけに着目して観察した場合を考えよう。これは図 6.1 のように等速円運動の左側から光を照射して，右側のスクリーンに映ったおもりの影の位置を観察することに相当する。このとき影の位置は時間の経過に伴って，上下方向の運動を繰り返す振動となる。では時間と影の位置にどのような関係があるのかを具体的にみることにしよう。

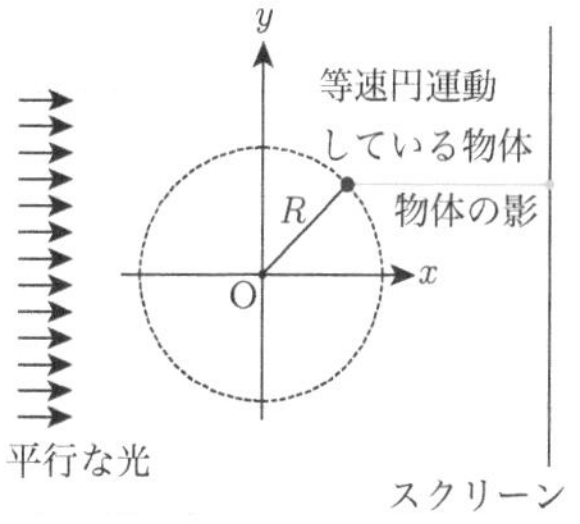

図 6.1

図 6.2 (a) で示されるように，半径 R〔m〕の円周上を角速度 ω〔rad/s〕でおもりが運動している等速円運動を考える。円周上のおもりの位置をP点としよう。またP点は $t=0$〔s〕のときに x 軸からの角度が $\theta=\theta_0$〔rad〕の位置にあるとする。このとき影の位置Q点の座標を y〔m〕として表すと

$$y = R\sin\theta_0$$

となる。時間 t の経過に伴ってP点の角度は $\theta=\omega t+\theta_0$ と変化していくので，Q点の座標も

$$y(t) = R\sin(\omega t+\theta_0) \tag{6.1}$$

のように動くことになる。ここで y は時間の関数であることを意識するために $y(t)$ と表した。横軸に時間 t〔s〕，縦軸にQ点の座標 y〔m〕をとっ

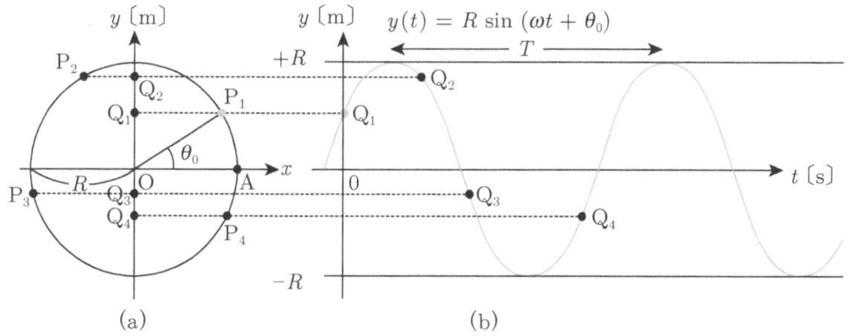

図 6.2

★ 補足
グラフをみる際に，横軸は時間の経過を表しており，Q点が空間中を横にずれていくわけではないことに注意しよう。Q点はあくまでもy軸上を上下に移動している。

てグラフに表すと図 6.2（b）のようになる。このように時間の経過にともなって，その位置が sin 関数として表される運動を単振動または調和振動と呼ぶ。

図 6.2（b）から，Q 点の上限値は $+R$〔m〕，下限値は $-R$〔m〕となることがわかる。つまり Q 点は $-R \leqq y \leqq +R$ の範囲で振動している。この R を振幅と呼ぶ。また sin 関数の変数である $\theta = \omega t + \theta_0$ を位相とよび，特に $t = 0$〔s〕のときの位相 $\theta = \theta_0$ を初期位相と呼ぶ。

また sin 関数は位相が，ある θ から 2π だけ変わる（すなわち $\theta \to \theta + 2\pi$）と元の状態に戻る。(6.1) 式において，θ の場合の時間を t_1，$\theta + 2\pi$ の場合の時間を t_2 とすると $\theta = \omega t_1 + \theta_0$，$\theta + 2\pi = \omega t_2 + \theta_0$ であるから，その時間差 T〔s〕は

$$T = t_2 - t_1 = 2\pi/\omega \tag{6.2}$$

である。等速円運動の場合と同様にこの T を周期という。これは 1 回の振動に要する時間である。図 6.2（b）ではグラフの山から山，または谷から谷までの時間が T となっている。ただし振動の中心値 $y = 0$ では隣り合う $y = 0$ との間の時間は周期ではない。これは $y = 0$ では上から下へ向かう場合と下から上に向かう場合があるからである。このように位置が同じであっても，状態が違う場合の間の時間は周期とは見なされない。

また，1 秒あたりに振動する回数 f を振動数といい，等速円運動と同様に単位には Hz を用いる。1 回の振動に要する時間が周期 T であるから f はその逆数となり

$$f = \frac{1}{T} = \frac{\omega}{2\pi} \tag{6.3}$$

と表せる。これより $\omega = 2\pi f$ となるので，角速度 ω は振動現象では角振動数と呼ばれることが多い。振動数 f が 1 秒あたりの往復運動の回数を示すことに対して，角振動数 ω は 1 秒あたり位相が何 rad 進んだのかを示していることになる。

次に単振動の速度と加速度を求めてみよう。速度 v は位置 y の時間微分で与えられるから（6.1）式を用いて

$$v = \frac{d}{dt}y(t) = \frac{d}{dt}R\sin(\omega t + \theta_0) = \omega R\cos(\omega t + \theta_0) \tag{6.4}$$

となる。(6.4) 式から，y が上限値に近いとき，すなわち $\theta = \omega t + \theta_0 \simeq \pi/2$ では v がほぼ 0 となり，かつ $\theta = \pi/2$ を境にして符号が $+$ から $-$ へと変わることがわかる。また v の大きさが最大になるのは $\theta = n\pi$（$n = 0, 1, 2, \cdots$）のときであり，これは $y = R\sin(n\pi) = 0$ から，ちょうど振動の中心にきたときに相当する。

また，加速度 a は速度 v の時間微分で与えられるから

$$\begin{aligned} a &= \frac{d}{dt}v(t) = \frac{d}{dt}\omega R\cos(\omega t + \theta_0) \\ &= -\omega^2 R\sin(\omega t + \theta_0) = -\omega^2 y(t) \end{aligned} \tag{6.5}$$

となる。すなわち加速度も時間を含む sin 関数で表され，刻一刻と変化している。加速度の大きさが最大になるのはおもりが振動の上限および下限にある場合となる。また加速度 a には $R\sin(\omega t+\theta_0)$ の項が含まれるが，これは $y(t)$ と等しい。速度 v は位置 y の時間微分であったことを考慮すると

$$a=\frac{d}{dt}v(t)=\frac{d}{dt}\frac{d}{dt}y(t)=\frac{d^2}{dt^2}y(t)=-\omega^2 y(t) \tag{6.6}$$

であるから，「元の関数の2階微分をとると，元の関数に負号のついた定数倍が得られる」ことになる。(6.6) 式は単振動の特徴を与える重要な微分方程式である。

★ 補足
これまでは位置 $y(t)$ が与えられた上で速度，加速度を求めてきたが，次節でみるようにむしろ (6.6) 式の解として $y(t)$ が求められることが多い。またこの型の微分方程式は力学以外にも様々な物理現象の中に現れるものであり，充分に理解しておくことが望ましい。

6.2 ばねの力を受けて運動する物体

具体的な単振動の例として，ばねの力を受けて運動する物体について考えよう。そのためにばねの力学的性質について述べておく。図 6.3 (a) に示すように，なめらかな水平面上に置かれたばねの一端を固定し，他端に小球をとりつける。ばねの自然の長さ（**自然長**）の状態で静止している小球の位置を原点として，ばねの方向に x 軸をとる。このとき小球を少し x 軸の正の方向に移動させるとばねも伸びるが，同時にばねは自然長に戻ろうとして小球には x 軸の負の方向の力がはたらく。逆に自然長から小球を負の方向に移動させると，小球はばねから正の方向の力を受ける。このようにばねが自然長に戻ろうとする力を**復元力**（または**ばねの弾性力**）という。ばねの復元力 F〔N〕は，原点からの伸び縮みの距離 x〔m〕がそれほど大きくない場合には，図 6.3 (b) のように x に比例して大きくなる。これをフック（Hooke）の法則という。式で表せば

$$F=-kx \tag{6.7}$$

となる。ここで負号がついているのは原点からの移動方向と逆向きに復元力がはたらくからである。また k は比例定数であり，**ばね定数**と呼ばれる。単位は，x〔m〕に掛けて F〔N〕が得られることからわかるように，〔N/m〕である。ばね定数 k〔N/m〕が大きな値を持つほど，ばねを伸び縮みさせるための力は大きくしなければならず，硬いばねといえる。

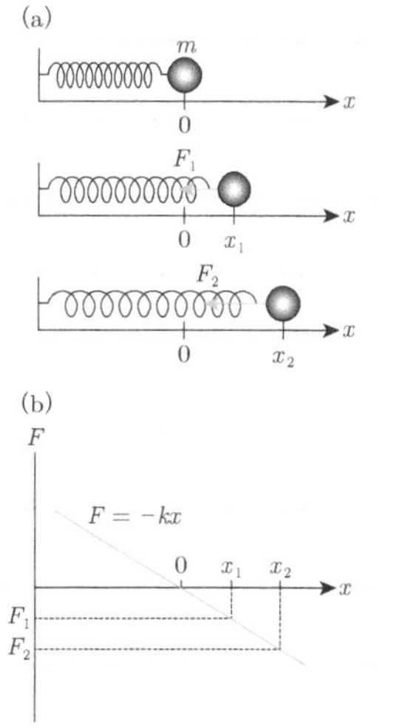

図 6.3

★ 補足
ばねをどんどん伸ばしていく（すなわち原点からの距離 x を大きくしていく）と，やがて (6.7) 式の関係が成り立たなくなってしまい，最後にはばねは破断してしまう。本節の以下の議論では (6.7) 式が成り立つ範囲，すなわち原点からの距離があまり大きくない場合を扱う。

さて，自然長の状態から，小球を $x=R$ だけ引っ張った後，小球を静かに放したとしよう。すると復元力を受けて小球は原点に向かって，すなわち x 軸の負の方向に移動していく。復元力は小球が原点に戻ると0になるが，小球はこの時点である程度の速度を得ているために原点を通過してしまう。そのためにばねは自然長より短くなり，今度は正方向へはたらく復元力が発生する。この復元力により，小球の速度はだんだん小さくなり，やがて $x=-R$ に至ると正の方向へと移動しはじめる。この様子を図 6.4 に示した。なめらかな面上での移動を想定しているために摩擦力などははたらかず，小球はこの運動を繰り返すことになる。すなわち振動現象を起こすと考えられる。

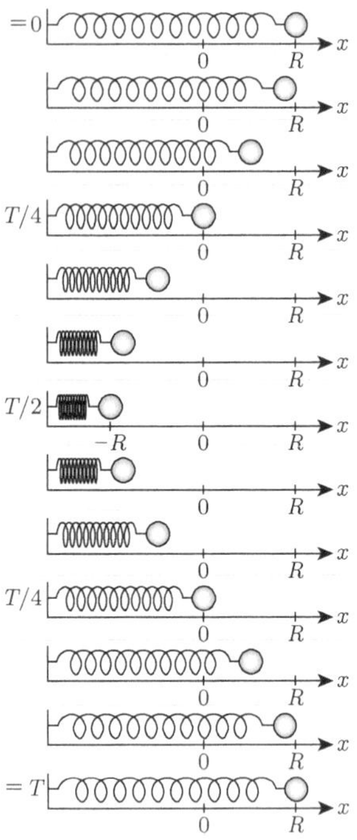

図 6.4

★ 補足
このように新しい式を導入する際には，次元を意識しておくことが大切である。

ここで小球にはたらく力が（6.7）式で与えられる復元力のみであるとして，運動方程式をたてると

$$m\frac{d^2}{dt^2}x(t) = -kx(t) \tag{6.8}$$

となる。ただし小球の質量を m〔kg〕とした。ここで両辺を m で割ると

$$\frac{d^2}{dt^2}x(t) = -\frac{k}{m}x(t) \tag{6.9}$$

となる。(6.9) 式と前節で導いた（6.6）式を比較してみよう。単振動の加速度を表す（6.6）式において ω^2 であった部分が（6.9）式では k/m と変わっているが，式の形は共通している。すなわち「関数を 2 階微分したら，元の関数に負号のついた定数倍がでてくる」形となっている。そこで k/m を ω^2 と置き換えてみよう。

$$\omega = \sqrt{\frac{k}{m}} \tag{6.10}$$

ここで（6.10）式の両辺の次元を確認しておく。ω の単位は〔rad/s〕であった。ただし，rad は無次元であるので次元は〔$\mathrm{s^{-1}}$〕である。一方ばね定数 k の単位は〔N/m〕，質量 m の単位は〔kg〕であるので，右辺の次元は $[(\mathrm{Nm^{-1}\ kg^{-1}})^{1/2}] = [(\mathrm{kg\ m\ s^{-2}\ m^{-1}\ kg^{-1}})^{1/2}] = [\mathrm{s^{-1}}]$ となり，両辺で同一の次元を示していることがわかる。よって（6.10）式のように k/m と ω^2 を結びつけることは許されるだろう。

(6.9) 式に（6.10）式を代入すると

$$\frac{d^2}{dt^2}x(t) = -\omega^2 x(t) \tag{6.11}$$

となることが確かめられる。ここで，(6.6) 式の導出過程を思い出せば

$$x(t) = R\sin(\omega t + \theta_0) \tag{6.12}$$

となるはずである。実際に（6.12）式を（6.11）式に代入してみれば，この解が満たされることがわかる。すなわち，ばねの力を受けて運動する物体は単振動を示すことが，運動方程式から自然に導かれたことになる。なお，(6.12) 式を加法定理によって

$$\begin{aligned} x(t) &= R\cos\theta_0 \sin\omega t + R\sin\theta_0 \cos\omega t \\ &= A\sin\omega t + B\cos\omega t \end{aligned} \tag{6.13}$$

のように変形して用いることも多い。

ここで周期について求めておこう。単振動における周期 T は $2\pi/\omega$ であるから，(6.10) 式より，

$$T = \frac{2\pi}{\omega} = \frac{2\pi}{\sqrt{\dfrac{k}{m}}} = 2\pi\sqrt{\frac{m}{k}} \tag{6.14}$$

となる。なお，(6.12) 式の振幅 R および初期位相 θ_0，あるいは（6.13）式の A と B は初期条件によって求められる。次の例題で確認してみよう。

★ 補足
読者の中には，高校時代に物理を学んできて，その際にこの式を暗記した経験がある方もいるかもしれない。しかし大学で学ぶ物理学では，数学を道具として用いることで，このように各種の量が自然と導かれてくるのである。

例題 6-1

ばね定数 k のばねに繋がれている質量 m の物体を，自然長の状態から $x = x_0$ まで伸ばし，時刻 $t = 0$ において静かに放したところ物体は単振動を始めた。各時刻における物体の位置 $x(t)$ を求めなさい．

解説 & 解答

$t = 0$ における物体の位置は x_0，また放した直後は速度を持たないと考えられるので初期条件は

$$x(0) = x_0, \quad v(0) = 0$$

となる。(6.13) 式に $x(0) = x_0$ を代入すると

$$x(0) = A\sin 0 + B\cos 0 = B = x_0$$

と，B が求まる。また (6.13) 式を時間で微分し速度 v を求めると

$$v(t) = \omega A\cos\omega t - \omega B\sin\omega t$$

となるので，$v(0) = 0$ を代入して

$$v(0) = \omega A\cos 0 - \omega B\sin 0 = \omega A = 0$$

から $A = 0$ が求まる。よってこの初期条件のもとでの解は

$$x(t) = x_0\cos\omega t = x_0\cos\sqrt{\frac{k}{m}}t$$

となることがわかる。■

例題 6-2

(6.13) 式で表される単振動に対して，初期条件が $x(0) = 0$, $v(0) = v_0$ と与えられる場合の解 $x(t)$ を求めなさい。

解答

$$x(t) = \frac{v_0}{\omega}\sin\omega t \quad ■$$

本節ではフックの法則にしたがうばねの運動方程式から (6.11) 式を導き，その一般解として (6.12) 式あるいは (6.13) 式を求めた。しかし，これは始めから解が予想できていたから可能だったのではないかと思う方もいるかもしれない。実はこのように物理学では特徴的な微分方程式に対して，結果を予測しながら解を求めることが多い。そしてそこが物理的なセンスを問われるところでもある。ただ，数学的な裏付けがあることを理解しておくことも必要なので，興味のある方のための参考として少し技巧的ではあるが (6.11) 式の解を直接求めるための解法を示しておこう。

★ 補足
特性方程式を用いた一般的な解法は，6.4.1 節の減衰振動を参照。単振動の式は，抵抗力が 0 ($b = 0$ ($\gamma = 0$)) の場合の減衰振動の式に相当する。$\gamma = 0$ では $\gamma < \omega$ になるので，(i) の解で $\gamma = 0$ とすればよい。

まず (6.11) 式の両辺に $2\dfrac{dx}{dt}$ を掛ける。

$$2\frac{dx}{dt}\frac{d^2x}{dt^2} = -2\omega^2 x\frac{dx}{dt} \tag{6.15}$$

ところで

$$\frac{d}{dt}\left(\frac{dx}{dt}\right)^2 = 2\frac{dx}{dt}\frac{d^2x}{dt^2},\quad \frac{d}{dt}x^2 = 2x\frac{dx}{dt}$$

であるから，(6.15) 式は下記のように変形できる。

$$\frac{d}{dt}\left(\frac{dx}{dt}\right)^2 = -\omega^2\frac{d}{dt}x^2$$

左辺にまとめて整理すると

$$\frac{d}{dt}\left[\left(\frac{dx}{dt}\right)^2 + \omega^2 x^2\right] = 0 \tag{6.16}$$

t で 1 階微分すると 0 になることから [ ] 内は定数でなければならない。次の変形で整理しやすいようにこの定数を ω^2R^2 とおく。ω^2 の項を右辺でまとめると

$$\left(\frac{dx}{dt}\right)^2 + \omega^2x^2 = \omega^2R^2 \quad \therefore \frac{dx}{dt} = \omega R\sqrt{1-\left(\frac{x}{R}\right)^2}$$

左辺に x の項を，右辺に t の項を移動させ積分すると

$$\int\frac{dx}{R\sqrt{1-\left(\frac{x}{R}\right)^2}} = \int\omega\, dt \tag{6.17}$$

左辺の積分については $\sin x$ の逆関数である $\sin^{-1} x$ を用いた公式

$$\int\frac{dx}{\sqrt{1-x^2}} = \sin^{-1} x \tag{6.18}$$

を利用すると

$$\sin^{-1}\frac{x}{R} = \omega t + \theta_0 \tag{6.19}$$

となる。ただし積分定数を θ_0 として右辺にまとめている。これより

$$\frac{x}{R} = \sin(\omega t + \theta_0) \quad \therefore x = R\sin(\omega t + \theta_0)$$

となり，(6.12) 式が導かれた。

★ 補足

$\sin^{-1} x$ およびこれを用いた公式 (6.18) 式についてはなじみが薄いと思われるので，説明しておこう。

$\sin^{-1} x$ は $\sin x$ の逆関数であり，$y = \sin^{-1} x$ に対して，$x = \sin y$ が成り立つ。よってこの y を微分すると

$$\frac{dy}{dx} = \frac{1}{\frac{dx}{dy}} = \frac{1}{\cos y} = \frac{1}{\sqrt{1-\sin^2 y}} = \frac{1}{\sqrt{1-[\sin(\sin^{-1} x)]^2}} = \frac{1}{\sqrt{1-x^2}}$$

となる。なお逆関数に関数を作用させると何も演算していないことになるので $\sin[\sin^{-1} x] = x$ となることを用いている。左辺に x のみ，右辺に y のみの項を移動して積分すれば

$$\int\frac{1}{\sqrt{1-x^2}}dx = \int dy = y = \sin^{-1} x$$

となる。

6.3 単振り子

単振動として取り扱えるもう 1 つの例として，単振り子を取り上げよう。いま図 6.5 のように，天井からつり下げられた質量の無視できる長さ L の糸の先端に質量 m の小球を取り付けて，鉛直方向から $\theta = \theta_0$ 傾けた後，ゆっくり小球を放す。θ_0 が小さいとき，下記にみるようにこの振り子は単振動として表されるので**単振り子**と呼ばれる。

単振り子は L が一定であるため，円運動の一部として見なすことができる。糸が天井につながれている点を原点 O とし，O から小球に向かって動径方向の正の向きを，小球が移動する円弧に沿って反時計回りに方位

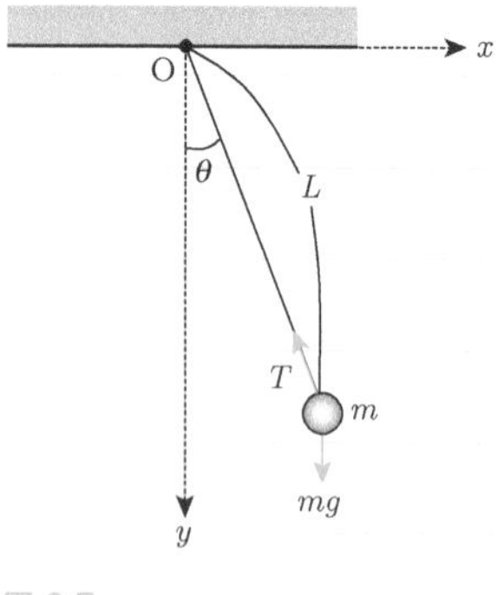

図 6.5

角方向の正の向きをとる。ここで，小球がθ傾いているときの運動方程式を 5.4.1 節で述べた極座標表示を用いて表してみよう。まず，小球にかかる重力は鉛直下向きにmgであることから，動径方向の正の向きには$mg\cos\theta$の力が，方位角方向の負の向きには$mg\sin\theta$の力がはたらいている。また，糸の張力Tが動径方向の負の向きにかかっている。したがって，動径方向の運動方程式は（5.24）式において，$r = L$とすると

$$ma_r = -mL\left(\frac{d\theta}{dt}\right)^2 = mg\cos\theta - T \tag{6.20}$$

となる。これより張力Tは，θとその時間微分により与えられることがわかる。また，方位角方向の運動方程式は

$$ma_\theta = m\left(L\frac{d^2\theta}{dt^2}\right) = -mg\sin\theta \tag{6.21}$$

となる。ここでθが小さいときには$\sin\theta \fallingdotseq \theta$と近似できることを用いてみよう。すると（6.21）式は

$$mL\frac{d^2\theta}{dt^2} = -mg\theta \tag{6.22}$$

となり，整理すると

$$\frac{d^2\theta(t)}{dt^2} = -\frac{g}{L}\theta(t) \tag{6.23}$$

となる。ここではθが時間tの関数であることを明示した。(6.23）式は

$$\omega = \sqrt{\frac{g}{L}} \tag{6.24}$$

とおけば，（6.11）式と同じ型の微分方程式であり，単振り子が単振動としての振る舞いをすることがわかる。(6.13）式にならって（6.23）式の一般解を記せば

$$\theta(t) = A\sin\omega t + B\cos\omega t \tag{6.25}$$

となる。周期は（6.24）式を用いて

$$T = \frac{2\pi}{\omega} = \frac{2\pi}{\sqrt{\frac{g}{L}}} = 2\pi\sqrt{\frac{L}{g}} \tag{6.26}$$

である。これより単振り子の周期は小球の質量によらず，糸の長さLだけに依存することがわかる。これを**振り子の等時性**という。ただし，計算の過程でθが小さい場合における近似を用いていることに注意しよう。$\sin\theta \fallingdotseq \theta$と見なせるのは角度にして約$10^\circ$以下の場合である。よって（6.25）式により周期が精度よく求められるのもこの範囲となる。実際に値をみてみると$10^\circ = 0.174$〔rad〕，$\sin 10^\circ = 0.173$となっており，有効数字 2 桁までを必要としているのであれば妥当な近似といえよう。

★ 補足
物理学では見通しをよくするために適切な近似によるモデル化を行うことが多いが，このように途中で近似を用いて得られた際の結果は，常に適用範囲を意識しておくことが重要である。

例題 6-3

糸の長さが L の単振り子において，小球を $\theta = \theta_0$ の角度まで傾け，$t = 0$ において小球を放した。(6.24) 式の一般解に初期条件を適用して，解 $\theta(t)$ を求めなさい。

解説＆解答

$t = 0$ における小球の傾き角度は θ_0，また，放した直後は速度を持たないと考えられるので初期条件は

$$\theta(t) = \theta_0,\ \left.\frac{d\theta}{dt}\right|_{t=0} = 0$$

となる。(6.24) 式に $t = 0$ を代入し，$\theta(0) = \theta_0$ を用いると

$$\theta(0) = A \sin 0 + B \cos 0 = B = \theta_0$$

となるので，B が求まる。また (6.24) 式を時間 t で 1 階微分すると

$$\frac{d\theta}{dt} = \omega A \cos \omega t - \omega B \sin \omega t$$

となるので，$\left.\frac{d\theta}{dt}\right|_{t=0} = 0$ を用いて

$$\left.\frac{d\theta}{dt}\right|_{t=0} = \omega A \cos 0 - \omega B \sin 0 = \omega A = 0$$

から $A = 0$ が求まる。よってこの初期条件のもとでの解は

$$\theta(t) = \theta_0 \cos \omega t = \theta_0 \cos \sqrt{\frac{g}{L}} t \quad ■$$

6.4 いろいろな振動

少し発展的な内容として，減衰振動と強制振動について考えてみよう。

6.4.1 減衰振動

現実の振動では，空気の抵抗等で振動のエネルギーは失われ，振幅は時間とともに減衰していく。ここでは，速度に比例する抵抗力を受ける場合を考えよう。図 6.6 のように，質量 m の質点が，ばねの弾性力 $-kx$ と速度 $v = \dot{x}$ に比例する抵抗力 $-b\dot{x} (b > 0)$ を受けて運動するときを考えると，質点の運動方程式は次のようになる。

$$m\ddot{x} = -kx - b\dot{x} \tag{6.27}$$

ここで，式をみやすくするために，$k = m\omega^2$，$b = 2m\gamma\ (\gamma > 0)$ とおくと，

$$\ddot{x} + 2\gamma\dot{x} + \omega^2 x = 0 \tag{6.28}$$

となり，2 階の線形同次微分方程式となっていることがわかる。

この方程式の特性解を $x = e^{\lambda t}$ とおいて，(6.28) 式に代入すると

$$\lambda^2 + 2\gamma\lambda + \omega^2 = 0 \tag{6.29}$$

の特性方程式が得られ，$\lambda = -\gamma \pm \sqrt{\gamma^2 - \omega^2}$ であれば，(6.28) 式の特性解が得られることがわかる。一般解はこれら特性解の一次結合で表される

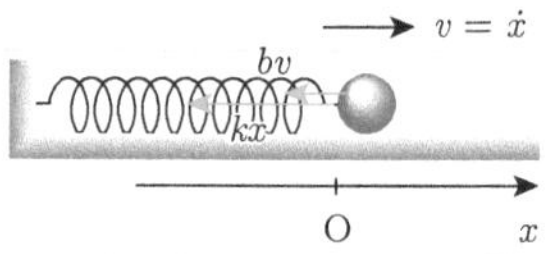

図 6.6

★ 補足
抵抗力は v に逆向きなので常に $-b\dot{x}$ である。

★ 補足
ここでは，時間微分にドット表記を用いた。普通の微分記号で書けば，

$$m\frac{d^2x}{dt^2} = -kx - b\frac{dx}{dt}$$

(6.28) 式の文字の置き換えは，すでに解の形を知っているからである。そのまま解いて，あとでみやすいように置き換えてもよい。

が，$\gamma^2-\omega^2$ の符号により，次の３つの場合に分けられる。

(ｉ)　$\gamma<\omega$（抵抗が小さい場合）：減衰振動

$\lambda=-\gamma\pm i\sqrt{\omega^2-\gamma^2}$ となるため，振動解が得られる。

$$x(t)=e^{-\gamma t}\left(Ce^{i\left(\sqrt{\omega^2-\gamma^2}\right)t}+C^*e^{-i\left(\sqrt{\omega^2-\gamma^2}\right)t}\right)$$

$$=e^{-\gamma t}\left(C_1\cos\left(\sqrt{\omega^2-\gamma^2}\,t\right)+C_2\sin\left(\sqrt{\omega^2-\gamma^2}\,t\right)\right)$$

$$=C'e^{-\gamma t}\sin\left(\sqrt{\omega^2-\gamma^2}\,t+\delta\right) \tag{6.30}$$

これは，$e^{\lambda t}$ の包絡線にしたがって振幅が減少しながら振動する解を表している。この場合を，減衰振動という。

(ii)　$\gamma>\omega$（抵抗が大きい場合）：過減衰

$$x(t)=C_1e^{\left(-\gamma+\sqrt{\gamma^2-\omega^2}\right)t}+C_2e^{\left(-\gamma-\sqrt{\gamma^2-\omega^2}\right)t}$$

$$=e^{-\gamma t}\left(C_1e^{\left(\sqrt{\gamma^2-\omega^2}\right)t}+C_2e^{-\left(\sqrt{\gamma^2-\omega^2}\right)t}\right) \tag{6.31}$$

上式の指数関数の肩にのっている $-\gamma\pm\sqrt{\gamma^2-\omega^2}$ はいずれも負となるため，振幅は時間とともに単調に減衰する。この場合を，過減衰という。

(iii)　$\gamma=\omega$：臨界減衰（臨界制動）

この場合，特性方程式の解 λ は重根となり，特性解は１つしか得られない。したがって，特性解の一次結合で表されるような一般解の形は使えない。この解は，一般に次のような形となることが知られている。

$$x(t)=e^{-\lambda t}\left(C_1+C_2t\right) \tag{6.32}$$

この減衰は単調減少であり過減衰に似ているが，減衰のしかたが最も早い。このように，固有の角振動数 ω に対して，$\lambda=\omega$ になるように λ を調整したときに得られるすばやい減衰を，臨界減衰（臨界制動）と呼ぶ。この特性はドアクローザー等に応用されている。

6.4.2　強制振動

前節で学んだ減衰振動では，振動の振幅は時間とともに減衰し，やがて止まる。このように抵抗力がはたらく場合，振動を続けさせるためには，外部から周期的な外力を作用させる必要がある。ブランコをこぐような運動は強制振動の一種である。

固有の角振動数 ω_0 で減衰振動を行う物体に，周期的に変化する力 $F(t)=F_0\sin\omega t$ を作用させる場合を考える。この場合の運動方程式は，

$$m\ddot{x}=-kx-b\dot{x}+F_0\sin\omega t \tag{6.33}$$

である。ここで，$k=m\omega^2$, $b=2m\gamma\ (\gamma>0)$, $F_0=mf_0$ とおくと，

$$\ddot{x}+2\gamma\dot{x}+{\omega_0}^2x=f_0\sin\omega t \tag{6.34}$$

となり，x および x の微分以外で表される項を含んだ非同次微分方程式となっている。この解は，右辺が０となる同次微分方程式の解（一般解）$x_1(t)$ と，右辺がそのままの非同次微分方程式を満たす解（特解）$x_2(t)$ の和 $x(t)=x_1(t)+x_2(t)$ で与えられることが知られている。特解はどのよう

同次微分方程式の解き方については，付録Ｅを参照。

微分方程式は，微分して自分自身になるような関数をみつけるという問題なので，微分しても形の変わらない関数 $x=e^{\lambda t}$ を特性解と考えて出発することが多い。

★ 補足

オイラーの公式

$$e^{\pm i\theta}=\cos\theta\pm i\sin\theta$$

三角関数の合成

$$a\sin\theta+b\cos\theta=\sqrt{a^2+b^2}\sin(\theta+\alpha)$$

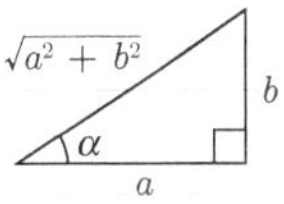

積分定数の記号は式の変形に応じて適宜変更した。

$$C_1=C+C^*,\ C_2=i(C-C^*)$$

$$C'=\sqrt{{C_1}^2+{C_2}^2},\ \delta=\tan^{-1}\frac{C_2}{C_1}$$

★ 補足

(6.30) 式はどの解の形でもよいが，最後の形がグラフの形状をイメージしやすいであろう。

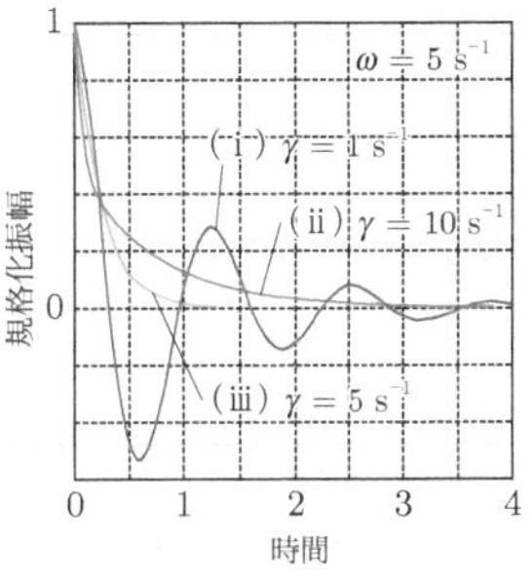

図 6.7

★ 補足

２階の微分方程式では，解は未定係数を２つ含まなければならない。したがって，(iii) のように特性解が１つというのは困るのである。

★ 補足

非同次微分方程式の解き方については，付録Ｅを参照。

な方法でもよいので，1 つ探し出せばよい。

ここで，$x_1(t)$ は前節で扱った減衰振動の解であり，十分時間がたてば 0 に収束する。したがって，$x_2(t)$ は外力と同じ角振動数を持つ解でなければ，(6.34) 式を満たすことはできない。このため特解は，

★ 補足
2 階の微分方程式なので，ここでは A と ϕ の 2 つが未定係数である。

$$x_2(t) = A\sin(\omega t - \phi) \tag{6.35}$$

の形であることが予想される。これを (6.34) 式に代入して，両辺が等しくなるように振幅 A と位相のずれ ϕ を決めると，

★ 補足
(6.34) 式の右辺を

$$\begin{aligned} f_0 \sin \omega t &= f_0 \sin(\omega t - \phi + \phi) \\ &= f_0 \sin(\omega t - \phi)\cos\phi \\ &\quad + f_0 \cos(\omega t - \phi)\sin\phi \end{aligned}$$

と変形して比較する。

$$A = \frac{f_0}{\sqrt{({\omega_0}^2 - \omega^2)^2 + 4\gamma^2\omega^2}} \tag{6.36}$$

$$\phi = \tan^{-1}\frac{2\gamma\omega}{{\omega_0}^2 - \omega^2} \tag{6.37}$$

が得られる。これで特解を求めることができた。

したがって，(6.34) 式の一般解は (6.35)，(6.30) 式の和で表され，

$$\begin{aligned} x(t) &= \frac{f_0}{\sqrt{({\omega_0}^2 - \omega^2)^2 + 4\gamma^2\omega^2}}\sin(\omega t - \phi) \\ &\quad + C'e^{-\gamma t}\sin\left(\sqrt{{\omega_0}^2 - \gamma^2}\,t + \delta\right) \end{aligned}$$

$$\phi = \tan^{-1}\frac{2\gamma\omega}{{\omega_0}^2 - \omega^2} \tag{6.38}$$

★ 補足
固有な角振動数 ω_0 で減衰振動を行う物体を考えているので，第 2 項は (6.30) 式に ω_0 を入れた形になっている。

となる。第 2 項は十分に時間がたつと消えるので，定常的に残るのは第 1 項（特解）であり，外力と同じ振動数で位相のずれた単振動になることがわかる。この振動を**強制振動**という。

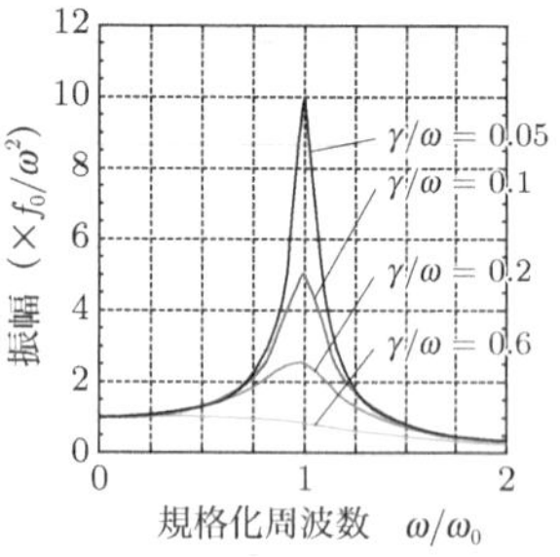

図 6.8

この特解の特徴を，位相と振幅の 2 つの観点から考えてみよう。

(1)　抵抗力を表す γ があるため，振動の位相が外力より ϕ だけ遅れる。系に固有な角振動数と同じ角振動数を持つ外力がはたらくとき（$\omega = \omega_0$），位相のずれは，(6.38) 式で $\tan\phi = \infty$ となる ϕ なので，$\phi = \pi/2$ となる。$\gamma = 0$（抵抗力がない場合）では，$\phi = 0$ となり位相のずれは生じない。

(2)　振幅は，外力の大きさ f_0 にもちろん比例するが，外力の角振動数 ω にも大きく依存する。この様子を図 6.8 に示した。(6.36) 式は

$$A = \frac{f_0}{\sqrt{(\omega^2 - ({\omega_0}^2 - 2\gamma^2))^2 + 4\gamma^2({\omega_0}^2 - \gamma^2)}} \tag{6.39}$$

と書くことができるので，$\omega_0 > \sqrt{2}\gamma$ の条件下では，

$$\omega = \sqrt{{\omega_0}^2 - 2\gamma^2} \tag{6.40}$$

のとき最大となり，このとき最大値

$$A_{\max} = \frac{f_0}{2\gamma\sqrt{({\omega_0}^2 - \gamma^2)}} \tag{6.41}$$

をとる。このように，外力の角振動数 ω が，系に固有な角振動数 ω_0 付近で振幅が最大となっている状態を，**共振**または**共鳴**という。$\gamma \to 0$（抵抗力がない場合）では，(6.40) 式から $\omega \to \omega_0$ で共振が起こる（図 6.8）。逆に，系に固有な角振動数に合わない外力を与えても，大きな振動は得られない。

★ 補足
ブランコで足を振るタイミングが悪いと，うまくこげないことを示している。

第7章 仕事とエネルギー

日常でよく用いられる「仕事」という言葉は，物理学でも重要なキーワードである。ただし日常では広く，またあいまいな意味合いを持つこの言葉を物理学では厳密な定義のもとに使用することになる。本章では物理学における「仕事」とはどのような意味を持つのかを定義し，さらに運動方程式とどのような関係があるのかを学ぶことにしよう。

7.1 仕事と仕事率

今，図 7.1 (a) のように質量 m〔kg〕の物体を上方に，ゆっくりと s〔m〕だけ持ち上げることを考えよう。物体を s〔m〕上げた場合にある量の「仕事」をしたと考えることは日常で使う言葉としても違和感はないと思われる。では，この仕事の量を決めるのは，どのような物理量だろうか。1 つは移動させた距離 s〔m〕があげられるだろう。例えば移動距離を $2s$〔m〕とすれば s〔m〕の場合よりも 2 倍仕事をしたと考えられる。また，掛けた力の大きさ F〔N〕も関係するだろう。物体の質量が $2m$〔kg〕であれば，物体にかかっている重力も 2 倍になり，$2F$〔N〕で持ち上げなければならないので，この場合も 2 倍の仕事をしたと考えられるだろう。すなわち「仕事」の量 W は F と s に比例している。つまり a を比例定数とすれば W は

$$W = aFs \tag{7.1}$$

となる。さらに a を 1 とするように単位を決めておけば，

$$W = Fs \tag{7.2}$$

と表すことができる。(7.2) 式の右辺は F〔N〕と s〔m〕の積であるので，W の単位として〔N·m〕を用いればよい。この〔N·m〕という単位を〔J〕(ジュール)と表す。

次に図 7.1 (b) のように，物体が滑らかなレールにはめ込まれており，移動は常に鉛直方向に限られているとしよう。この場合，鉛直方向から θ 傾いた力 F'〔N〕を加えたとしても，物体は上方にしか移動しない。つまり F' のうち物体が移動する方向の成分 $F' \cos\theta$ だけが物体の移動に使われていることになる。これと垂直な成分 $F' \sin\theta$ は物体をレールに押し付けるだけであり，物体の移動には寄与していない。するとこの場合の「仕事」の量 W' は (7.2) 式に対応させると

$$W' = (F' \cos\theta)\ s \tag{7.3}$$

としなければならないだろう。ここで本来，力も移動距離も向きを持ったベクトル量であることを思い出そう。いま物体に一定の力 $\boldsymbol{F}$〔N〕が加えられて，その結果として物体が $\boldsymbol{s}$〔m〕移動したとする。すると (7.3) 式にならってこの場合にした「仕事」の量 W を表すには

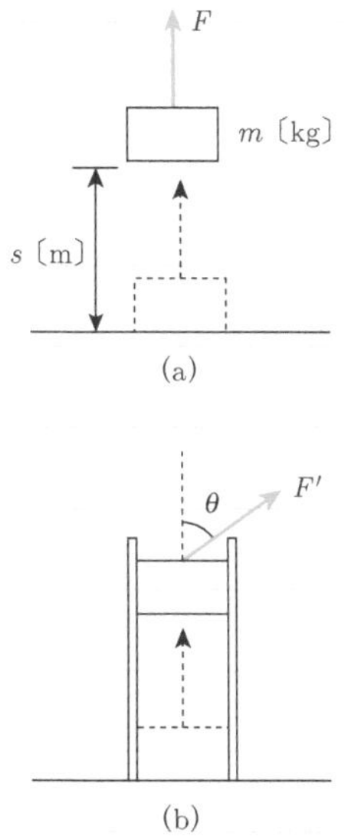

図 7.1

★ 補足
物体は重力によって mg〔N〕の力で下方に引かれているから，上方に持ち上げるためには，動き出しの瞬間は重力より少しだけ大きな力 F〔N〕を物体に与えなければならない。しかし，動き出した後は，$F = mg$ のつりあいのもと，動き出した一定の速度を保って運動するので $F = mg$ の力で上がっていく。

$$W = \boldsymbol{F} \cdot \boldsymbol{s} \tag{7.4}$$

として内積を用いればよい。内積なので W はスカラー量である。このように表された W のことを物理的な**仕事**と呼ぶ。単位は先に述べた〔J〕が用いられる。

★ 補足

(7.3) 式は日常の感覚と異なることになる。もし人間の疲労具合が「仕事」の分量と比例していたとすれば，F' の力を掛けていたのだから，たとえ θ 傾いていたとしても，$F's$ の「仕事」をしたと見なされてもよさそうである。しかし物理学では，あくまでも移動に寄与した力だけが「仕事」をしたものとして扱われる。もし $\theta = \pi/2$ として水平方向に F'〔N〕が加えられたとしても，この場合物体の移動には全く寄与していないので，いくら人間が疲労しても「仕事」をしたとは見なされないのである。いわば移動距離という実績を通してしか「仕事」としてカウントされない結果主義のようなものである。しかし，このような取り扱いをすることで，「仕事」というものを実際に測定できる量，すなわち物理量として扱えるのである。

例題 7-1

質量 3 kg の物体に 10 N の力を掛け，力の向きに 50 m 移動させた。この場合の仕事を求めなさい。

解説＆解答

仕事は，掛けた力と移動距離でのみ決まる。力の向きと移動方向が同じであれば $\theta = 0$ であるので $\cos\theta = 1$ であり，仕事は

$$10\ \mathrm{N} \times 50\ \mathrm{m} = 500\ \mathrm{J}$$

となる。仕事を求める際に質量は直接には関わらないことに留意。■

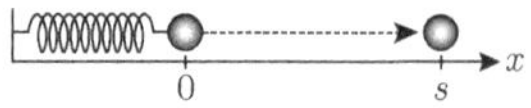

図 7.2

次に図 7.2 のように，なめらかな水平面上に置かれたばねの一端を固定し，他端に小球をとりつけて，小球を右方向に引っ張ることを考えよう。自然長での小球の位置を原点として，ばねの方向に x 軸をとる。小球を原点から $x = s$〔m〕まで移動させた場合にした仕事はどのように求めればよいだろうか。加えられた力の方向は，小球の移動方向と同じであるから $|\boldsymbol{F}| = F$，$|\boldsymbol{s}| = s$ として (7.2) 式のように表してもよいように思われる。しかし，ばねの力にさからって小球を移動させる力は一定ではない。すなわち小球の位置が x にあるとき，(6.7) 式で示したようにフックの法則からばねは $-kx$ の力で引き戻そうとするので，それに対抗して加える力は $F = kx$ となり，小球の位置ごとに F は変化することになる。F が x の関数であることを明示的に表すために $F(x)$ と書く。このとき，図 7.3 のように x の位置からわずかに Δx だけ移動する際には $F(x)$ はほとんど変わらないと考える。よって $x \to x + \Delta x$ の区間における仕事 ΔW は近似的に

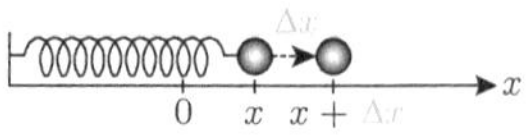

図 7.3

$$\Delta W \fallingdotseq F(x)\Delta x = kx\Delta x$$

と表せる。さらに Δx の極限をとり $\Delta x \to 0$ とすれば，微小な仕事 dW は

$$dW = F(x)\,dx = kx\,dx \tag{7.5}$$

となる。極限をとっているので $x \to x + dx$ の区間において $F(x)$ は変化せず，(7.5) 式は正確に成り立っている。小球を $x = 0$ から $x = s$ まで移動させた場合の全体の仕事 W を求めるには，各 x における式 (7.5) を足し合わせればよい。すなわち

$$W = \int dW = \int F(x)\,dx = \int_0^s kx\,dx = \left[\frac{1}{2}kx^2\right]_0^s = \frac{1}{2}ks^2 \tag{7.6}$$

と求められる。このように位置によって加えられる力が変化する場合にも微小な仕事 dW を求めることができれば，積分によって全体で行われた仕事が計算できる。

例題 7-2

x 軸上で物体を $x = a$ から $x = b$ まで移動させた。ただし物体に加えた力 F は位置 x によって下記のように変化したとする。

$$F(x) = \frac{1}{x^2}$$

この場合の仕事を求めなさい。

解説 & 解答

$x \to x + dx$ の区間における微小な仕事 dW は

$$dW = F(x)dx = \frac{1}{x^2}dx$$

と与えられるので，$x = a$ から $x = b$ までに行われた仕事 W は

$$W = \int dW = \int_a^b F(x)dx = \int_a^b \frac{1}{x^2}dx = \left[-\frac{1}{x}\right]_a^b = -\frac{1}{b} + \frac{1}{a}$$ ■

上記の議論をさらに一般化してみよう。

図 7.4 のように A 点から B 点までを経路 L 上にそって物体を移動させた場合の仕事について考える。経路 L 上の任意の点 P の位置ベクトルを $\boldsymbol{s}$ とする。

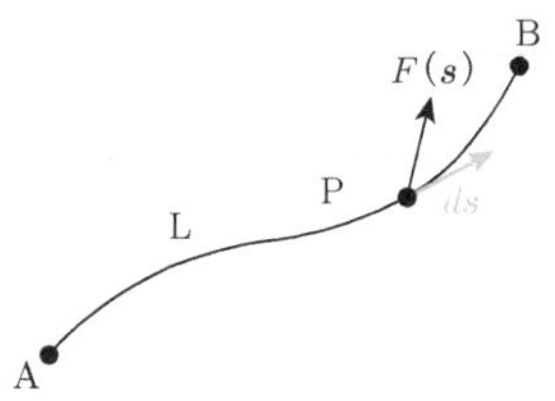

図 7.4

このとき P 点における力を $\boldsymbol{F}(\boldsymbol{s})$ としよう。この $\boldsymbol{F}(\boldsymbol{s})$ は任意の向きを持つとしてよいが，P 点から物体が動く方向は P 点における L の接線方向に限られる。L は任意の曲線であるが，微小な区間であれば直線と見なしてもよい。そこで P 点から L の接線方向に向かって微小な移動量 $d\boldsymbol{s}$ を導入する。

P 点から $d\boldsymbol{s}$ だけ物体が移動した際にされた微小な仕事 dW は

$$dW = \boldsymbol{F}(\boldsymbol{s}) \cdot d\boldsymbol{s} \tag{7.7}$$

と表すことができる。そのため A 点から B 点まで物体が移動した際の全体の仕事 W は

$$W = \int dW = \int_A^B \boldsymbol{F}(\boldsymbol{s}) \cdot d\boldsymbol{s} \tag{7.8}$$

となる。なお，このように任意の経路に沿って行う積分を**線積分**と呼ぶ。ここで $\boldsymbol{F}$ と $d\boldsymbol{s}$ を $\boldsymbol{F} = (F_x, F_y, F_z)$，$d\boldsymbol{s} = (dx, dy, dz)$ と表せば (7.7) 式は

$$\boldsymbol{F}(\boldsymbol{s}) \cdot d\boldsymbol{s} = F_x\,dx + F_y\,dy + F_z\,dz$$

となるので，(7.8) 式は

$$W = \int F_x\,dx + \int F_y\,dy + \int F_z\,dz \tag{7.9}$$

として表すこともできる。

例題 7-3

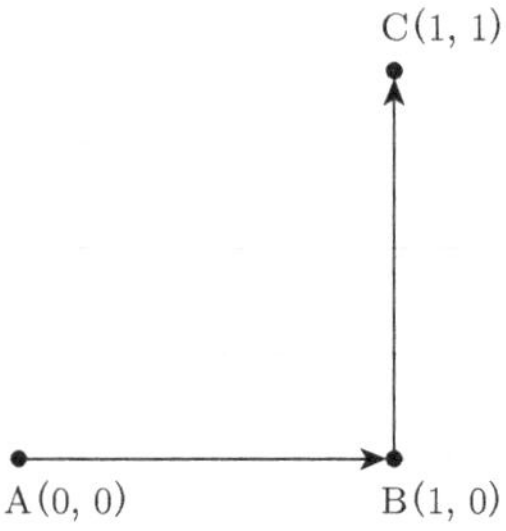

図 7.5

図 7.5 のように 2 次元 xy 座標系におかれた質量 m の物体を A 点→B 点→C 点まで移動させた。各点の座標は A 点 (0,0), B 点 (1,0), C 点 (1,1) である。物体に加えられた力 $\boldsymbol{F}$ は

$$\boldsymbol{F} = (F_x,\ F_y) = (kx,\ mg)$$

であった。ここで k, g は定数である。A 点から C 点まで物体を移動させた際にした仕事を求めなさい。

解説 & 解答

(7.9) 式を用いて W は

$$W = \int_A^C F_x\,dx + \int_A^C F_y\,dy = \int_A^B kx\,dx + \int_B^C mg\,dy$$
$$= \int_0^1 kx\,dx + \int_0^1 mg\,dy = \frac{1}{2}k + mg$$

と求められる。ここで A 点から B 点への移動では物体の移動方向が x 方向であるので $\boldsymbol{F}$ の y 成分である mg は仕事に寄与せず，また B 点から C 点への移動では y 方向であるので $\boldsymbol{F}$ の x 成分である kx は仕事に寄与しないことを用いている。■

さて，仕事の定義 (7.4) には物体の移動にかかった時間について何も述べられていない。例えば x 軸上で 10 m の距離を x 方向に 10 N の力で移動させた場合には，10 m × 10 N = 100 J の仕事をしたといえるが，この仕事を 1 秒で行ったのか，あるいは 10 秒かかったのかによって仕事の効率には差があるであろう。そこである時間 Δt〔s〕に仕事 ΔW〔J〕が行われた場合に，その比を用いて平均的な**仕事率** $\overline{P}$ を定義する。

$$\overline{P} = \frac{\Delta W}{\Delta t} \tag{7.10}$$

ここで $\overline{P}$ の単位は〔J/s〕となるが，これを〔W（ワット）〕と表す。仕事率を用いれば，同じ 100 J の仕事であっても，かかった時間が 1 秒であれば 100 W であり，10 秒であれば 10 W であるというように，その効率を定量的に表すことができる。

★ 補足
仕事を表す文字の W と混同しないこと。

ただし，各瞬間にはその効率が変化していることも考えられる。そこで下記のように瞬間の**仕事率** P を (7.10) 式の極限として表そう。

$$P = \lim_{\Delta t \to 0} \frac{\Delta W}{\Delta t}$$

ΔW〔J〕が力 $\boldsymbol{F}$〔N〕のもとで行われた仕事であるならば，その際の移動距離を $\Delta \boldsymbol{s}$〔m〕として

$$P = \lim_{\Delta t \to 0} \frac{\Delta W}{\Delta t} = \lim_{\Delta t \to 0} \frac{\boldsymbol{F} \cdot \Delta \boldsymbol{s}}{\Delta t} = \boldsymbol{F} \cdot \lim_{\Delta t \to 0} \frac{\Delta \boldsymbol{s}}{\Delta t} = \boldsymbol{F} \cdot \boldsymbol{v} \tag{7.11}$$

として力と速度の内積で表すことができる。

7.2 運動エネルギーと仕事

7.2.1 運動エネルギーと仕事 1次元の場合

本節では，$\boldsymbol{F}$ に対する運動方程式を導入し，これを積分することにより，力と仕事との関連性をより詳しくみてみることとしよう。

まずは簡単のため，(7.8) 式の仕事の定義を1次元に適用する。図7.6のように力 F を受けながら x 軸上をAからBに移動する質量 m の物体の運動を考える。A，Bの座標をそれぞれ $x = x_{\mathrm{A}}$，$x = x_{\mathrm{B}}$，A，Bを通過した時刻を $t = t_{\mathrm{A}}$，$t = t_{\mathrm{B}}$，通過した際の速度を $v = v_{\mathrm{A}}$，$v = v_{\mathrm{B}}$，とする。物体が力 $F = F(x)$ を受けて運動しているとき，運動方程式は，

$$m\frac{dv}{dt} = F \quad \left(ただし，v = \frac{dx}{dt}\right) \tag{7.12}$$

両辺を $x_{\mathrm{A}} \leqq x \leqq x_{\mathrm{B}}$ で積分すると，

$$\int_{x_{\mathrm{A}}}^{x_{\mathrm{B}}} m\frac{dv}{dt}\,dx = \int_{x_{\mathrm{A}}}^{x_{\mathrm{B}}} F\,dx \tag{7.13}$$

ここで，右辺の力の距離による積分

$$W = \int_{x_{\mathrm{A}}}^{x_{\mathrm{B}}} F\,dx \tag{7.14}$$

は力 F の行った**仕事**であり，(7.8) 式に対応している。F が x にかかわらず一定の場合，動いた距離を $x = x_{\mathrm{B}} - x_{\mathrm{A}}$ と表して，

$$\int_{x_{\mathrm{A}}}^{x_{\mathrm{B}}} F\,dx = F(x_{\mathrm{B}} - x_{\mathrm{A}}) = Fx \tag{7.15}$$

となり，「仕事＝力×変位（移動した距離）」の式が得られる。

(7.13) 式の左辺についてもう少し計算を進めてみよう。ここで，式変形を進めるために，積分変数を x から t に変換してみる。

$$dx = \frac{dx}{dt}\,dt \tag{7.16}$$

また，積分区間の $x = x_{\mathrm{A}}$ から $x = x_{\mathrm{B}}$ に対応する時刻として，$t = t_{\mathrm{A}}$ から $t = t_{\mathrm{B}}$ とすると，積分変数の変換に伴って積分範囲が変わり，(7.13) 式の左辺は

$$\begin{aligned} \int_{x_{\mathrm{A}}}^{x_{\mathrm{B}}} m\frac{dv}{dt}\,dx &= \int_{t_{\mathrm{A}}}^{t_{\mathrm{B}}} m\frac{dv}{dt}\left(\frac{dx}{dt}\,dt\right) \\ &= \int_{t_{\mathrm{A}}}^{t_{\mathrm{B}}} m\frac{dv}{dt}(v\,dt) \\ &= \int_{v_{\mathrm{A}}}^{v_{\mathrm{B}}} mv\,dv \\ &= \left[\frac{1}{2}mv^2\right]_{v_{\mathrm{A}}}^{v_{\mathrm{B}}} \\ &= \frac{1}{2}m{v_{\mathrm{B}}}^2 - \frac{1}{2}m{v_{\mathrm{A}}}^2 \end{aligned} \tag{7.17}$$

ここで，

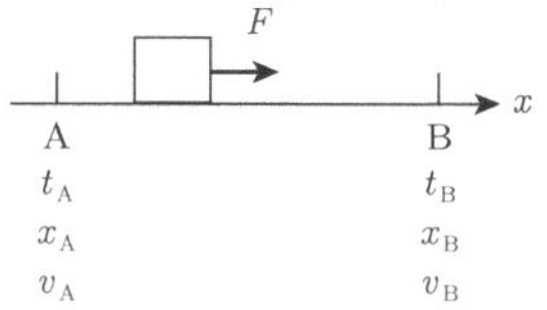

図7.6

★ 補足
以後，$t = t_i$ のときの位置や速度は，

$$x_i = x(t_i)$$
$$v_i = v(t_i)$$

と表記する。
したがって，

$$x_{\mathrm{A}} = x(t_{\mathrm{A}}),\ x_{\mathrm{B}} = x(t_{\mathrm{B}})$$
$$v_{\mathrm{A}} = v(t_{\mathrm{A}}),\ v_{\mathrm{B}} = v(t_{\mathrm{B}})$$

★ 補足

$$\frac{dx}{dt} = v$$

さらに，

$$\frac{dv}{dt}dt = dv$$

となり積分変数が t から v に変換され，積分範囲は，

$$v_{\mathrm{A}} \leqq v \leqq v_{\mathrm{B}}$$
$$(v_{\mathrm{A}} = v(t_{\mathrm{A}}),\ v_{\mathrm{B}} = v(t_{\mathrm{B}}))$$

とした。

この式変形は，分母の dt を dx の下に移して

$$\int m\frac{dv}{dt}dx = \int m\,dv\frac{dx}{dt} = \int mv\,dv$$

と考えてもよい。

★ 補足
運動エネルギーは，英語で Kinetic energy であるため，頭文字の K が使われることが多い。

$$K = \frac{1}{2}mv^2 \tag{7.18}$$

と書かれる量のことを**運動エネルギー**という。したがって，(7.13) 式は

$$\frac{1}{2}m{v_\mathrm{B}}^2 - \frac{1}{2}m{v_\mathrm{A}}^2 = \int_{x_\mathrm{A}}^{x_\mathrm{B}} F\,dx \tag{7.19}$$

のように書かれる。左辺は運動エネルギーの変化，右辺は物体にはたらく力のした仕事を表していることがわかる。このように，運動エネルギーの変化は，物体にはたらく力のした仕事によって与えられる。

上記の式の変形の過程をよく考えると，形式的ではあるが，両辺に v を掛けて t で積分する手順で，次のように簡単に計算することができる。

(7.12) 式の両辺に $v = \dfrac{dx}{dt}$ を掛けて，

$$mv\frac{dv}{dt} = F\frac{dx}{dt} \tag{7.20}$$

これを $t = t_\mathrm{A}$ から $t = t_\mathrm{B}$ まで時間で積分すると，その時間に対応した速度と時間 $(v_\mathrm{A} = v(t_\mathrm{A})$，$v_\mathrm{B} = v(t_\mathrm{B})$，$x_\mathrm{A} = x(t_\mathrm{A})$，$x_\mathrm{B} = x(t_\mathrm{B}))$ を用いて，

$$\int_{t_\mathrm{A}}^{t_\mathrm{B}} mv\frac{dv}{dt}dt = \int_{t_\mathrm{A}}^{t_\mathrm{B}} F\frac{dx}{dt}dt$$

$$\int_{v_\mathrm{A}}^{v_\mathrm{B}} mv\,dv = \int_{x_\mathrm{A}}^{x_\mathrm{B}} F\,dx$$

$$\frac{1}{2}m{v_\mathrm{B}}^2 - \frac{1}{2}m{v_\mathrm{A}}^2 = \int_{x_\mathrm{A}}^{x_\mathrm{B}} F\,dx \tag{7.21}$$

となり，やはり (7.17) 式が得られることがわかる。

7.2.2 運動エネルギーと仕事　3 次元の場合

前節で，運動方程式の両辺を変位 x で積分したが，これは両辺に $v = dx/dt$ を掛けて時間 t で積分したことと同じである。同様の手順で力学的エネルギー保存則を 3 次元に拡張しよう。運動方程式は，

$$m\frac{d\boldsymbol{v}}{dt} = \boldsymbol{F} \tag{7.22}$$

★ 補足
エネルギーや仕事は方向性を持たないスカラー量になるべきなので，外積（ベクトル積）は不適である。

となる。両辺に $\boldsymbol{v} = d\boldsymbol{r}/dt$ を掛けて内積をとると，

$$m\boldsymbol{v}\cdot\frac{d\boldsymbol{v}}{dt} = \boldsymbol{F}\cdot\frac{d\boldsymbol{r}}{dt} \tag{7.23}$$

ここで，左辺は

$$\begin{aligned} m\boldsymbol{v}\cdot\frac{d\boldsymbol{v}}{dt} &= mv_x\frac{dv_x}{dt} + mv_y\frac{dv_y}{dt} + mv_z\frac{dv_z}{dt} \\ &= \frac{d}{dt}\left(\frac{1}{2}m{v_x}^2 + \frac{1}{2}m{v_y}^2 + \frac{1}{2}m{v_z}^2\right) \\ &= \frac{d}{dt}\left(\frac{1}{2}mv^2\right) \end{aligned} \tag{7.24}$$

となり，運動エネルギーの時間変化率を表していることがわかる。

右辺は，$\boldsymbol{F}$が時間によらないとき，

$$\boldsymbol{F}\cdot\frac{d\boldsymbol{r}}{dt}=\frac{d}{dt}(\boldsymbol{F}\cdot\boldsymbol{r}) \tag{7.25}$$

と書けるので，これは仕事率（単位時間あたりの仕事）を表している。ここで，仕事$\boldsymbol{F}\cdot\boldsymbol{r}$が力$\boldsymbol{F}$と変位$\boldsymbol{r}$の内積で表されていることに注意してほしい。$\boldsymbol{F}$と$\boldsymbol{r}$のなす角を$\boldsymbol{\theta}$とすると，$\boldsymbol{F}\cdot\boldsymbol{r}=Fr\cos\boldsymbol{\theta}$であるから，移動方向に平行な力の成分$F\cos\theta$しか仕事には寄与しない（図7.7)。これは(7.3) 式に与えた説明と同じである。(7.23) 式を時間$t_{\mathrm{A}}\leqq t\leqq t_{\mathrm{B}}$で積分すると，積分変数が変わるとともに積分範囲が変わることに注意して，

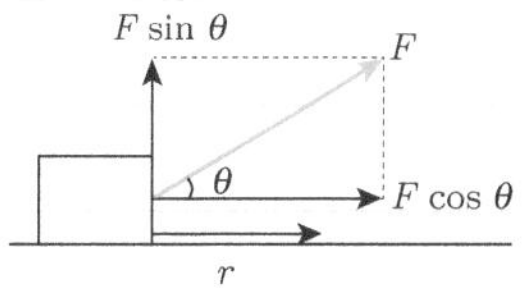

図 7.7

$$\begin{aligned}\int_{t_{\mathrm{A}}}^{t_{\mathrm{B}}} m\boldsymbol{v}\cdot\frac{d\boldsymbol{v}}{dt}dt&=\int_{t_{\mathrm{A}}}^{t_{\mathrm{B}}}\boldsymbol{F}\cdot\frac{d\boldsymbol{r}}{dt}dt\\ \int_{\boldsymbol{v}_{\mathrm{A}}}^{\boldsymbol{v}_{\mathrm{B}}} m\boldsymbol{v}\cdot d\boldsymbol{v}&=\int_{\boldsymbol{r}_{\mathrm{A}}}^{\boldsymbol{r}_{\mathrm{B}}}\boldsymbol{F}\cdot d\boldsymbol{r}\end{aligned} \tag{7.26}$$

ここで左辺は，

$$\begin{aligned}\int_{\boldsymbol{v}_{\mathrm{A}}}^{\boldsymbol{v}_{\mathrm{B}}} m\boldsymbol{v}\cdot d\boldsymbol{v}&=\int_{\boldsymbol{v}_{\mathrm{A}}}^{\boldsymbol{v}_{\mathrm{B}}}(mv_x\,dv_x+mv_y\,dv_y+mv_z\,dv_z)\\ &=\left[\frac{1}{2}m{v_x}^2+\frac{1}{2}m{v_y}^2+\frac{1}{2}m{v_z}^2\right]_{\boldsymbol{v}_{\mathrm{A}}}^{\boldsymbol{v}_{\mathrm{B}}}\\ &=\left[\frac{1}{2}mv^2\right]_{\boldsymbol{v}_{\mathrm{A}}}^{\boldsymbol{v}_{\mathrm{B}}}\\ &=\frac{1}{2}m{v_{\mathrm{B}}}^2-\frac{1}{2}m{v_{\mathrm{A}}}^2\end{aligned} \tag{7.27}$$

★ 補足
$v^2={v_x}^2+{v_y}^2+{v_z}^2$

したがって (7.26) 式は

$$\frac{1}{2}m{v_{\mathrm{B}}}^2-\frac{1}{2}m{v_{\mathrm{A}}}^2=\int_{\boldsymbol{r}_{\mathrm{A}}}^{\boldsymbol{r}_{\mathrm{B}}}\boldsymbol{F}\cdot d\boldsymbol{r} \tag{7.28}$$

となる。このように，3次元の場合は，1次元の (7.21) 式の仕事の部分を，力と変位の内積に置き換えるだけでよい。

7.3 保存力と位置エネルギー

7.3.1 保存力と位置エネルギー

質点が，位置Aから位置Bまで，力$\boldsymbol{F}(\boldsymbol{r})=\boldsymbol{F}(x,\,y,\,z)$の作用を受けて運動したときの仕事を考えよう。このときの仕事は，$\boldsymbol{F}(\boldsymbol{r})$が微小区間$d\boldsymbol{r}$でした仕事を，区間AからBにわたって全て足したものになるので，

$$\begin{aligned}W_{\mathrm{AB}}&=\int_{\mathrm{A}}^{\mathrm{B}}\boldsymbol{F}(\boldsymbol{r})\cdot d\boldsymbol{r}\\ &=\int_{\mathrm{A}}^{\mathrm{B}}(F_x(\boldsymbol{r})dx+F_y(\boldsymbol{r})dy+F_z(\boldsymbol{r})dz)\end{aligned} \tag{7.29}$$

で計算することができる。この積分は，動かした経路によって異なりそうなことはわかるであろう。例えば，重い物体を引きずりながら運ぶとき，

わざわざ距離の長い経路を選ぶ人はいない。なるべく最短距離で運んだほうが仕事も少なくて済む。すなわち，位置Aと位置Bを指定しただけでは，通る経路によって積分値が異なるので，一般的には途中の経路を指定しないと仕事は求まらない。

しかし，W_{AB} が位置Aと位置Bの位置だけできまり，経路によらない場合がある。このときにはたらいている力を**保存力**という。最も典型的な例は重力である。ここでは，重力が保存力であることを確かめてみよう。

水平右向きに x 軸，鉛直上向きに y 軸をとった2次元平面内の運動を考え，z 成分は省略する。力は重力のみを考えると，水平成分の力はなく，

$$\boldsymbol{F}(\boldsymbol{r}) = \begin{pmatrix} F_x \\ F_y \end{pmatrix} = \begin{pmatrix} 0 \\ -mg \end{pmatrix} \tag{7.30}$$

と書ける。位置Aから位置Bへ動かす仕事を計算するにあたり，位置Aと位置Bの座標を $\mathrm{A}(x_{\mathrm{A}},\ y_{\mathrm{A}})$，$\mathrm{B}(x_{\mathrm{B}},\ y_{\mathrm{B}})$ とすると，積分区間は x 軸方向は $x_{\mathrm{A}} \leqq x \leqq x_{\mathrm{B}}$，$y$ 軸方向は $y_{\mathrm{A}} \leqq x \leqq y_{\mathrm{B}}$ となるので，

$$\begin{aligned} W_{\mathrm{AB}} &= \int_{\mathrm{A}}^{\mathrm{B}} \boldsymbol{F}(\boldsymbol{r}) \cdot d\boldsymbol{r} \\ &= \int_{\mathrm{A}}^{\mathrm{B}} (0 \cdot dx + (-mg) \cdot dy) \\ &= [0]_{x_{\mathrm{A}}}^{x_{\mathrm{B}}} + [-mgy]_{y_{\mathrm{A}}}^{y_{\mathrm{B}}} \\ &= -mg(y_{\mathrm{B}} - y_{\mathrm{A}}) \end{aligned} \tag{7.31}$$

となる。仕事はAとBの両端の y 座標のみで値が決まることがわかる。すなわち，経路によらないので，重力は保存力である。

例題 7-4

図7.8のように，2次元 xy 座標系におかれた物体に力 $\boldsymbol{F}(x,\ y) = (F_x(x,\ y),\ F_y(x,\ y))$ がはたらいている。この物体が2つの微小経路 (i) A点→B点→C点および (ii) A点→D点→C点のどちらを通っても力のする仕事が変わらないためには力 $\boldsymbol{F}(x,\ y)$ にどのような条件が必要であるか求めなさい。なお，簡単のために，1つの線分上（例えばA点→B点）での仕事を計算する際には，始点での力 (A点での力 $\boldsymbol{F}(x,\ y)$) が変わらないとしてよい。

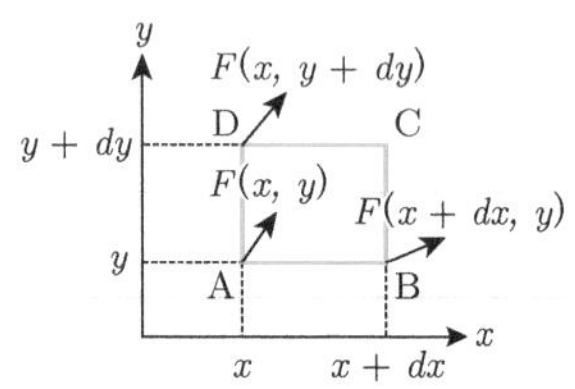

図 7.8

解説＆解答

それぞれの経路での仕事を計算してみると

$$\text{(i)}\quad W_{\mathrm{A\to B}} + W_{\mathrm{B\to C}} = F_x(x,\ y)\ dx + F_y(x + dx,\ y)\ dy$$
$$\text{(ii)}\quad W_{\mathrm{A\to D}} + W_{\mathrm{D\to C}} = F_y(x,\ y)\ dy + F_x(x,\ y + dy)\ dx$$

どちらの経路でも仕事が変わらないとすると

$$F_x(x,\ y)\ dx + F_y(x + dx,\ y)\ dy = F_y(x,\ y)\ dy + F_x(x,\ y + dy)\ dx$$

となる。左辺に dy，右辺に dx をまとめると

$$\{F_x(x+dx,\ y)-F_y(x,\ y)\}dy=\{F_x(x,\ y+dy)-F_x(x,\ y)\}\ dx$$

となる。{　} 内を微分に変換すると（図 7.9 参照）

$$\frac{\partial F_y}{\partial x}dxdy=\frac{\partial F_x}{\partial y}dxdy \quad より \quad \frac{\partial F_y}{\partial x}=\frac{\partial F_x}{\partial y}$$

が求める条件となる。なお，これは 2 次元において，力が保存力であるための条件を示している。■

上記では，重力のする仕事について考えた。それでは，逆に物体を床からある高さまで手で持ち上げるときの仕事を考えよう。

重力のような保存力がはたらく状況下で，外部から力を加えてその力が仕事をした場合，その仕事は「仕事をする能力」という形で蓄えられる。物体を持ち上げたときは，手が仕事したことになる。手をはなすと物体は落下し，床に衝撃を与えるので，持ち上げられた物体は仕事をする能力を蓄えていたといえる。このように，「仕事をする潜在能力」のことを**ポテンシャルエネルギー**や**位置エネルギー**と呼ぶ（以下，位置エネルギーと書く）。

それでは，位置エネルギーの表現を導出してみよう。重力など，保存力 $\boldsymbol{F}(\boldsymbol{r})$ をうける場で，その力に逆らって「ゆっくりと」運ぶ仕事が位置エネルギー $U(\boldsymbol{r})$ となる。このとき，保存力に逆らって与える力は $-\boldsymbol{F}(\boldsymbol{r})$ と表すことができる。$\boldsymbol{F}(\boldsymbol{r})$ は保存力なので，仕事は動かす経路の両端の位置だけの関数として決まり，基準点と決めると，そこから各点に移動するための仕事が定まる。(7.29) 式において位置 A を基準点 $\boldsymbol{r}_0$，位置 B を任意の位置 $\boldsymbol{r}$ としよう。基準点の位置エネルギーを $U(\boldsymbol{r}_0)$ とし，物体を $\boldsymbol{r}_0$ から $\boldsymbol{r}$ まで運ぶと，位置 $\boldsymbol{r}$ での位置エネルギーは

$$\begin{aligned} U(\boldsymbol{r}) &= U(\boldsymbol{r}_0)+\int_{r_0}^{r}(-\boldsymbol{F}(\boldsymbol{r}))\cdot d\boldsymbol{r} \\ &= U(\boldsymbol{r}_0)-\int_{r_0}^{r}\boldsymbol{F}(\boldsymbol{r})\cdot d\boldsymbol{r} \end{aligned} \tag{7.32}$$

となる。基準点の位置エネルギー $U(\boldsymbol{r}_0)$ は任意にとれるので，基準点 $\boldsymbol{r}_0$ で $U(\boldsymbol{r}_0)=0$ になるように決めることが多い。よって，(7.32) 式は

$$\begin{aligned} U(\boldsymbol{r}) &= -\int_{r_0}^{r}\boldsymbol{F}(\boldsymbol{r})\cdot d\boldsymbol{r} \\ &= -\int_{r_0}^{r}(F_x(\boldsymbol{r})dx+F_y(\boldsymbol{r})dy+F_z(\boldsymbol{r})dz) \end{aligned} \tag{7.33}$$

となる。このように，位置エネルギーは保存力に逆らってする仕事なので，保存力による仕事と位置エネルギーは，符号が逆になることに注意しよう。あらためて位置 A，位置 B を基準点以外にとって，それぞれの位置における位置エネルギーを考えると，

$$U(\boldsymbol{r}_\mathrm{A})=-\int_{r_0}^{r_\mathrm{A}}\boldsymbol{F}(\boldsymbol{r})\cdot d\boldsymbol{r},\ U(\boldsymbol{r}_\mathrm{B})=-\int_{r_0}^{r_\mathrm{B}}\boldsymbol{F}(\boldsymbol{r})\cdot d\boldsymbol{r} \tag{7.34}$$

と書ける。$\boldsymbol{F}(\boldsymbol{r})$ を保存力とすると，保存力がする仕事と位置エネルギー

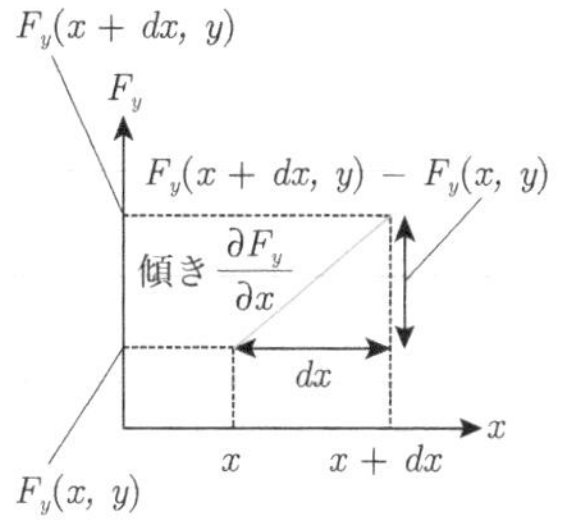

図 7.9
図中緑線のように，微小区間 dx では F_y は x の 1 次関数として近似できる。dx 進んだときの増分

$$F_y(x+dx,\ y)-F_y(x,\ y)$$

を用いた傾きと微係数は等しいので

$$\frac{\partial F_y}{\partial x}=\frac{F_y\ (x+dx)-F_y\ (x)}{dx}$$

と表される（7.3.2 節参照）。∂ は偏微分の記号（85 頁参照）。

★ 補足
ここで，「ゆっくりと」というのは，各瞬間は事実上つりあっていることを表す。完全につりあっていたら動き出さないので，動き出しの瞬間はわずかに違うのであるが，動き出せば，その後，その速度を保って動くことになる。このため，与える力は同じ大きさで反対向きの $-F$ としてよい。

★ 補足
エネルギーの基準点の取り方は自由であるが，慣例として重力の位置エネルギーは地表を 0 とすることが多い。

の関係は，

$$
\begin{aligned}
W_{\mathrm{AB}} &= \int_{\boldsymbol{r}_{\mathrm{A}}}^{\boldsymbol{r}_{\mathrm{B}}} \boldsymbol{F}(\boldsymbol{r})\cdot d\boldsymbol{r} \\
&= \int_{\boldsymbol{r}_{\mathrm{A}}}^{\boldsymbol{r}_0} \boldsymbol{F}(\boldsymbol{r})\cdot d\boldsymbol{r} + \int_{\boldsymbol{r}_0}^{\boldsymbol{r}_{\mathrm{B}}} \boldsymbol{F}(\boldsymbol{r})\cdot d\boldsymbol{r} \\
&= -\int_{\boldsymbol{r}_0}^{\boldsymbol{r}_{\mathrm{A}}} \boldsymbol{F}(\boldsymbol{r})\cdot d\boldsymbol{r} - \left(-\int_{\boldsymbol{r}_0}^{\boldsymbol{r}_{\mathrm{B}}} \boldsymbol{F}(\boldsymbol{r})\cdot d\boldsymbol{r}\right) \\
&= U(\boldsymbol{r}_{\mathrm{A}}) - U(\boldsymbol{r}_{\mathrm{B}})
\end{aligned}
\tag{7.35}
$$

のように表すことができる。このように，保存力がする仕事は位置エネルギーの減少分に等しい。

★ 補足
重力によって，物体が位置 A から位置 B に落ちた場合を考えると，イメージがわくだろう。重力が仕事をすると，位置エネルギーは減少する。

例題 7-5

図 7.10 のように質量 m の物体が地表から高さ y の位置にあるとき，物体の持つ重力の位置エネルギーは mgy であることを示せ。

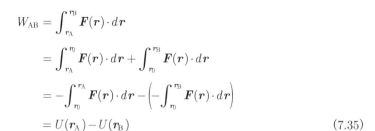

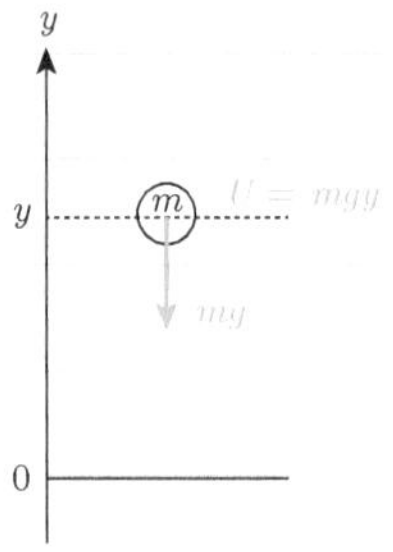

図 7.10

解説＆解答

鉛直上向きを正として，力は $F_y = -mg$，地表を基準（$\boldsymbol{r}_0 = 0$）とすればよいので，重力の位置エネルギーは，

$$
\begin{aligned}
U(\boldsymbol{r}) &= -\int_{\boldsymbol{r}_0}^{\boldsymbol{r}} F(\boldsymbol{r})\cdot d\boldsymbol{r} \\
&= -\int_0^y (-mg)\cdot dy \\
&= mgy
\end{aligned}
$$

■

7.3.2 位置エネルギーと力

(7.33) 式で示されたように，位置エネルギー $U(\boldsymbol{r})$ は保存力 $\boldsymbol{F}(\boldsymbol{r})$ に負号をつけて変位で積分したものであった。逆に考えると，位置エネルギーを変位で微分して負号をつければ，力の表式が得られるはずである。実際，例題 7-5 において，U を y で微分すると

$$
\frac{dU}{dy} = \frac{d}{dy}(mgy) = mg
$$

となる。ただし，力 $\boldsymbol{F}$ は y 軸の負の向きであるので，これを考慮して

$$
F = -\frac{dU}{dy} = -mg
$$

のように，位置変数による微分と合わせて負号を入れておくことで位置エネルギーから力を算出することができる。すなわち，ある座標軸方向への位置エネルギーの傾き（勾配）がその方向にかかる力を表している。このように位置エネルギーから力を算出する方法を 3 次元に拡張してみよう。3 次元では力はベクトル量であるが，位置エネルギーはスカラー量のままである。そのため，複数の力の合力を求める場合でも，まず位置エネルギーの空間分布の和を求め，これを各変位方向に微分して合力を求めるこ

とができる。このように位置エネルギーから力を求めると，ベクトルの和を直接に扱わなくてよいメリットがある。

では，3次元 xyz 座標系を設定し，$\boldsymbol{r}=(x, y, z)$ での位置エネルギー $U(\boldsymbol{r})$ から，その勾配を計算することにより $\boldsymbol{F}(\boldsymbol{r})$ を求めてみよう。各座標軸方向への $U(\boldsymbol{r})$ の勾配を決めるには，その軸方向だけの変化をみればよい。すなわち，その軸以外の軸方向の変化は考える必要がない。例えば，x 方向について，y, z は定数のように考えて x についてのみ微分することを，$\partial U(\boldsymbol{r})/\partial x$ のように表す。このような微分を**偏微分**と呼ぶ。他の方向についても同様に考えて，それぞれの偏微分を力の各方向の成分に対応させる。(7.33) 式のポテンシャル

$$\begin{aligned} U(\boldsymbol{r}) &= -\int_{r_0}^{r} \boldsymbol{F}(\boldsymbol{r})\cdot d\boldsymbol{r} \\ &= -\int_{r_0}^{r} (F_x(\boldsymbol{r})dx + F_y(\boldsymbol{r})dy + F_z(\boldsymbol{r})dz) \\ &= -\int_{x_0}^{x} F_x(\boldsymbol{r})dx - \int_{y_0}^{y} F_y(\boldsymbol{r})dy - \int_{z_0}^{z} F_z(\boldsymbol{r})dz \end{aligned}$$

の偏微分を考えることになるので，

$$\boldsymbol{F}(\boldsymbol{r}) = \begin{pmatrix} F_x(\boldsymbol{r}) \\ F_y(\boldsymbol{r}) \\ F_z(\boldsymbol{r}) \end{pmatrix} = \begin{pmatrix} -\dfrac{\partial U(\boldsymbol{r})}{\partial x} \\ -\dfrac{\partial U(\boldsymbol{r})}{\partial y} \\ -\dfrac{\partial U(\boldsymbol{r})}{\partial z} \end{pmatrix} \tag{7.36}$$

★ 補足
ここで微分の記号は，ある方向だけへの微分を表すために，$dU(\boldsymbol{r})/dx$ ではなく $\partial U(\boldsymbol{r})/\partial x$ を用いる。
∂ のことをラウンド（もしくはラウンドディー）と呼ぶ。

となる。U の微分の前にマイナスがついていることに注意しよう。マイナスの符号がついているのは，力は位置エネルギーが小さくなる方向にはたらくことを意味している。これは位置エネルギーが大きくなる向きと逆向きに，力がはたらいていることに相当する。自然界では，エネルギーが下がる方向に物事が進むということがここにも表れている。また，微分することによって定数項は消えてしまうので，得られる力は位置エネルギーの基準点によらないこともわかる。ここで，微分演算子の

$$\nabla = \begin{pmatrix} \dfrac{\partial}{\partial x} \\ \dfrac{\partial}{\partial y} \\ \dfrac{\partial}{\partial z} \end{pmatrix} \tag{7.37}$$

をナブラとよび ∇ の記号で表す。これは位置エネルギーの勾配(gradient)を表しているので，力は次のようにも書かれる。

$$\boldsymbol{F}(\boldsymbol{r}) = -\nabla U(\boldsymbol{r}) \quad \text{または，} \quad \boldsymbol{F}(\boldsymbol{r}) = -\,\mathrm{grad}\, U(\boldsymbol{r}) \tag{7.38}$$

★ 補足
正式には ∇ がスカラー関数に掛かっている場合に勾配を表す。grad は gradient の略である。

このように，空間の場所 $\boldsymbol{r}$ が決まると力 $\boldsymbol{F}(\boldsymbol{r})$ が与えられるとき，この空間を「**場**」といい，$\boldsymbol{F}(\boldsymbol{r})$ を**場の力**と呼ぶ。場の力は保存力であり，位置だけに依存する1つの関数 $U(\boldsymbol{r})$ から求められるのが特徴である。保存力には，重力（万有引力），弾性力，クーロン力などがある。

例題 7-6

3 次元 xyz 座標系において位置 (x, y, z) にある質点が次の位置エネルギーを持つとする。

$$U(x, y, z) = \frac{-1}{\sqrt{x^2 + y^2 + z^2}}$$

このとき，質点の受けている力 $\boldsymbol{F} = (F_x, F_y, F_z)$ を求めなさい。

解説 & 解答

まず F_x を求めるために U を x で偏微分すると

$$\begin{aligned} F_x &= -\frac{\partial U}{\partial x} = -\frac{\partial}{\partial x}\frac{-1}{\sqrt{x^2 + y^2 + z^2}} = \frac{\partial}{\partial x}(x^2 + y^2 + z^2)^{-\frac{1}{2}} \\ &= \left(-\frac{1}{2}\right)(2x)(x^2 + y^2 + z^2)^{-\frac{3}{2}} \\ &= -x(x^2 + y^2 + z^2)^{-\frac{3}{2}} \end{aligned}$$

同様に F_y，F_z を求めると

$$F_y = -\frac{\partial U}{\partial y} = -y(x^2 + y^2 + z^2)^{-\frac{3}{2}}$$

$$F_z = -\frac{\partial U}{\partial z} = -z(x^2 + y^2 + z^2)^{-\frac{3}{2}}$$

となる。よって，

$$\boldsymbol{F} = F_x\boldsymbol{i} + F_y\boldsymbol{j} + F_z\boldsymbol{k} = -(x^2 + y^2 + z^2)^{-\frac{3}{2}}\ (x\boldsymbol{i} + y\boldsymbol{j} + z\boldsymbol{k})$$

となる。なお，原点から位置 (x, y, z) までの位置ベクトル $\boldsymbol{r}$ と距離 r は

$$\boldsymbol{r} = x\boldsymbol{i} + y\boldsymbol{j} + z\boldsymbol{k}$$
$$r = \sqrt{x^2 + y^2 + z^2}$$

となることから，

$$\boldsymbol{F} = -\frac{\boldsymbol{r}}{r^3} = -\frac{1}{r^2}\frac{\boldsymbol{r}}{r} = -\frac{1}{r^2}\hat{\boldsymbol{r}}$$

と表すこともできる。なお，$\hat{\boldsymbol{r}}$ は $\boldsymbol{r}$ 方向の単位ベクトルである。■

7.4 力学的エネルギー保存の法則

7.4.1 力学的エネルギー保存の法則

これまでに，運動エネルギーと仕事の関係，そして力が保存力の場合，仕事は位置エネルギーとして表されることを学んだ。

運動エネルギーと仕事の関係は，(7.28) 式より

$$\frac{1}{2}m{v_{\mathrm{B}}}^2 - \frac{1}{2}m{v_{\mathrm{A}}}^2 = \int_{r_{\mathrm{A}}}^{r_{\mathrm{B}}} \boldsymbol{F}(\boldsymbol{r})\cdot d\boldsymbol{r} \tag{7.39}$$

また，仕事は保存力に対しては，(7.35) 式から

$$W_{AB} = \int_{\boldsymbol{r}_A}^{\boldsymbol{r}_B} \boldsymbol{F}(\boldsymbol{r}) \cdot d\boldsymbol{r} = -U(\boldsymbol{r}_B) + U(\boldsymbol{r}_A) \tag{7.40}$$

である。これらを用いると，

$$\frac{1}{2}m{v_B}^2 - \frac{1}{2}m{v_A}^2 = -U(\boldsymbol{r}_B) + U(\boldsymbol{r}_A) \tag{7.41}$$

となり，さらに各位置 A，B に対してまとめるように移項すると

$$\frac{1}{2}m{v_A}^2 + U(\boldsymbol{r}_A) = \frac{1}{2}m{v_B}^2 + U(\boldsymbol{r}_B) \tag{7.42}$$

と書かれる。

これは，各位置での運動エネルギーと位置エネルギーの和が等しいことを表している。各位置は任意であるため，運動の間，運動エネルギーと位置エネルギーの和は常に一定であることを示す。これを**力学的エネルギー保存則**という。

★ 補足
「エネルギー保存則」自体は熱力学や量子力学なども含めて広い範囲で成立する保存則であり，最も基本的な物理法則のひとつである。ここで示されたのは，力が保存力である場合に限った「力学的エネルギー保存則」である。

一方，仕事が経路によって異なる摩擦力のような力を**非保存力**という。摩擦力などの非保存力がはたらく場合，熱などが発生し，エネルギーが失われるため，「力学的エネルギー保存則」は成り立たない。これは運動エネルギーが熱エネルギーなどに変わったためである。しかし，熱エネルギーなども含めた広い意味でのエネルギー保存則は成り立っている。

以下では，具体的に様々な保存力に対して力学的エネルギー保存則を導くことにより，理解を深めよう。

7.4.2 重力に関する力学的エネルギー保存則

重力のもとで質量 m の物体が運動する場合について，力学的エネルギー保存則を導く。簡単のため鉛直方向だけの運動を考えると運動方程式は，

$$m\frac{dv}{dt} = -mg \tag{7.43}$$

運動方程式の両辺を変位で積分する代わりに，両辺に $v = dy/dt$ を掛けて計算を進めると，

$$mv\frac{dv}{dt} = -mg\frac{dy}{dt} \tag{7.44}$$

ここで，左辺にまとめて d/dt でくくってみよう。

$$\frac{d}{dt}\left(\frac{1}{2}mv^2 + mgy\right) = 0 \tag{7.45}$$

★ 補足
ここで
$$\frac{d}{dt}v^2 = 2v\frac{dv}{dt}$$
を用いた。

これはカッコ内の量が時間変化をしない，すなわち，カッコ内の量が常に一定（保存している）ということを意味している。積分してみると，

$$\frac{1}{2}mv^2 + mgy = C \quad (C\text{は積分定数：一定}) \tag{7.46}$$

と書ける。ここで mgy は重力による位置エネルギーであり，運動エネルギーと重力による位置エネルギーの和は保存される，すなわち，力学的エネルギー保存則が導けた。このように，「ある物理量の時間微分が常に 0

ということは，その物理量は保存量である」ことを示している。今回はその物理量が力学的エネルギー（運動エネルギーと重力による位置エネルギー）であった。逆に，ある物理量が保存量かを確かめたい場合は，時間微分が常に0になるかを導ければよい。

7.4.3 万有引力に関する力学的エネルギー保存則

原点に質量Mの物体がある場合（図7.11），中心からrの位置にある質量mの物体が受ける万有引力は，

$$\boldsymbol{F} = -G\frac{Mm}{r^2}\left(\frac{\boldsymbol{r}}{r}\right) \tag{7.47}$$

である。ここで，$\boldsymbol{r}/r$は中心から質量mの物体にむかう方向の単位ベクトルである。力の方向は，$\boldsymbol{r}/r$の反対向きであるために，マイナスの符号がついている。位置エネルギーは，

$$
\begin{aligned}
U(\boldsymbol{r}) &= -\int_{r_0}^{r}\boldsymbol{F}\cdot d\boldsymbol{r}\\
&= \int_{r_0}^{r} G\frac{Mm}{r^2}\left(\frac{\boldsymbol{r}}{r}\right)\cdot d\boldsymbol{r} = \int_{r_0}^{r} G\frac{Mm}{r^2}\,dr = \left[-G\frac{Mm}{r}\right]_{r_0}^{r}\\
&= -G\frac{Mm}{r} + G\frac{Mm}{r_0}
\end{aligned}
\tag{7.48}
$$

<u>基準点を無限遠</u>にする場合，$r_0 \to \infty$ にとれば，

$$U(r) = -G\frac{Mm}{r} \tag{7.49}$$

となり，万有引力の位置エネルギーの表式が得られた。

<u>基準点を地表</u>にする場合，地表付近では地球の半径をR，地表からの高さを$y(y \ll R)$とし，$r_0 = R$，$r = R + y$にとれば，

$$
\begin{aligned}
U(r) &= -G\frac{Mm}{R+y} + G\frac{Mm}{R} = G\frac{Mmy}{R(R+y)}\\
&\fallingdotseq m\frac{GM}{R^2}y = mgy
\end{aligned}
\tag{7.50}
$$

となる。これは重力による位置エネルギーに等しい。

次に，万有引力がはたらいている物体の運動方程式を積分してみよう。運動方程式は，

$$m\frac{d\boldsymbol{v}}{dt} = -G\frac{Mm}{r^2}\left(\frac{\boldsymbol{r}}{r}\right) \tag{7.51}$$

であるから、両辺に$\boldsymbol{v} = \dfrac{d\boldsymbol{r}}{dt}$を内積として掛けると

$$m\boldsymbol{v}\cdot\frac{d\boldsymbol{v}}{dt} = -G\frac{Mm}{r^2}\left(\frac{\boldsymbol{r}}{r}\right)\cdot\frac{d\boldsymbol{r}}{dt}$$

となる。ここで，

$$\frac{d}{dt}(\boldsymbol{a}\cdot\boldsymbol{a}) = 2\boldsymbol{a}\cdot\frac{d\boldsymbol{a}}{dt}$$

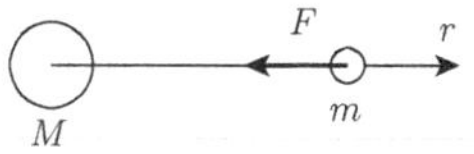

図7.11
単位ベクトルとは，ベクトルを自分自身の大きさで割った大きさ1のベクトルのこと。

★ 補足
万有引力は引力なので，基準である無限遠まで引き離すのには正の仕事がいる。逆に無限遠から持ってくるのは，仕事をもらうことになる。このため，負の仕事となる。

★ 補足
(7.50) 式の近似は，yがRに比べて十分小さいので，分母のyを無視すると考えてもよい。正確には次のような手順で近似する。
$$G\frac{Mmy}{R(R+y)} = G\frac{Mmy}{R^2\left(1+\frac{y}{R}\right)}$$
$y \ll R$なので$\frac{y}{R} \to 0$として
$$G\frac{Mmy}{R^2}$$
また，$\frac{GM}{R^2} = g$とした。

★ 補足
$$(\boldsymbol{a}\cdot\boldsymbol{b}) = \sum_{i=x,y,z} a_i b_i$$
なので，
$$
\begin{aligned}
&\frac{d}{dt}(\boldsymbol{a}\cdot\boldsymbol{b})\\
&= \sum\left(\frac{da_i}{dt}\cdot b_i + a_i\cdot\frac{db_i}{dt}\right)\\
&= \frac{d\boldsymbol{a}}{dt}\cdot\boldsymbol{b} + \boldsymbol{a}\cdot\frac{d\boldsymbol{b}}{dt}
\end{aligned}
$$
$\boldsymbol{b} = \boldsymbol{a}$であれば
$$\frac{d}{dt}(\boldsymbol{a}\cdot\boldsymbol{a}) = 2\boldsymbol{a}\cdot\frac{d\boldsymbol{a}}{dt}$$

の関係を逆に用いると，

$$mv\cdot\frac{dv}{dt}=\frac{d}{dt}\left(\frac{1}{2}mv\cdot v\right)=\frac{d}{dt}\left(\frac{1}{2}mv^2\right)$$

であるから

$$\frac{d}{dt}\left(\frac{1}{2}mv^2\right)=-G\frac{Mm}{r^2}\frac{dr}{dt}$$
$$=\frac{d}{dt}\left(G\frac{Mm}{r}\right)$$

★ 補足
r も時間の関数であることを忘れないことが大切である。
$$\frac{d}{dt}\left(\frac{1}{r}\right)=-\frac{1}{r^2}\frac{dr}{dt}$$

さらに，左辺にまとめて d/dt でくくると

$$\frac{d}{dt}\left(\frac{1}{2}mv^2-G\frac{Mm}{r}\right)=0 \tag{7.52}$$

したがって，

$$\frac{1}{2}mv^2-G\frac{Mm}{r}=C \quad (C\text{は積分定数：一定}) \tag{7.53}$$

となる。$-G\dfrac{Mm}{r}$ は万有引力の位置エネルギーである。このように万有引力においても力学的エネルギー保存則が成り立つことが証明できる。

7.4.5 弾性力に関する力学的エネルギー保存則

次に単振動のときの力学的エネルギー保存則を導いてみよう。質量 m の物体にばね定数 k のばねをとりつけて，水平方向に1次元の運動をさせる（図 7.12）。このとき運動方程式は，

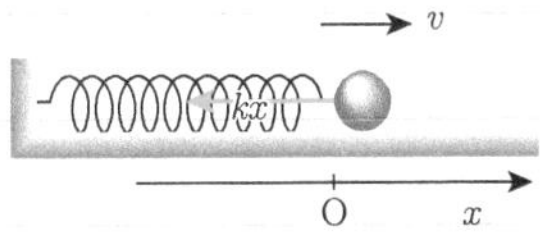

図 7.12

$$m\frac{dv}{dt}=-kx \tag{7.54}$$

となる。両辺に $v=\dfrac{dx}{dt}$ を掛けて，

$$mv\frac{dv}{dt}=-kx\frac{dx}{dt} \ \rightarrow\ \frac{d}{dt}\left(\frac{1}{2}mv^2\right)=-\frac{d}{dt}\left(\frac{1}{2}kx^2\right)$$

★ 補足
$$\frac{d}{dt}v^2=2v\frac{dv}{dt}$$
$$\frac{d}{dt}x^2=2x\frac{dx}{dt}$$

左辺にまとめて d/dt でくくると

$$\frac{d}{dt}\left(\frac{1}{2}mv^2+\frac{1}{2}kx^2\right)=0 \tag{7.55}$$

が得られる。ここで $\dfrac{1}{2}kx^2$ を，ばねの弾性エネルギー（ばねによる位置エネルギー）と呼ぶ。上式は運動エネルギーとばねの弾性エネルギーの和は常に一定であることを意味している。積分すれば，

$$\frac{1}{2}mv^2+\frac{1}{2}kx^2=C \quad (C\text{は積分定数：一定}) \tag{7.56}$$

が得られ，ばねに関する力学的エネルギー保存則を表している。

これまでみてきたように，運動エネルギーは運動方程式の左辺，位置エネルギーは運動方程式の右辺から来ていることがわかる。

★ 補足
慣れてしまえば，運動方程式の式から毎回力学的エネルギー保存則を導くのも大した労力ではないが，このような成り立ちがわかっていれば，運動方程式を眺めるだけで，力学的エネルギー保存則の形がみえてくるようになる。すなわち，運動方程式に現れている項が，それぞれのエネルギーの表式に変換されるのである（そのためにも，まずは運動方程式を作ることが大切である）。

7.5 摩擦力による仕事

これまで力学的エネルギーの保存について考えてきたが，物体に摩擦力がはたらく場合には，力学的エネルギーは熱や音として失われるために保存しない。ここでは，摩擦力の話から始め，摩擦のある斜面をすべる物体を例に，摩擦とエネルギーの関係を考えよう。

7.5.1 静止摩擦力

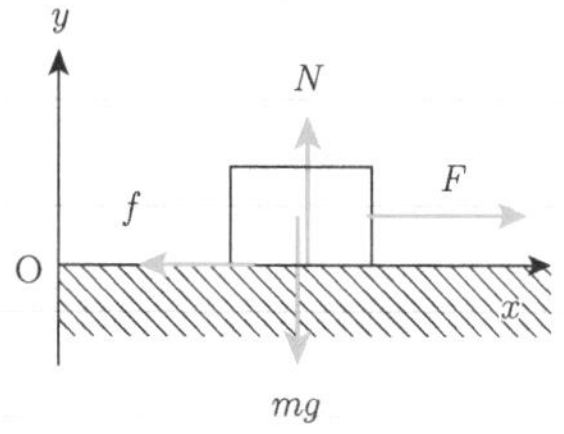

図 7.13

あらい水平面上に物体を置いて，水平にはたらく力 F の大きさを徐々に大きくしていく場合を考え，この状況を運動方程式に書いてみよう。

図 7.13 のように水平右向きに x 軸，鉛直上向きに y 軸をとる。垂直抗力を N，摩擦力を f とすると，運動方程式の x 成分と y 成分はそれぞれ次のように書ける。

$$x\text{成分：}\quad m\ddot{x} = F - f \tag{7.57}$$

$$y\text{成分：}\quad m\ddot{y} = N - mg \tag{7.58}$$

ここで，y 成分は常に床に接していて動かないので $\ddot{y} = 0$ であり，また物体がすべり出さない（静止している）間は $\ddot{x} = 0$ である。したがって，

$$f = F$$

$$N = mg$$

となり，摩擦力 f は外力 F と同じ大きさで，垂直抗力 N は mg と同じ大きさである。このように物体が静止しているときにはたらく摩擦力 f を静止摩擦力という。このとき，外力 F の大きさが決まらなければ，静止摩擦力 f の大きさも決まらない。さらに F を大きくしていくと，ある値 F_0 で滑り出す。この滑り出すぎりぎりのときにはたらいている摩擦力は，

$$f = F_0 \tag{7.59}$$

であり，このときの f を最大摩擦力という。最大摩擦力 $f_{\max}$ は，経験的に垂直抗力 N に比例することが知られているので，

$$f_{\max} = \mu N \tag{7.60}$$

と書ける。ここで μ を静止摩擦係数という。今回の場合は $N = mg$ であるから

$$f_{\max} = \mu mg \tag{7.61}$$

となる。ここで注意しておくべきことは，最大摩擦力になるまでの途中の静止摩擦力 f は，必ず加えた力 F を打ち消す大きさになり，f は F がわからない限り求めることはできない。

★ 補足
このように書くのは，加えた力が，物体が滑り出すのに必要な大きさに足りていないのに，静止摩擦力として最大摩擦力を使って計算しようとする誤りをよくみかけるからである。

7.5.2 動摩擦力

さらに力 F を大きくし，物体が滑り出した状況を考えよう。物体が動いているときにはたらいている摩擦力を動摩擦力という。動摩擦力 f' も垂直抗力に比例し，

$$f' = \mu' N \tag{7.62}$$

と書くことができる。動摩擦力は，経験的に速度によらず一定であること

が知られている。ここで μ' を動摩擦係数という。最大摩擦力は動摩擦力より大きいので，$\mu' < \mu$ である。今回の場合は $N = mg$ であるから

$$f' = \mu' mg \tag{7.63}$$

となる。このとき運動方程式は，

$$m\ddot{x} = F - f' = F - \mu' mg \tag{7.64}$$

となるので，加速度は次のようになる。

$$\ddot{x} = \frac{F}{m} - \mu' g \tag{7.65}$$

動き始めの瞬間の F は $F_0 = f_{\max} = \mu mg$（最大摩擦力）であるから，動き始めた瞬間の加速度は $\ddot{x} = (\mu - \mu')g$ となり，いきなり有限の加速度が生じる。すなわち，加速度は $F = F_0$ で不連続に変化する。この摩擦力と加速度の外力に対する変化を図 7.14，図 7.15 に表した。

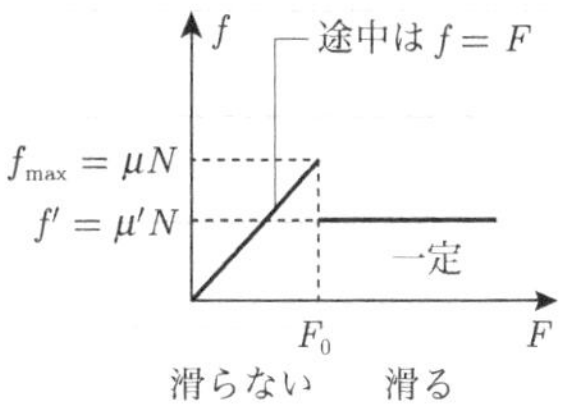

図 7.14

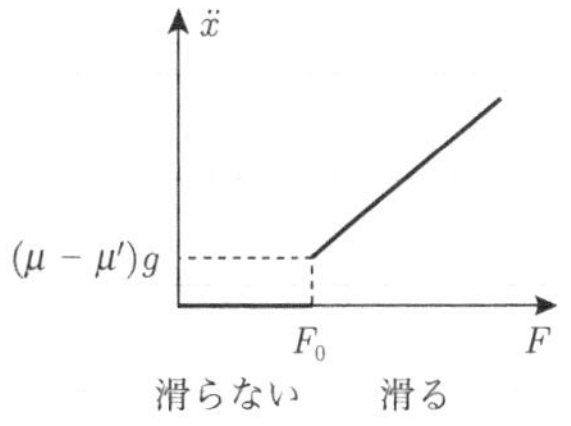

図 7.15

このように，垂直抗力を用いて表すことのできる摩擦力は，最大摩擦力と動摩擦力である。すでに述べたように，最大摩擦力に至らない静止摩擦力は，垂直抗力とは無関係である。

7.5.3 摩擦力と仕事

図 7.16 のような経路にそって，物体を A から B に動かすとき，動摩擦力 $\boldsymbol{f}'$ がする仕事は，

$$W = \int_A^B \boldsymbol{f}' \cdot d\boldsymbol{r} \tag{7.66}$$

である。動摩擦力の大きさを一定とし，$\boldsymbol{f}'$ の向きは $d\boldsymbol{r}$ と平行（逆向き）であることから，摩擦力の仕事の大きさ $|W|$ は次のように書くことができる。

$$|W| = |\boldsymbol{f}'| \int_A^B dr = f' \times \text{経路長} \tag{7.67}$$

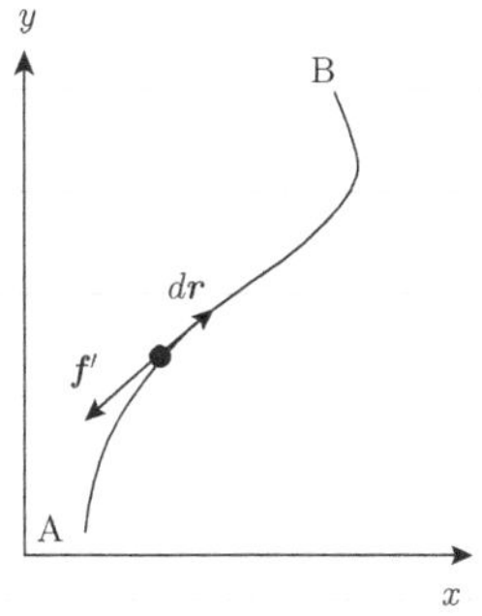

図 7.16

したがって，A から B に動かすとき別の経路も選べるが，摩擦力がする仕事の大きさは最短距離を選んだときが最小となる。摩擦力のように，仕事が経路によって異なるような力を非保存力という。

摩擦力のような非保存力に対しては，位置エネルギーを定義することはできない。経路によって熱や音などが発生する（熱や音のエネルギーになる）量が異なるので，失われるエネルギーが変化するためである。したがって，摩擦力がはたらいているときには，「力学的エネルギー保存則」は成り立たない。しかし，熱エネルギーなども含めた広い意味でのエネルギー保存則は成り立っている。

例題 7-7　摩擦のある斜面をすべる物体

図 7.16 のように，水平面からの傾きが θ で固定されたあらい斜面（摩擦のある斜面）があり，この上に質量 m の物体を置いたところ，物体は斜面に沿ってすべり落ちた。動摩擦係数を μ' として，物体が L だけすべり落ちたときの位置エネルギーの変化，運動エネルギーの変化，摩擦による仕事の関係を調べよ。

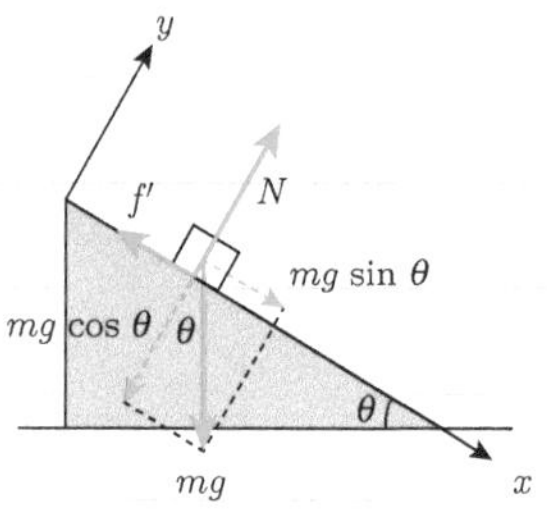

図 7.16

解説＆解答

4.5 節の「なめらかな斜面をすべる物体」と対比する形で，この運動を調べよう。

1）座標軸の設定

図 7.16 のように，斜面にそって x 軸，斜面に垂直で上向きに y 軸をとる。また，物体を置いた位置を原点とする。

2）力の発見

物体には，重力 mg，垂直抗力 N がはたらいている。すべっている状態なので，物体には動摩擦力 $f' = \mu' N$ がはたらいている。

3）運動方程式

重力の x 成分は $mg \sin\theta$，y 成分は $-mg\cos\theta$ となるので，

x 成分：　$m\ddot{x} = mg\sin\theta - f'$　①

y 成分：　$m\ddot{y} = N - mg\cos\theta$　②

ここで，$f' = \mu' N$　③

4）初期条件と束縛条件の検討

初期条件は，$t = 0$ で，$x = 0,\ \dot{x} = 0$ とする。

束縛条件は，物体が常に斜面に接して動くことであり，

束縛条件：　常に $y = 0$，　$\therefore\ \ \ddot{y} = 0$　④

5）計算して，結果の物理的な意味を吟味する

④，②式から

垂直抗力：　$N = mg\cos\theta$　⑤

これと，③式から，

動摩擦力：　$f' = \mu' mg\cos\theta$　⑥

⑥式を①式に代入して，

x 方向の加速度：　$\ddot{x} = g\,(\sin\theta - \mu'\cos\theta)$　⑦

が求まる。

斜面方向の加速度が求まったので，今後の運動を記述するために時間で積分して，初期条件を適用すると

$$\dot{x} = g(\sin\theta - \mu'\cos\theta)t \quad ⑧$$

$$x = \frac{1}{2}\,g(\sin\theta - \mu'\cos\theta)t^2 \quad ⑨$$

となり，速度と位置が求まる。ちなみに $\mu' = 0$ とすれば，摩擦のないときと同じ結果が得られる。

［1］ L だけすべり落ちたときの運動エネルギーの変化

運動エネルギーを知るためには速度が必要であり，⑧式が速度の式であるが，時間の情報が必要であることがわかる。このため，まず⑨式から，L だけすべり落ちたときの時間を求めると，

$$t = \sqrt{\frac{2L}{g(\sin\theta - \mu'\cos\theta)}}$$

これを⑧式に代入して，

$$\dot{x} = \sqrt{2gL(\sin\theta - \mu'\cos\theta)}$$

となり，速度が求まる。根号のカッコ内に $-\mu'\cos\theta$ の項が加わっていることから，摩擦力のためにすべり落ちる速度が小さくなっていることがわかる。初速度は0としたので，落ち始めたときから L すべり落ちたときまでの運動エネルギーの変化は，L における運動エネルギーであり，

$$\frac{1}{2}m\dot{x}^2 = \frac{1}{2}m\Big(2gL(\sin\theta - \mu'\cos\theta)\Big)$$
$$= mgL\sin\theta - \mu' mgL\cos\theta \qquad ⑩$$

このように，右辺には2つの項が現れていることがわかる。これらの意味を考えるために，物体がすべり落ちたときの仕事を考えてみよう。

［2］ L だけすべり落ちたときの位置エネルギーの変化

この間に重力がした仕事は，

$$W_{重力} = \int_0^L mg\sin\theta\, dx = mgL\sin\theta$$

［3］ L だけすべり落ちたときの摩擦力による仕事

この間に摩擦力がした仕事は，

$$W_{摩擦} = \int_0^L (-\mu' mg\cos\theta)dx = -\mu' mg\, L\cos\theta$$

したがって，滑り落ちたときに重力と摩擦がした仕事はあわせて，

$$W = mgL\sin\theta - \mu' mgL\cos\theta$$

となる。上で計算した⑩式の運動エネルギーの変化の右辺に等しいことに気がつくであろう。摩擦力は力の向きと仕事の向きが逆向きなので，負の仕事をする。つまり，運動エネルギーの増加を抑えるようにはたらく。少し⑩式を変形して，

$$mgL\sin\theta = \frac{1}{2}m\dot{x}^2 + \mu' mgL\cos\theta$$

としてみると，位置エネルギーが，運動エネルギーと摩擦による仕事に変化したと考えることもできる。摩擦による仕事は熱や音のエネルギーとして失われるため，「力学的」エネルギーは失われる（失われるエネルギーは力学的エネルギーには含まれない）。上記の式は，「力学的エネルギー」ではなく「全エネルギーの保存」を表しているのである。■

第8章 相対座標系

子どものころ，走行中の電車のなかでジャンプしても元の位置に着地することを不思議に思ったことはないだろうか？　また，走行中に飲み物をコップに注ぐとどうなるのだろうか。電車が先に進んでしまうから飲み物はコップから外れてしまうと考えた人はいないだろうか？　実際は電車が等速直線運動をしている限り，飲み物はコップの中におさまるし，ジャンプした人も元の位置に着地する。しかし，遅いバスであっても，急ブレーキを掛けているときにジャンプすると，元の位置と異なるところ（バス前方）に着地する。今，乗り物の中からみた場合について考えたが，駅の上に立っている人，つまり止まっている人から観察した場合にはどのようにみえるのだろうか。この章ではこれらのことを物理学的に深めていく。

8.1 慣性系と非慣性系

簡単のために x-y 座標を考えてみよう。x-y 座標系が静止している場合は，**静止座標系**という。x-y 座標系が運動している場合，座標系が等速直線運動をしているか，加速度運動をしているかで，物理現象を表す数式はどのように変わるだろうか。運動座標系の加速度 a が 0 の場合，その運動座標系を**慣性系**という。運動座標系が加速度を持って運動している場合，その運動座標系を**非慣性系**という。

今，地面を静止座標系と見なす。地面に対して**等速直線運動**をする運動座標系は慣性系ということになる。水平方向右向きに x，x' をとり，鉛直下向きに y，y' をとる。x-y 座標系は地面にあり，x'-y' 座標系は，地面に対して右向きに速度 v_0 の等速直線運動をする電車とともにあるとする。

電車内で電車の天井から，時刻 $t = 0$ にボールを自由落下させた場合の時刻 t における状態について考えてみる（図 8.1）。

観測者 A は静止座標系に，観測者 $\mathrm{B_1}$ は運動座標系にいるとする。

ボールは，自由落下の開始前には，電車の天井についたまま一定速度 v_0 で右向きに進んでいる。観測者 A からみても，観測者 $\mathrm{B_1}$ からみても，ボールに作用する力は重力だけである。

ここで電車内で自由落下させる。

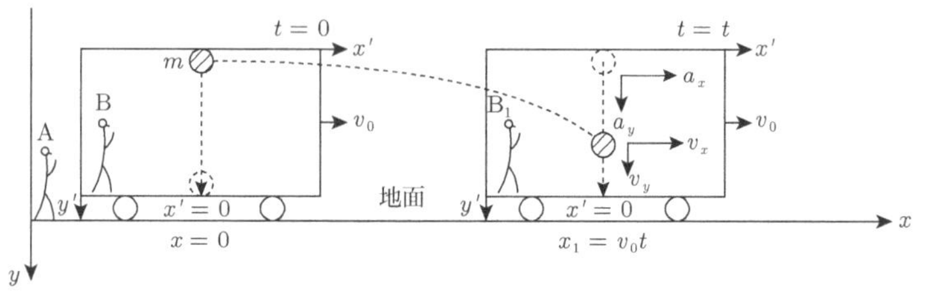

図 8.1　等速直線運動をする座標系

観測者A（静止）からみると

地上（観測者A）からみると，物体は初速度 v_0 の水平投射運動をする。

★ 補足
落とす前：
A 「ボールも電車も同じ速度で動いている」
B 「ボールも電車も止まっている」

観測者 B_1（等速直線運動）からみると

水平方向にボールが移動した距離 x_1 は，$x_1 = v_0 t$ であり，等速直線運動をする電車が進んだ距離 x_2 は，$x_2 = v_0 t$ である。$x_1 = x_2$ なので，電車内の観測者 B_1 にとって，ボールは天井から床に真っ直ぐ下に一直線に自由落下したように観測される。

観測者 A，B_1 からみた物体の運動状態をまとめてみる。

地上の観測者 A（静止座標系）	車中の観測者 B_1（等速運動座標系）
ボールは水平投射運動	ボールは自由落下運動
物体にはたらく力…重力 mg のみ	物体にはたらく力…重力 mg のみ
運動方程式：	運動方程式：
x：$ma_x = 0$	x：$ma_{x'} = 0$
y：$ma_y = mg$	y：$ma_{y'} = mg$
時刻 t	時刻 t
$a_x = 0,\ v_x = v_0,\ x = v_0 t$	$a_{x'} = 0,\ v_{x'} = 0,\ x' = 0$
$a_y = g,\ v_y = gt,\ y = \dfrac{1}{2}gt^2$	$a_{y'} = g,\ v_{y'} = gt,\ y' = \dfrac{1}{2}gt^2$

このように慣性系では，座標系が異なると運動の状態を記述する式は異なるが，実在の力のみで運動方程式が成立するので運動方程式は同じになる。

続いて，等加速度直線運動をしている電車の車内で，天井から時刻 $t = 0$ にボールを落下させた場合の時刻 t における状態について考えてみる。

観測者 A は静止座標系にいて，観測者 B_2 は右向きに加速度 a で等加速度直線運動をする座標系にいるとする（図 8.2）。

観測者A（静止）からみると

観測者 A からみると，やはり物体は初速度 v_0 で水平投射運動をする。

観測者B2（等加速度直線運動）からみると

水平方向にボールが移動した距離 x_1 は同じく $x_1 = v_0 t$ であるが，電車

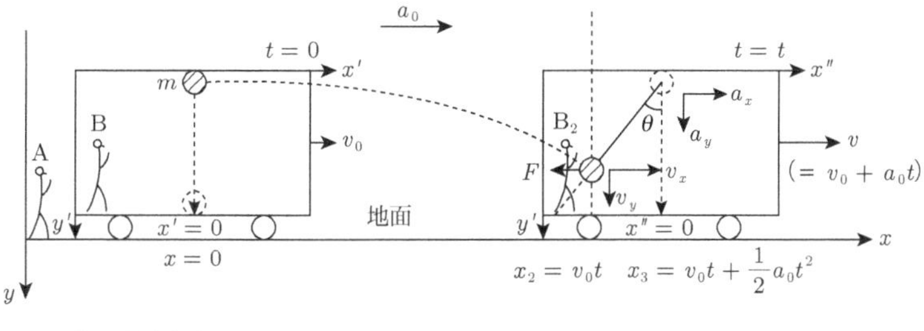

図 8.2 等加速度直線運動をする座標系

★ 補足
B_2では，電車が加速して前に行ってしまうので，ボールの運動はその分をマイナスしたような式となる（観測される）。

は等加速度運動をしているので電車の移動した距離x_3は，$x_3 = v_0 t + \frac{1}{2}at^2$である。

したがって観測者B_2からみると，ボールは，

$$v_0 t - \left(v_0 t + \frac{1}{2}at^2\right) = -\frac{1}{2}at^2$$

と，$\frac{1}{2}at^2$だけ後ろ向きに加速度運動をする。つまり，観測者B_2からみると，この車内では，物体を後に引く力が作用し後ろ向きに加速度運動をしたように観測することになる。つまり慣性系にいる観測者Aには観測されないが，加速度運動をする座標系内の観測者B_2は，加速度の向きと逆向きに物体に作用する力を観測することになる。この力を慣性力と呼ぶ。

それでは，観測者A，B_2からみた物体の運動状態を記述してみる。

地上の観測者 A（静止座標系）

ボールは水平投射運動

物体にはたらく力…重力mgのみ

運動方程式：

x：$ma_x = 0$

y：$ma_y = mg$

t秒後

$a_x = 0,\ v_x = v_0,\ x = v_0 t$

$a_y = g,\ v_y = gt,\ y = \frac{1}{2}gt^2$

車中の観測者 B_2（加速度運動座標系）

ボールは等加速度で落下運動

物体にはたらく力…重力mgと慣性力F

運動方程式：

x：$ma_{x''} = -F$

y：$ma_{y''} = mg$

t秒後

$a_{x''} = -\frac{F}{m},\ v_{x''} = -\frac{F}{m}t,\ x'' = -\frac{1}{2}\frac{F}{m}t^2$

$a_{y''} = g,\ v_{x''} = gt,\ y'' = \frac{1}{2}gt^2$

このように実在の力だけでは運動方程式が成立しない座標系を非慣性系という。

8.2 見かけの力

慣性力は慣性系にいる観測者には観測されない力であるので，この慣性力をわれわれは見かけの力と表現してきたわけである。

例題 8-1

図8.3のように，加速度aで上昇するエレベーターの天井につり下げた質量mの物体の状態をA（慣性系）からみた場合と，B（非慣性系）からみた場合で考察せよ。

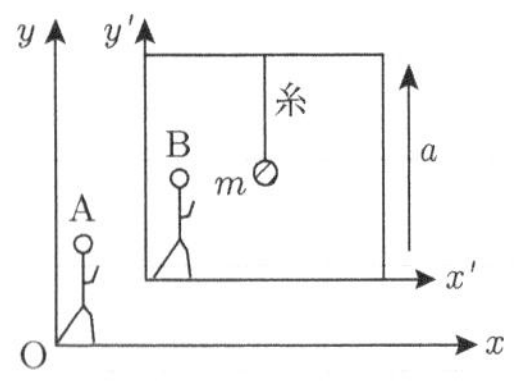

図 8.3

解説＆解答

観測者 A（慣性系）

物体にはたらく力…重力 mg と張力 T

運動方程式：

$y：ma_y = T - mg$

$x：ma_x = 0$

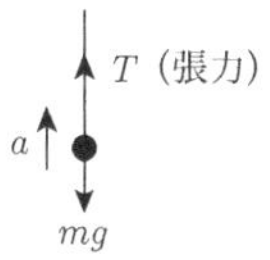

$a_x = 0$，$a_y = a$ より，

$ma = T - mg$（運動方程式）

物体は，重力と張力の合力によって，等加速度直線運動をする。

観測者 B（非慣性系）

物体にはたらく力…重力 mg，張力 T と慣性力 ma

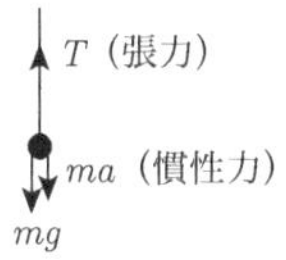

つりあいの式：

$y：ma_y = T - mg - ma = 0$

$x：ma_x = 0$

$T - mg - ma = 0$（つりあいの式）

物体に作用する重力と張力と慣性力がつりあって，物体は観測者の前では静止している。■

例題 8-2

加速度 a で運動をする電車の中で，天井から物体をつり下げたところ，図 8.4 のように，後方に θ だけ傾いた。この状態を地上にいる A からみた場合と，非慣性系にいる B からみた場合で説明せよ。

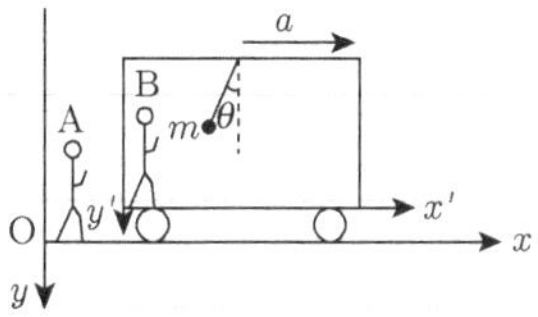

図 8.4

解説＆解答

観測者 A（慣性系）

物体にはたらく力…重力 mg と張力 T

運動方程式：

$x：ma_x = T\sin\theta$

$y：ma_y = T\cos\theta - mg$

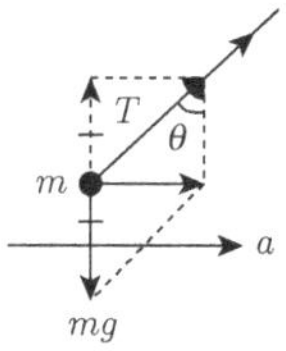

ところで，$a_x = a$，$a_y = 0$ より，

$T\cos\theta = mg$

$ma = mg\tan\theta$（運動方程式）

物体は，重力と張力の合力によって，等加速度直線運動をする。

観測者 B（非慣性系）

物体にはたらく力…重力 mg，張力 T と慣性力 ma

つりあいの式：

$x：T\sin\theta - ma = 0$

$y：T\cos\theta - mg = 0$

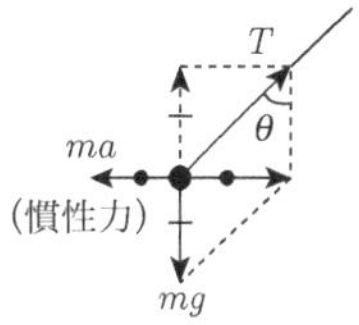

よって，

$T\cos\theta = mg$

$T = mg/\cos\theta \quad \therefore mg\tan\theta + (-ma) = 0$

（つりあいの式）

物体に作用する重力と張力と慣性力がつりあって，物体は観測者の前では静止している。■

8.3 遠心力

宇宙飛行士は 4G 以上の加速度に耐える必要があり，そのトレーニングルームは円筒形をしていて，それを回転させることで G を発生させる。

トレーニングルーム（図 8.5）が加速度 a の等速円運動を行うと，この非慣性系では，ルーム内にある質量 m の物体には慣性力（$-ma$）が観測される。質量 m の小物体を中心側の内壁に糸で取りつけると半径 r の円運動をする。角速度を ω，糸の張力を T，円運動の接線速度を v とする。

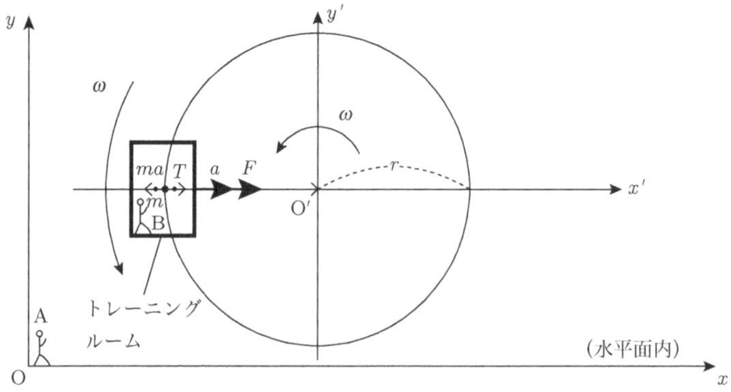

図 8.5　等速円運動するトレーニングルーム

観測者 A（慣性系）	観測者 B（非慣性系）
小物体にはたらく力…張力 T（向心力） 運動方程式： $ma = T$ $ma = mv\boldsymbol{\omega} = mr\boldsymbol{\omega}^2 = m\dfrac{v^2}{r} = T$（運動方程式）	小物体にはたらく力…張力 T と慣性力 ma この 2 力がつりあって，小物体が静止している。 つりあいの式： $T + (-\,ma) = 0$（つりあいの式） この慣性力を**遠心力**という。

以上のように，遠心力は慣性力の一種で，実在の力ではない。

8.4 コリオリの力

慣性系（静止系）S に対して一定の角速度 ω で回転している回転座標系 S′ 内から動いている物体を観測する場合には，遠心力のほかに，もう 1 つの見かけの力であるコリオリの力が観測される。

まずは，簡単な方法で理解してみよう。

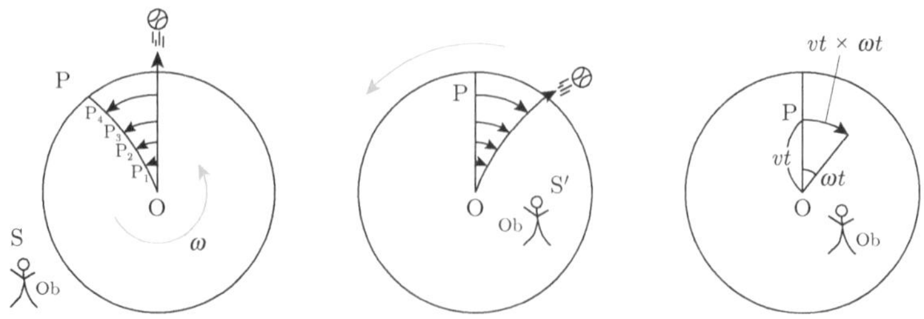

図 8.6　コリオリの力

回転の中心 O から円の外に向かって小球を投げる（図 8.6）。観測者が静止系（慣性系）S にいる場合には，一定の速さ v での直線運動が観測される。しかし，観測者が回転座標系 S′ にいる場合には，回転方向とは逆に曲がるようにみえる（観測者自身が回転しているため）。ボールを曲がらせたこの力を**コリオリの力**という。コリオリの力によって，直線 OP からどれだけ遅れるかを計算してみよう。

点Pからの遅れた点までの距離 x は，半径 × 中心角で求めることができるので，$x = (vt) \times (\omega t) = v\omega t^2$ となる。コリオリの力の大きさを F とし，質点の質量を m，加速度を $a\ (= F/m)$ とすると，

$$x = \frac{1}{2}at^2 = \frac{1}{2}\frac{F}{m}t^2$$

が成り立つ。$x = v\omega t^2$ より

$$\frac{1}{2}at^2 = v\omega t^2 \quad \therefore\ a = 2v\omega \tag{8.1}$$

である。よって，求めるコリオリの力の大きさ F は，

$$F = ma = 2mv\omega \tag{8.2}$$

となる。

高気圧や低気圧の風の向き，貿易風の吹く向きは，コリオリの力が原因である。

それでは，コリオリの力についてもう少し詳しく考察してみよう。

慣性系 $x - y$ における運動方程式を x，y 成分に分けて書くと，

$$m\frac{d^2x}{dt^2} = F_x,\ m\frac{d^2y}{dt^2} = F_y \tag{8.3}$$

$x' - y'$ 系は，$x - y$ と原点が一致し，一定の角速度 ω で回転しているとする。質点の座標を $x - y$ 系（慣性系），$x' - y'$ 系（回転座標系）でみた場合について図にしたのが図8.7である。

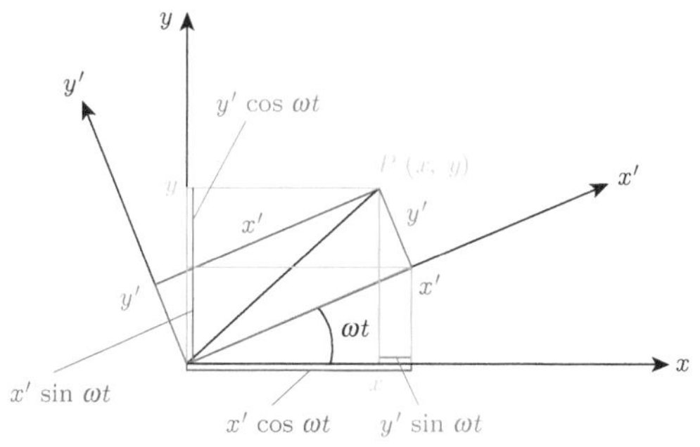

図8.7　$x - y$ 系と $x' - y'$ 系の座標変換

x は，$x' \cos \omega t$ から，$y' \sin \omega t$ を引いたものなので，

$$x = x' \cos \omega t - y' \sin \omega t \tag{8.4}$$

y は，$x' \sin \omega t$ に，$y' \cos \omega t$ を加えたものなので，

$$y = x' \sin \omega t + y' \cos \omega t \tag{8.5}$$

となる。

まず $x = x' \cos \omega t - y' \sin \omega t$ を t で2階微分して，x 方向の加速度を求める。

$$\frac{dx}{dt} = \left(\frac{dx'}{dt}\cos \omega t - x'\omega \sin \omega t\right) - \left(\frac{dy'}{dt}\sin \omega t + y'\omega \cos \omega t\right) \tag{8.6}$$

★ 補足
微分の公式

$\{f(x)g(x)\}' =$
$f'(x)g(x) + f(x)g'(x)$

$$\frac{d^2x}{dt^2} = \left(\frac{d^2x'}{dt^2}\cos\omega t - \omega\frac{dx'}{dt}\sin\omega t\right) - \left(\omega\frac{dx'}{dt}\sin\omega t + \omega^2 x'\cos\omega t\right)$$
$$- \left(\frac{d^2y'}{dt^2}\sin\omega t + \omega\frac{dy'}{dt}\cos\omega t\right) - \left(\omega\frac{dy'}{dt}\cos\omega t - \omega^2 y'\sin\omega t\right)$$
$$\frac{d^2x}{dt^2} = \left(\frac{d^2x'}{dt^2} - 2\omega\frac{dy'}{dt} - \omega^2 x'\right)\cos\omega t - \left(\frac{d^2y'}{dt^2} + 2\omega\frac{dx'}{dt} - \omega^2 y\right)\sin\omega t \tag{8.7}$$

続いて，$y = x'\sin\omega t + y'\cos\omega t$ を t で 2 階微分して，y 方向の加速度を求める。

$$\frac{d^2y}{dt^2} = \left(\frac{d^2x'}{dt^2} - 2\omega\frac{dy'}{dt} - \omega^2 x'\right)\sin\omega t + \left(\frac{d^2y'}{dt^2} + 2\omega\frac{dx'}{dt} - \omega^2 y'\right)\cos\omega t \tag{8.8}$$

ところで，力 F の成分は，慣性系と回転座標系とで，どのように表現されるであろう。これらの間の関係を考えてみよう。

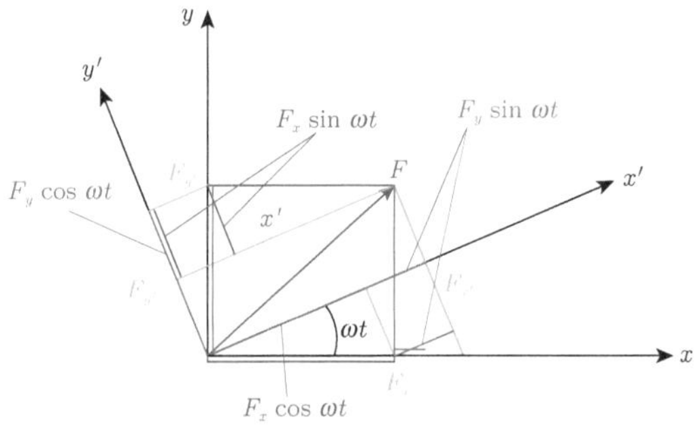

図 8.8　x　y 系と x'　y' 系で力 F

$F_{x'}$ は，$F_x\cos\omega t$ に，$F_y\sin\omega t$ を加えたものなので，

$$F_{x'} = F_x\cos\omega t + F_y\sin\omega t \tag{8.9}$$

$F_{y'}$ は，$F_y\cos\omega t$ から，$F_x\sin\omega t$ を引いたものなので，

$$F_{y'} = -F_x\sin\omega t + F_y\cos\omega t \tag{8.10}$$

となる。よって，

$$F_x = F_{x'}\cos\omega t - F_{y'}\sin\omega t \tag{8.11}$$
$$F_y = F_{x'}\sin\omega t + F_{y'}\cos\omega t \tag{8.12}$$

と書ける。$F_x = m\dfrac{d^2x}{dt^2}$，$F_y = m\dfrac{d^2y}{dt^2}$ なので，

$$F_x = m\frac{d^2x}{dt^2} = \left(m\frac{d^2x'}{dt^2} - 2m\omega\frac{dy'}{dt} - m\omega^2 x'\right)\cos\omega t - \left(m\frac{d^2y'}{dt^2} + 2m\omega\frac{dx'}{dt} - m\omega^2 y'\right)\sin\omega t \tag{8.13}$$

$$F_y = m\frac{d^2y}{dt^2} = \left(m\frac{d^2x'}{dt^2} - 2m\omega\frac{dy'}{dt} - m\omega^2 x'\right)\sin\omega t$$
$$+ \left(m\frac{d^2y'}{dt^2} + 2m\omega\frac{dx'}{dt} - m\omega^2 y'\right)\cos\omega t \qquad (8.14)$$

と書ける。ここで，$\sin\omega t$ の前の（　　）内の式や，$\cos\omega t$ の前の（　　）内の式に注目しよう。すると，

$$F_{x'} = m\frac{d^2x'}{dt^2} - 2m\omega\frac{dy'}{dt} - m\omega^2 x' \qquad (8.15)$$

$$F_{y'} = m\frac{d^2y'}{dt^2} + 2m\omega\frac{dx'}{dt} - m\omega^2 y' \qquad (8.16)$$

これらの式を書き直すと，

$$m\frac{d^2x'}{dt^2} = F_{x'} + 2m\omega\frac{dy'}{dt} + m\omega^2 x' \qquad (8.17)$$

$$m\frac{d^2y'}{dt^2} = F_{y'} - 2m\omega\frac{dx'}{dt} + m\omega^2 y' \qquad (8.18)$$

となる。

(8.17) 式と (8.18) 式は，回転座標系が慣性系でないために，回転により見かけの力が 2 種類生じることを示している。

まず，もしも質量 m の物体が，回転座標系に対して静止している場合を考えてみよう。すなわち，$\frac{dx'}{dt} = \frac{dy'}{dt} = 0$ の場合である。この場合は，慣性系（静止系）に対して，円運動をしていることになる。その場合には，円運動を持続させるための向心力が必要となる。回転座標系では，向心力を与える力と，遠心力がつりあうと考える。その場合，$m\frac{d^2x'}{dt^2} = 0$，$m\frac{d^2y'}{dt^2} = 0$ である。このことは，$0 = F_{x'} + m\omega^2 x'$，$0 = F_{y'} + m\omega^2 y'$ というつりあいの関係が成立しているということである。このことから，右辺第 3 項の $m\omega^2 x'$，$m\omega^2 y'$ は遠心力という慣性力を意味していたことが確認できる。

一方，右辺第 2 項は，回転座標系が角速度 ω で回転し，質量 m の物体は，速度 $v' = \left(\frac{dx'}{dt}, \frac{dy'}{dt}\right)$ を持っているときに生じる慣性力である。この力が**コリオリの力**である。コリオリの力を Fc と書くと，その成分は，

$$Fc_{x'} = 2m\omega v_{y'}$$
$$Fc_{y'} = -\ 2m\omega v_{x'}$$

となっている。$v_{x'}$，$v_{y'}$ は，回転座標系でみた速度 v' の成分である。ところで，

$$Fc_{x'}v_{x'} + Fc_{y'}v_{y'} = 0$$

なので，$\boldsymbol{Fc}\cdot\boldsymbol{v}' = 0$ である。したがって，コリオリの力は，回転座標系でみた速度 v' に垂直に作用する。

例題 8-3

台風の渦が北半球では反時計回り，南半球では時計回りであることは知られている。洗面台を流れる水の渦もそう信じている人は多いがそうだろうか。

洗面台を流れる水の速度を $v \simeq 1$ m/s とした場合のコリオリの力による加速度を求めよう。緯度 30 度での地球の角速度 ω は約 3.5×10^{-5} rad/s である。

解説＆解答

コリオリの力の大きさは $F = 2mv\omega$ で与えられる。

洗面台を流れる水の速さが $v \simeq 1$ m/s であるから，コリオリ力による加速度 a は

$$a = 2v\omega \simeq 7 \times 10^{-5} \text{ m/s}^2$$

であり，無視できるほどに小さい。■

★ 補足
ここで得られた洗面台の加速度は，重力加速度 $g \simeq 10$ m/s^2 の 10^{-4} 倍でしかないため，コリオリの力による影響はほとんど無視され，渦が右巻きか左巻きかは他の要因によると考えられる。

さて，台風のコリオリ力を調べてみよう。

台風の半径を 500 km，中心の気圧を 900 h Pa とすると，標準気圧がおよそ 1000 hPa なので圧力勾配は $\dfrac{dp}{dx} \simeq \dfrac{100 \times 10^2}{500 \times 10^3} = 2 \times 10^{-2}$ N/m^3 となり，面積 1 m^2，厚さ 1 m の空気に作用する力は，$F \simeq 2 \times 10^{-2}$ N になる。

1 m^3 の空気の質量 m は $m = 1.3$ kg 程度なので，台風の風速を $v \simeq 100$ m/s とすると，コリオリ力は

$$m\omega v \simeq 1.3 \times 7.3 \times 10^{-5} \times 100 \simeq 9 \times 10^{-3} \text{ N}$$

となる。

この値からコリオリ力は圧力勾配よりは小さいがほぼ同程度であることがわかる。つまり，台風レベルになるとコリオリの力による影響が際立ってくるのである。■

★ 補足
赤道付近では，太陽エネルギーを大量に受けるため，空気が温められて上昇気流が発生し，熱帯収束帯ができる。そこで上昇した気流は，緯度 20 度から 30 度付近で下降気流となり，亜熱帯高圧帯ができる。これらをハドレー循環という。
一方，極付近では冷やされた空気により下降気流が発生して極高圧帯が形成される。それは緯度 60 度付近で上昇気流となり，亜寒帯低圧帯が生まれる。これを極循環と呼ぶ。緯度 30 度から 60 度の範囲では，緯度 30 度付近が高気圧，緯度 60 度付近が低気圧となり，フェレル循環が生じている。
例題 8-4 でみたように，中緯度ではフェレル循環によって偏西風が，低緯度ではハドレー循環によって貿易風が，高緯度では極循環によって極偏東風が吹いている。コロンブスが帆船を利用してアメリカ大陸に到達した際には，スペインから貿易風にのって西に移動したと考えられている。

例題 8-4

北緯 30〜60 度の中緯度帯に吹いている南風（南から北への風）は，どのような振る舞いをするか考えてみよ。

解説＆解答

北半球の中緯度領域では，大気は緯度 30 度あたりで地表に下降し，60 から 65 度あたりで上空へ上昇するため，地表では，ほぼ南から北の方へ向って南風が吹く。この風はコリオリの力を受け東側（世界地図で右側）へ曲がるため，西風となる。これが定常的な「恒常風」となったのが**偏西風**である。■

以下の問題において，重力加速度の大きさは g とする。★は発展的内容

いろいろな運動

1. エレベーター

エレベーターが鉛直上方に加速度 a で等加速度運動を始めた。このエレベーターに乗っている質量 m の人が，エレベーターの床に及ぼす力の大きさを求めよ。

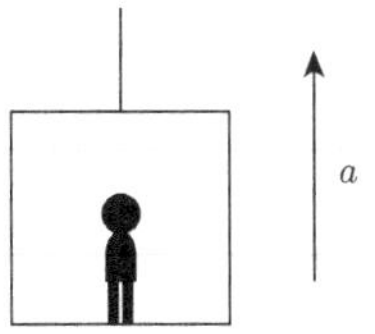

2. 崖からの斜方投射

図のように，質量 m の物体を，高さ h の崖の上から仰角 θ の向きに速さ v_0 で投げた。投げた時刻を $t = 0$ とする。

(1)　物体が最高点に達する時刻と高さを求めよ。

(2)　物体が地面に落ちたときの時刻と水平に進んだ距離を求めよ。

(3)　物体が地面に落ちたときの速さを求めよ。

(※ (3) は，力学的エネルギー保存則を用いずに求めてみよ。)

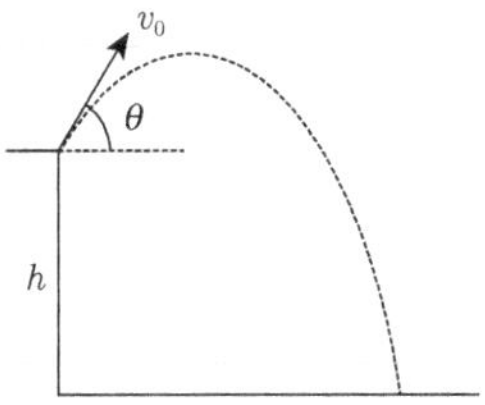

3. 斜面への斜方投射　★

図のように，水平から角度 45° の下り坂で，仰角 θ の向きに速さ v_0 で物体を投げた。投げた時刻を $t = 0$ とする。

(1)　物体が斜面に落ちるまでの時間を求めよ。

(2)　投げ出した点から，斜面に落ちた点までの斜面の距離を求めよ。

(※ 座標軸をそれぞれ A，B のようにとったときを考え，答えが一致することを確認せよ。)

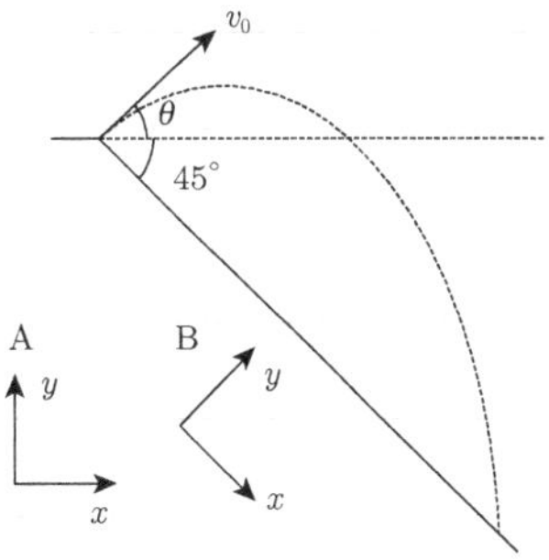

4. 斜面上の運動

図のように，水平面から角度 θ のなめらかな斜面をもつ台があり，台の縁には軽い滑車がついている。質量 m の物体 A と質量 M の物体 B を軽い糸でつないで A を斜面上におき，糸を滑車にかけ，B を鉛直につり下げた。静かに手をはなしたところ，B は下向きに運動を始めた。

(1)　B の加速度を求めよ。

(2)　糸の張力を求めよ。

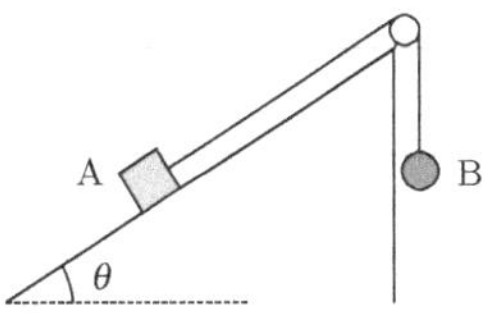

5. 動く斜面　★

水平でなめらかな床の上に質量 M，傾斜角 θ の三角台がある。三角台の斜面はなめらかであり，この斜面上の点 P に質量 m の物体をのせ，静

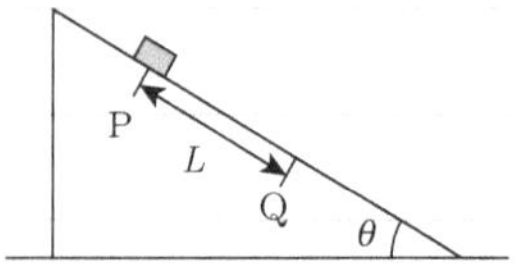

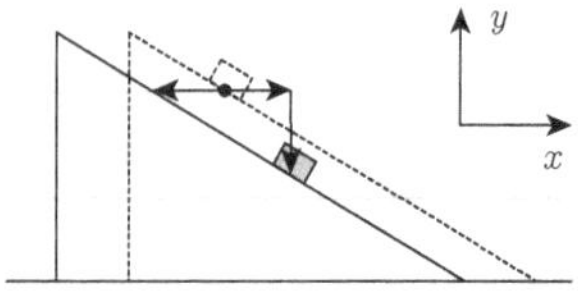

かにはなした。Pから斜面上を距離 L だけ滑った位置を点Qとする。

（※ 図のように座標軸をとり，物体と三角台の動きを考えて位置関係による束縛条件を利用して求めてみよ。(慣性力を用いる方法もある。))

(1) 物体が三角台から受ける垂直抗力の大きさを求めよ。

(2) 床に対する三角台の水平方向の加速度を求めよ。

(3) 三角台に対する物体の加速度の大きさを求めよ。

(4) 物体が斜面上をPからQまで滑ったときにかかった時間を求めよ。

(5) 物体が斜面上をPからQまで滑る間に三角台の動く距離を求めよ。

6. 摩擦のある床上の運動

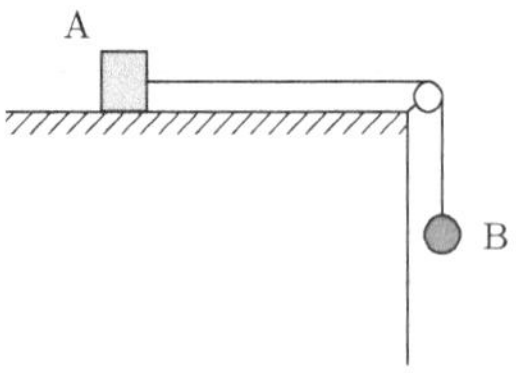

図のように，水平な粗い台があり，台の縁には軽い滑車がついている。質量 m の物体Aと質量 M の物体Bを軽い糸でつないで，Aを台上におき，糸を滑車にかけ，Bを鉛直につり下げた。Aと台との間の静止摩擦係数を μ，動摩擦係数を μ' とする。

(1) つり下げたときに，Bが動かない μ の条件を求めよ。

(2) Bが下向きに運動を始めた。Bの加速度および糸の張力を求めよ。

7. 摩擦のある重ねた物体の運動

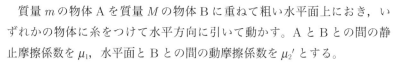

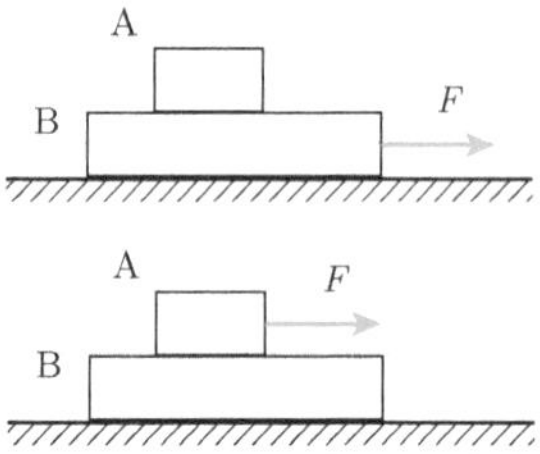

質量 m の物体Aを質量 M の物体Bに重ねて粗い水平面上におき，いずれかの物体に糸をつけて水平方向に引いて動かす。AとBとの間の静止摩擦係数を μ_1，水平面とBとの間の動摩擦係数を μ_2' とする。

(1) Bを大きさ F の力で引いた。Bが動いている状況で，AとBとの間がすべらないための F の条件を求めよ。

(2) Aを大きさ F の力で引いた。Bごと動いている状況で，AとBとの間がすべらないための F の条件を求めよ。

8. 空気抵抗のある場合の投げ上げ ★

質量 m の物体を，鉛直上向きに速さ v_0 で投げ上げた。速度に比例した空気抵抗がはたらくとし，時刻 $t = 0$ における高さを0とする。

(1) 物体の速度および高さを表す式を求めよ。

(2) 物体が最高点に達する時刻とその高さを求めよ。

9. 速度の2乗に比例する抵抗力 ★

質量 m の物体を，時刻 $t = 0$ で静かに落とす。速度の2乗に比例した空気抵抗がはたらくとして，時刻 t における物体の速度を求めよ。また，この物体の終端速度（十分長い時間が経過したときの速度）を求めよ。

10. 重力下のばねの運動

自然長 ℓ_0，ばね定数 k の軽いばねの一端を天井に固定し，他端に質量 m のおもりをつるす。ばねが自然長となる位置までおもりをもちあげ，時刻 $t = 0$ で静かに手をはなしたところ，おもりは単振動した。鉛直下向きに y 軸をとり，ばねが自然長となる位置を $y = 0$ とする。

(1) 振動の中心となる y を求めよ。

(2) 時刻 t におけるおもりの位置と速度を求めよ。

(3) この単振動の周期を求めよ。

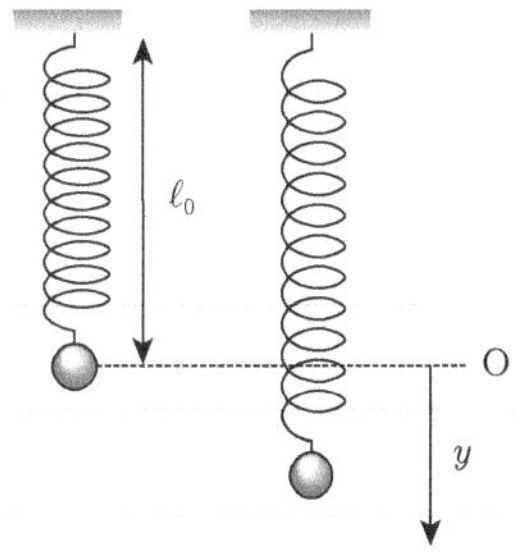

11. 円運動のベクトル表現

図のように，半径 r，角速度 ω で等速円運動する物体について考える。$t = 0$ に座標 $(r, 0)$ を出発し，反時計回りに運動する。

(1) t 秒後の位置ベクトル $\boldsymbol{r}$，速度ベクトル $\boldsymbol{v}$，加速度ベクトル $\boldsymbol{a}$ を成分表示せよ。

(2) $\boldsymbol{a}$ を $\boldsymbol{r}$ を用いて表し，その大きさと向きを答えよ。

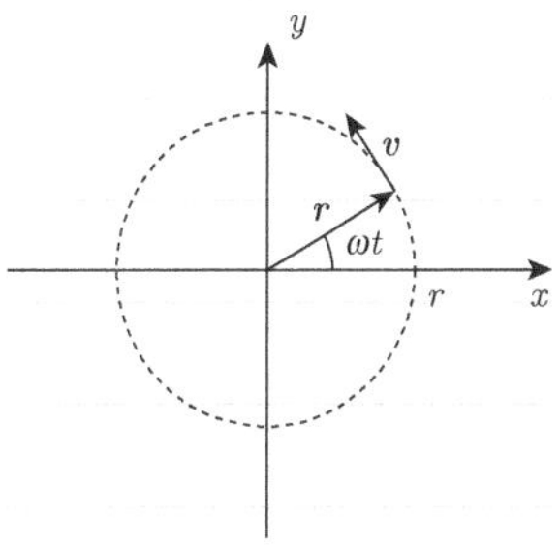

12. 円錐振り子

図のように，長さ L の軽い糸の一端を天井に固定し，他端に質量 m のおもりをつけ，この糸が鉛直下向きから角度 θ を保つように等速円運動させた。

(1) 糸の張力を求めよ。

(2) おもりの速さを求めよ。

(3) 円運動の周期を求めよ。

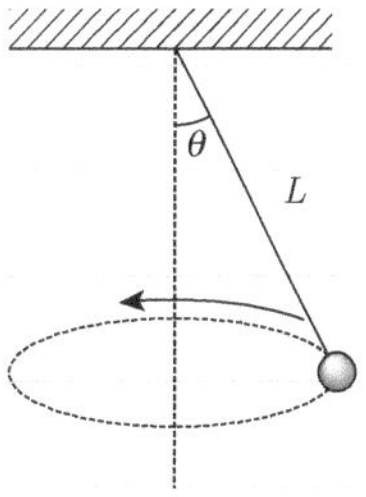

13. 静止衛星

赤道上空で地球から見て静止した位置にある衛星のことを静止衛星という。地球の自転周期を 24 時間，地球の半径を 6400 km とし，地球の万有引力は，地球の全質量が地球の中心に集中した場合の万有引力に等しいと考える。

(1) 人工衛星の角速度を求めよ。

(2) 人工衛星の地表からの高さを求めよ。

地球の質量を M，半径を R，万有引力定数を G，として式を立て，

$$g = \frac{GM}{R^2} = 9.8\ \mathrm{m/s^2}$$

から $GM = gR^2$ を用いて数値計算する。

仕事とエネルギー

14. 保存力

位置エネルギーが $U(x, y, z)$ で与えられている場を考える。

(1) F_x, F_y, F_z を U を用いて表せ。

(2) この力が保存力である場合,

$$\frac{\partial F_x}{\partial y}=\frac{\partial F_y}{\partial x},\ \frac{\partial F_y}{\partial z}=\frac{\partial F_z}{\partial y},\ \frac{\partial F_z}{\partial x}=\frac{\partial F_x}{\partial z}$$

が成り立つことを示せ。

15. 位置エネルギーと力

(1) 次のような位置エネルギーが与えられている場で生じる力を求めよ。

(a) $U(x)=\dfrac{1}{2}kx^2$ (b) $U(\boldsymbol{r})=-G\dfrac{Mm}{r}$

(2) 次のような力の式が与えられているときの位置エネルギーを求めよ。ただし,無限遠を基準点とする。

$$\boldsymbol{F}(\boldsymbol{r})=k\frac{Qq}{r^2}\left(\frac{\boldsymbol{r}}{r}\right)$$

16. 力学的エネルギー保存則

(1) ばね定数 k の軽いばねの一端を天井に固定し,他端に質量 m のおもりをつるして,単振動させた。このおもりの運動の運動方程式から,この系の力学的エネルギー保存則を導け。

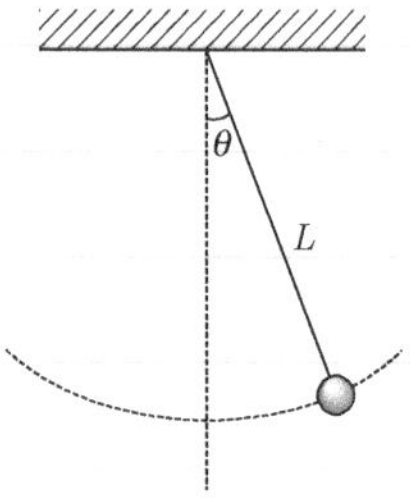

(2) 図のように,長さ L の軽い糸の一端を天井に固定し,他端に質量 m のおもりをつけた振り子を考える。振り子の振れ角を θ とし,この振り子の運動の運動方程式から,この系の力学的エネルギー保存則が

$$\frac{1}{2}mv^2-mgL\cos\theta=C\quad(C\text{は積分定数:一定})$$

と書けることを導け。

17. 摩擦のする仕事

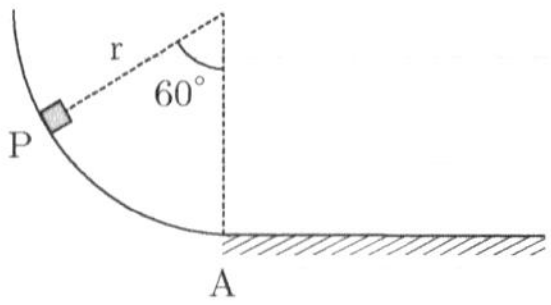

図のように,半径 r のなめらかな円筒面が,粗い水平な床に点 A でつながっている。図の点 P から,質量 m の物体を静かに滑らせた。物体と床との動摩擦係数を μ' とする。

(1) A を通過する速さを求めよ。

(2) A を通過する直前と直後の垂直抗力を求めよ。

(3)　物体がAからxだけ滑って止まった。摩擦力のした仕事をxを用いて書け。また，このxを求めよ。

18.　力学的エネルギー

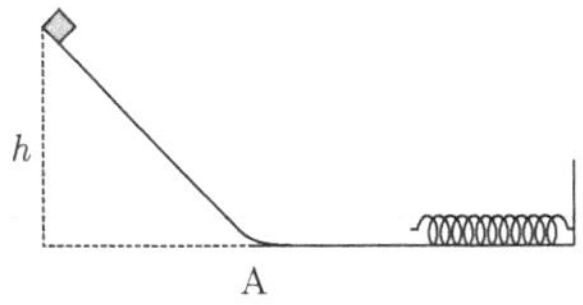

図のように，斜面が点Aでなだらかに水平面につながっている。ただし，斜面と水平面の摩擦は無視できる。高さhの斜面上の点から，質量mの物体を静かにはなしたところ，物体は滑りおり，ばね定数kのばねを押し縮めた。

(1)　Aを通過するときの速さを求めよ。

(2)　ばねが押し縮められた長さを求めよ。

(3)　(2)の2倍の長さだけばねを押し縮めるために，物体に斜面にそって初速度を与える。どれだけの初速度が必要か。

19.　円筒上の物体の運動

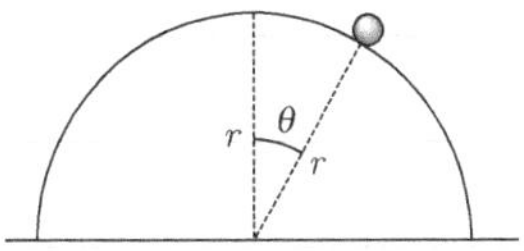

図のように，半径rの表面がなめらかな半円筒が床に固定されている。半円筒の最高点に小球を静かにおいてはなしたところ，小球は滑り始めた。半円筒の最高点から滑った角度をθとする。

(1)　小球が円筒面から受ける垂直抗力の大きさを求めよ。

(2)　小球が円筒面からはなれるθを求めよ。(※ 電卓を用いて良い)

20.　振り子の運動

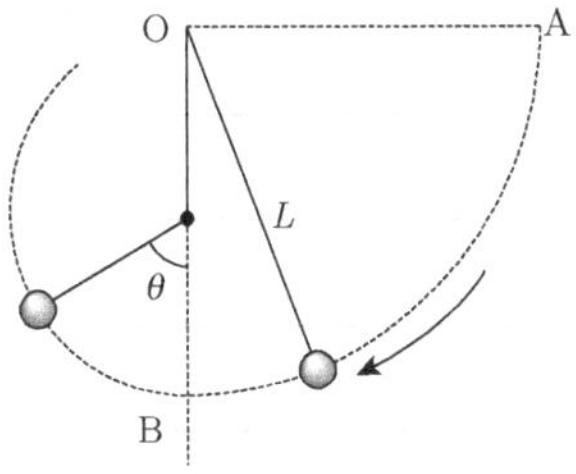

図のように，長さLの軽い糸の一端を点Oに固定し，他端に質量mのおもりをつけた振り子がある。おもりの糸が水平となる点を点A，点Oから真下にLの位置を点Bとし，OBの中点の位置には釘がある。

(1)　点Aでおもりを静かにはなした。Bを通過する直前と直後の糸の張力を求めよ。

(2)　糸が釘にかかって，鉛直からθの角度になったときの糸の張力を求めよ。

(3)　点Aで下向きに初速を与えて，おもりを点Oに到達させたい。このために必要な初速の条件を求めよ。

第II部　質点系および剛体の力学

第9章　質点系の運動

これまでは，1つの物体の運動について着目し，2つ以上の物体が力を及ぼし合っている場合のそれぞれの運動 ―例えば「衝突」― のような問題は扱ってこなかった。また，物体の大きさを無視し，質量を持つ点（質点）として扱ってきた。しかし，実際の物体には大きさや広がりがあり，物体を多数の質点の集合体とみる必要がある。II部では，2つ以上の物体をまとめて考える「質点系」を考え，広がりのある物体を扱っていく。この章では，これらの扱いに重要な重心の定義と，質点系の運動方程式について学ぶ。

9.1　重心

9.1.1　重心とは

例えば，図9.1のような，x軸上に3つの質点（8 kg, 9 kg, 10 kg）からなり，それぞれの質点の距離は原点から，40 cm, 60 cm, 80 cm のところにある質点系を考える（3つの質点は，質量を無視できる棒でつながっているとする）。ここで，質点系とは，2つ以上の質点からなる集まりのことである。このとき，重心 x_{G} を求める式は，各質点の質量と距離の積の和を，質量の和で割ったものと定義される。

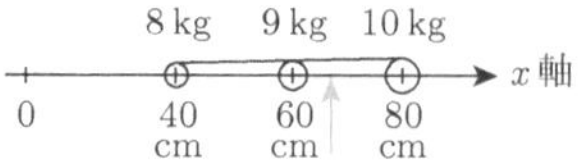

図 9.1

★ 補足
厳密にいうと，質量中心は各質点の位置ベクトルに各質量に比例した重みをつけて平均して得られる点（加重平均）であり，質量分布の平均位置を示す。一方，重心は各質点の位置ベクトルに各点における各重力に比例した加重平均で得られる点であり，質点系に対する重力の合力の作用点と定義される。このため，重力加速度が一様でない場合，質量中心と重心は厳密には異なる。しかし地上では，一様な重力のもとでの運動と考えてよく，質量中心と重心は一致する。このため，以下では特に両者を区別せず，質量中心の意味でも「重心」の用語を用いて説明する。

$$x_{\mathrm{G}} = \frac{40\times 8 + 60\times 9 + 80\times 10}{27} = 61.5\ \mathrm{cm} \tag{9.1}$$

実際に，この重心位置 $x_{\mathrm{G}} = 61.5$ cm に指を置いて支えれば，棒が回転しないことを実験でも確かめることができる（矢印の位置）。重心とは，「そこに物体の全質量が集中していると見なしてよい点のこと（質量中心）」である。

9.1.2　重心の式

重心の式（9.1）を複数の質点からなる式に拡張する。x軸上に質量が分布していて，x_1 の位置に質量 m_1, x_2 の位置に質量 m_2 のように n 個あるとする。全質量を $M = m_1 + m_2 + \cdots + m_n$ とすると，重心の座標 x_{G} は次のとおりとなる。

$$x_{\mathrm{G}} = \frac{m_1 x_1 + m_2 x_2 + \cdots + m_n x_n}{M} = \frac{1}{M}\sum_{i=1}^{n} m_i x_i \tag{9.2}$$

y軸上，z軸上に質点が分布しているときも，同様に，それぞれの軸上での重心の座標 y_{G}, z_{G} は次のようになる。

$$y_{\mathrm{G}} = \frac{m_1 y_1 + m_2 y_2 + \cdots + m_n y_n}{M} = \frac{1}{M}\sum_{i=1}^{n} m_i y_i \tag{9.3}$$

$$z_{\mathrm{G}} = \frac{m_1 z_1 + m_2 z_2 + \cdots + m_n z_n}{M} = \frac{1}{M}\sum_{i=1}^{n} m_i z_i \tag{9.4}$$

3次元空間内に質量が分布している場合には，(9.2)，(9.3)，(9.4) 式を合わせて，重心は次のようなベクトル $\boldsymbol{r}_G$ で表現できる。

$$\boldsymbol{r}_G = \frac{m_1\boldsymbol{r}_1 + m_2\boldsymbol{r}_2 + \cdots + m_n\boldsymbol{r}_n}{M} = \frac{1}{M}\sum_{i=1}^{n} m_i\boldsymbol{r}_i \quad (9.5)$$

ここで,

$$\boldsymbol{r}_1 = (x_1,\ y_1,\ z_1),\ \boldsymbol{r}_2 = (x_2,\ y_2,\ z_2),\ \cdots,\ \boldsymbol{r}_n = (x_n,\ y_n,\ z_n) \quad (9.6)$$

は質点の位置ベクトルである。

★ 補足
図9.2に示すような対称性のある板のようなものならば，(9.5) 式を用いないでも，重心は簡単にわかる。円ならばその中心，正方形や長方形の板の場合は対角線の交点の位置となる。

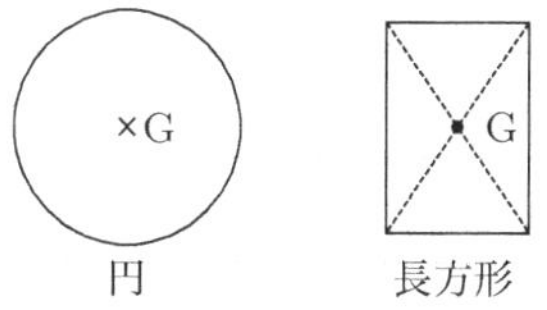

図 9.2

例題 9-1

図9.3に示すような3枚の長さの違う長方形の板（それぞれ，同じ厚さで均一な板）の端を接続して，1枚の板とした。この板の重心の位置を求めよ。3枚の板の x 軸方向の幅は $2a$，y 軸方向の長さは，短い方から $2a$ とする。

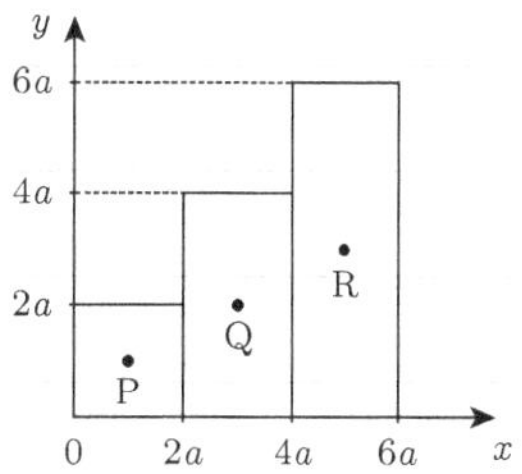

図 9.3

解説 & 解答

座標を図9.3のようにとると，それぞれの正方形又は長方形の重心は対角線の交点となるので，$P(a,\ a)$, $Q(3a,\ 2a)$, $R(5a,\ 3a)$ である。これらのP，Q，Rは，それぞれの板の重心である。これらの点に，それぞれ，質量 m, $2m$, $3m$ があると考える。全体の重心 $(x_G,\ y_G)$ は，(9.3)，(9.4) 式を用いて，次のように表すことができる。

$$x_G = \frac{m\cdot a + 2m\cdot 3a + 3m\cdot 5a}{6m} = \frac{11}{3}a$$

$$y_G = \frac{m\cdot a + 2m\cdot 2a + 3m\cdot 3a}{6m} = \frac{7}{3}a$$ ■

広がりのある物体は，質量が連続的に分布しているので，実際の計算は上記で説明したような和ではなく積分で行う。微小部分の質量を m_i の代わりに dm とすると，全質量 M は，

$$M = \sum m_i \to \int dm \quad (9.7)$$

のように置きかえられ，重心の位置 $\boldsymbol{r}_G$ は，

$$\boldsymbol{r}_G = \frac{1}{M}\sum m_i\boldsymbol{r}_i \to \frac{\int \boldsymbol{r}\,dm}{\int dm} \quad (9.8)$$

のように表される。このとき dm は，物体の密度 $\rho(\boldsymbol{r})$ に微小部分の体積 dV を掛ければ得られるが，場合によって面密度 $\sigma(\boldsymbol{r})$（単位面積あたりの質量）や，線密度 $\lambda(\boldsymbol{r})$（単位長さあたりの質量）を用いた方が簡単なこともある。

$$\begin{cases} dm = \rho(\boldsymbol{r})dV & \text{密度〔kg/m}^3\text{〕× 体積〔m}^3\text{〕} \\ dm = \sigma(\boldsymbol{r})dS & \text{面密度〔kg/m}^2\text{〕× 面積〔m}^2\text{〕} \\ dm = \lambda(\boldsymbol{r})dr & \text{線密度〔kg/m〕× 長さ〔m〕} \end{cases} \quad (9.9)$$

例題 9-2

長方形の板の重心が本当に対角線の中心にあることを求めよ。長方形の辺の長さをそれぞれ a, b とし，質量 M の一様な固いものとする。

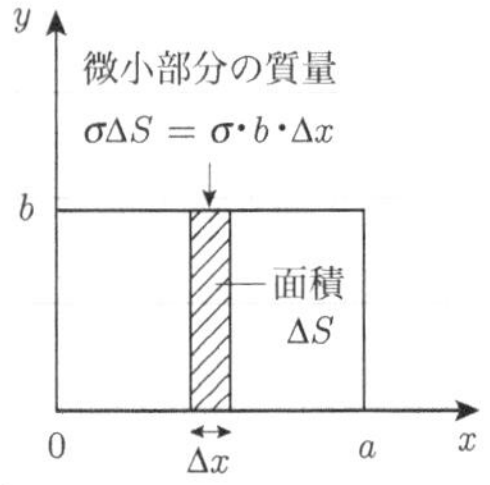

図 9.4

解説＆解答

図 9.4 のように，x 軸を板の長さ a の方向にとり，y 軸を板の長さ b の方向にとる。板の面密度を σ（単位面積あたりの質量）とすると，図の微小部分（面積が ΔS，幅が Δx）の質量は $\sigma\Delta S = \sigma b\Delta x$ となる。微小幅 Δx を無限に小さくすると（$\Delta x \to dx$），微小面積 dS の質量は σbdx となり，この質量に位置 x を掛けて積分すると，重心を求める式を積分表示に書き直すことができる。これにより，今までの問題のような質量が離散的に分布している場合だけでなく，連続的に質量が分布している場合の重心を求めることができる。

$$x_G = \frac{1}{M}\int_0^a x\sigma b\,dx = \frac{\sigma ba^2}{2M}$$

となる。ここで，積分の範囲は，長方形の左端（$x = 0$）から右端（$x = a$）までとなっている。この式で，長方形の面密度が $\sigma = \dfrac{M}{ab}$ であるので，上式に代入すると次の式となる。

$$x_G = \frac{a}{2}$$

同様に，y 方向の重心 y_G の式は次のとおりとなる。

$$y_G = \frac{1}{M}\int_0^b y\sigma a\,dy = \frac{\sigma ab^2}{2M} = \frac{b}{2}$$

このように，長方形の重心は対角線の交点となる。■

9.2 2つの質点の運動

9.2.1 重心の運動

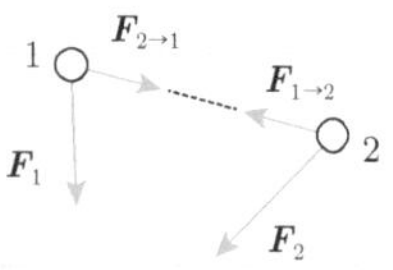

図 9.5

外部から力を受け，さらにお互いに力を及ぼし合う 2 つの質点（質点 1 と質点 2）の運動を考えよう（図 9.5）。これを 2 体問題という。この質点系の外から各質点に作用する力を $\boldsymbol{F}_1$, $\boldsymbol{F}_2$ とする（これを**外力**という）。また，質点 1 が質点 2 に及ぼす力を $\boldsymbol{F}_{1\to2}$ とし，質点 2 が質点 1 に及ぼす力を $\boldsymbol{F}_{2\to1}$ とする（質点系内の質点同士の間に作用する力のことを**内力**という）。質点 1，2 の質量を m_1, m_2 位置ベクトルを $\boldsymbol{r}_1$, $\boldsymbol{r}_2$ とすると，2 つの質点の運動方程式は次のようになる。

$$m_1\frac{d^2\boldsymbol{r}_1}{dt^2} = \boldsymbol{F}_1 + \boldsymbol{F}_{2\to1} \tag{9.10}$$

$$m_2\frac{d^2\boldsymbol{r}_2}{dt^2} = \boldsymbol{F}_2 + \boldsymbol{F}_{1\to2} \tag{9.11}$$

2 式の両辺をそれぞれ足し合わせると，右辺の $\boldsymbol{F}_{1\to2}$ と $\boldsymbol{F}_{2\to1}$ の内力については作用・反作用の法則により $\boldsymbol{F}_{1\to2}=-\boldsymbol{F}_{2\to1}$ であるため，打ち消しあう。これにより，外力だけが右辺に残る。

$$m_1\frac{d^2\boldsymbol{r}_1}{dt^2}+m_2\frac{d^2\boldsymbol{r}_2}{dt^2}=\boldsymbol{F}_1+\boldsymbol{F}_2 \tag{9.12}$$

さて，2 つの質点の重心の位置 $\boldsymbol{r}_{\mathrm{G}}$ は，(9.5) 式より次の式となる。

$$\boldsymbol{r}_{\mathrm{G}}=\frac{m_1\boldsymbol{r}_1+m_2\boldsymbol{r}_2}{m_1+m_2}=\frac{m_1\boldsymbol{r}_1+m_2\boldsymbol{r}_2}{M} \tag{9.13}$$

であり（全質量 $M=m_1+m_2$），全質量 M を両辺に掛けると

$$M\boldsymbol{r}_{\mathrm{G}}=m_1\boldsymbol{r}_1+m_2\boldsymbol{r}_2$$

となる。この両辺を時間 t について 2 階微分すると，

$$M\frac{d^2\boldsymbol{r}_{\mathrm{G}}}{dt^2}=m_1\frac{d^2\boldsymbol{r}_1}{dt^2}+m_2\frac{d^2\boldsymbol{r}_2}{dt^2} \tag{9.14}$$

となるので，(9.12) 式は

$$M\frac{d^2\boldsymbol{r}_{\mathrm{G}}}{dt^2}=\boldsymbol{F}_1+\boldsymbol{F}_2$$

すなわち，外力の総和を $\boldsymbol{F}=\boldsymbol{F}_1+\boldsymbol{F}_2$ とすると

$$M\frac{d^2\boldsymbol{r}_{\mathrm{G}}}{dt^2}=\boldsymbol{F} \tag{9.15}$$

と書ける。これは，質量 M を持ち，位置ベクトル $\boldsymbol{r}_{\mathrm{G}}$ で表される 1 つの物体に，外力 $\boldsymbol{F}$ が作用しているときの運動方程式と同じ形となっている。

3 つ以上の質点系の場合についても同様の式となる。つまり，複数の質点からなる質点系の運動は，「全質量が重心に集まり質点となり，その点に外力の和が作用している質点の運動」と見なしてよいのである。

9.2.2 相対運動と換算質量

次に，内力だけ作用していて，外力がはたらいていない 2 つの質点からなる系を考える（図 9.6）。この 2 つの質点に関する運動方程式は，(9.10)，(9.11) 式のそれぞれの質点に作用する外力を 0 とした次の式となる。

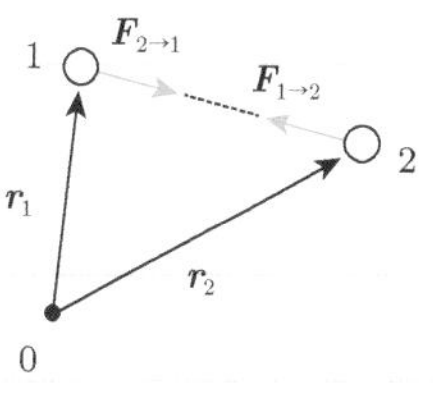

図 9.6

$$m_1\frac{d^2\boldsymbol{r}_1}{dt^2}=\boldsymbol{F}_{2\to1},\quad m_2\frac{d^2\boldsymbol{r}_2}{dt^2}=\boldsymbol{F}_{1\to2} \tag{9.16}$$

この 2 式の左辺，右辺をそれぞれ足し合わせると，作用・反作用の法則から，右辺は 0 となる。

$$m_1\frac{d^2\boldsymbol{r}_1}{dt^2}+m_2\frac{d^2\boldsymbol{r}_2}{dt^2}=0 \tag{9.17}$$

したがって，(9.14) 式から，

$$M\frac{d^2\boldsymbol{r}_{\mathrm{G}}}{dt^2}=0,\quad \therefore\frac{d^2\boldsymbol{r}_{\mathrm{G}}}{dt^2}=0 \tag{9.18}$$

つまり，内力のみで外力が存在しないとき重心の加速度は 0 であり，重心は静止または等速直線運動を続けることがわかる。

次に，この 2 つの質点の相対的な運動を調べるために，質点 1 から質

点 2 へ向かう相対座標を $\boldsymbol{r}$ として

$$\boldsymbol{r} = \boldsymbol{r}_2 - \boldsymbol{r}_1$$

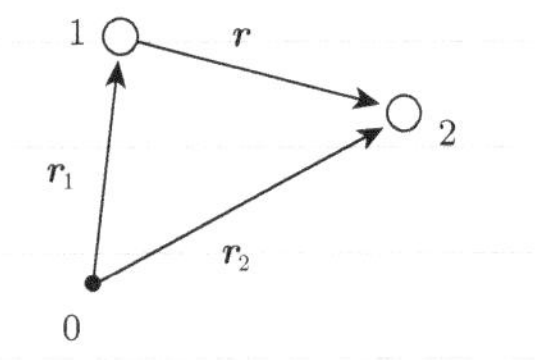

図 9.7

を考えよう（図 9.7)。これを調べるために（9.16）式の各辺を質量で割り，

$$\frac{d^2\boldsymbol{r}_1}{dt^2} = \frac{1}{m_1}\boldsymbol{F}_{2\to1}, \quad \frac{d^2\boldsymbol{r}_2}{dt^2} = \frac{1}{m_2}\boldsymbol{F}_{1\to2}$$

として，$\boldsymbol{r}$ を求めるために 2 式の左辺，右辺をそれぞれ引き算すると

$$\frac{d^2(\boldsymbol{r}_2 - \boldsymbol{r}_1)}{dt^2} = \frac{1}{m_2}\boldsymbol{F}_{1\to2} - \frac{1}{m_1}\boldsymbol{F}_{2\to1}$$

ここで，$\boldsymbol{r} = \boldsymbol{r}_2 - \boldsymbol{r}_1$, $\boldsymbol{F}_{2\to1} = -\boldsymbol{F}_{1\to2}$ を用いると，

$$\frac{d^2\boldsymbol{r}}{dt^2} = \frac{m_1 + m_2}{m_1 m_2}\boldsymbol{F}_{1\to2}$$

$$\therefore \ \frac{m_1 m_2}{m_1 + m_2}\frac{d^2\boldsymbol{r}}{dt^2} = \boldsymbol{F}_{1\to2} \tag{9.19}$$

となる。ここで，左辺の $\dfrac{m_1 m_2}{m_1 + m_2}$ は質量の次元を持っているので，

$$\mu = \frac{m_1 m_2}{m_1 + m_2} \tag{9.20}$$

とおき，この μ のことを**換算質量**と呼ぶ。(9.19) 式は次のようになる。

$$\mu\frac{d^2\boldsymbol{r}}{dt^2} = \boldsymbol{F}_{1\to2} \tag{9.21}$$

この式の左辺の $\boldsymbol{r}$ は質点 1 からみた質点 2 の座標であり，右辺は質点 1 から質点 2 が受ける力である。つまり，質点 1 が固定されていて，質点 2 の質量が μ になったと考えたときの運動方程式に等しい。またこれは，相互作用する質点 1 と質点 2 の運動は 1 つの運動方程式に帰着させて解けることを示している。

★ 補足
なお，3 体以上の多体問題となると，解析的には解けないことが証明されている。

以上より，(9.18) 式から重心運動を表す $\boldsymbol{r}_G$，(9.21) 式から相対運動を表す $\boldsymbol{r}$ が求められる。また各質点の運動 $\boldsymbol{r}_1$，$\boldsymbol{r}_2$ は，図 9.8 より $\boldsymbol{r}_G$ と $\boldsymbol{r}$ を用いて，

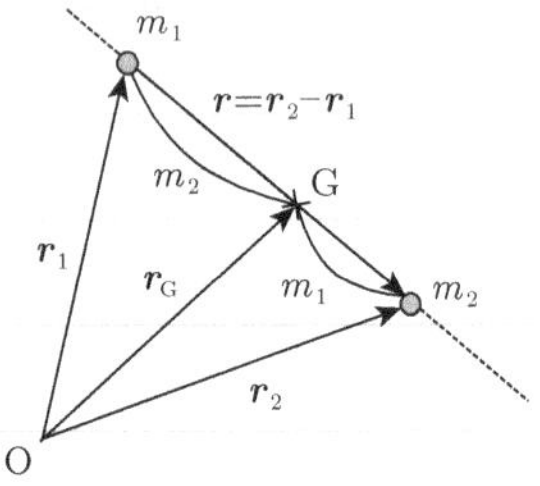

図 9.8

$$\boldsymbol{r}_1 = \boldsymbol{r}_G - \frac{m_2}{m_1 + m_2}\boldsymbol{r}, \quad \boldsymbol{r}_2 = \boldsymbol{r}_G + \frac{m_1}{m_1 + m_2}\boldsymbol{r} \tag{9.22}$$

と表すことができる。

例題 9-3

太陽の質量を M，地球の質量を m としたとき，換算質量を求めよ。また，太陽の中心から地球までのベクトルを $\boldsymbol{r}$，太陽が地球に及ぼす引力を $\boldsymbol{F}$ としたとき，換算質量を用いて運動方程式を書け。

解説 & 解答

換算質量は $\dfrac{mM}{m + M}$ なので，運動方程式は次のようになる。

$$\left(\frac{mM}{m+M}\right)\frac{d^2\boldsymbol{r}}{dt}=\boldsymbol{F}$$

地球は太陽よりも質量がはるかに小さいので，$M+m\fallingdotseq M$として，換算質量はmと近似できる。よって運動方程式は次のように書ける。

$$m\frac{d^2\boldsymbol{r}}{dt}=\boldsymbol{F}$$

この式から，一般に惑星の太陽に対する相対的な運動は，太陽が固定されていると考えたときの運動に等しいといえる。■

9.3 質点系の運動方程式

それでは，多数の質点が互いに力を及ぼし合っている系の運動を考えよう。物体の運動を考えるには，運動量が大切である（運動量は運動方程式のもとである）ことを思い出そう。まず，質点系の運動量がどのように表現できるか考える。i番目の質点の質量をm_i，位置を$\boldsymbol{r}_i$，速度を$\boldsymbol{v}_i$とすると，質点系全体の全質量は

$$M=\sum_i m_i \tag{9.23}$$

と表される。このように質点系全体の量を表すときは大文字を使うことにする。また，質点系の重心は9.1節で学んだように，

$$\boldsymbol{R}=\frac{\sum_i m_i\boldsymbol{r}_i}{\sum_i m_i}=\frac{\sum_i m_i\boldsymbol{r}_i}{M} \tag{9.24}$$

と定義される。したがって，質点系の重心の速度$\boldsymbol{V}$は，(9.24) 式を時間で微分すれば得られ，

$$\boldsymbol{V}=\frac{d\boldsymbol{R}}{dt}=\frac{1}{M}\sum_i m_i\frac{d\boldsymbol{r}_i}{dt}=\frac{1}{M}\sum_i m_i\boldsymbol{v}_i \tag{9.25}$$

と表される。全質量Mを左辺に移すと

$$M\boldsymbol{V}=\sum_i m_i\boldsymbol{v}_i \tag{9.26}$$

となり，質点系の全運動量を表す式が得られる。この式は，

「質点系の全運動量は，重心に全質量が集中しているとしたときの重心の運動量に等しい」

ことを意味している。

質点系の全運動量の表記がわかったので，次に質点系の重心の運動について考えよう。

質点系の各質点には，外力 —質点系の外部からはたらいている力（例えば重力)— がはたらいており，質点どうしには内力 —互いに及ぼしあう力（例えば剛体であれば塊を保つために引き合う力)— がはたらいている。i番目の質点の質量をm_i，速度を$\boldsymbol{v}_i=\dfrac{d\boldsymbol{r}_i}{dt}$とし，この部分に作

★ 補足
9.1節で用いた$\boldsymbol{r}_{\mathrm{G}}$を標記を簡単にするため単に$\boldsymbol{R}$とする。重心の速度も単に$\boldsymbol{V}$と書く。

★ 補足
第11章以降で扱う剛体は，物体を細かく分割した微小部分（質点）の集合，すなわち，質点系として考えられる。このため，本文の事実は剛体の重心の運動を考える際に重要である。

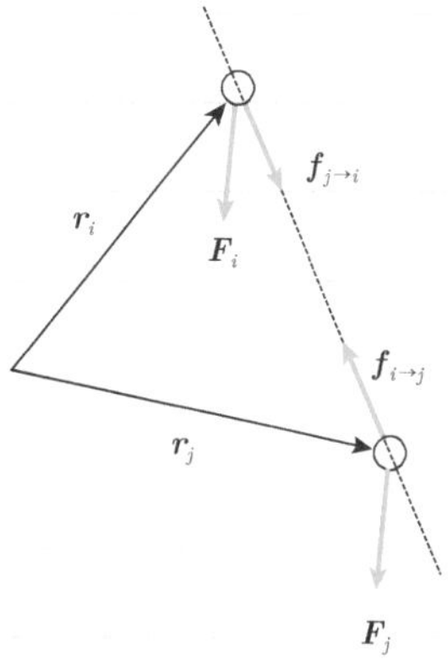

図 9.9

用している外力を $\boldsymbol{F}_i$，j 番目の部分から受けている内力を $\boldsymbol{f}_{j\to i}$ とする。内力は，自分自身以外の全ての質点から受けているため，i 番目の質点の運動方程式は，

$$m_i \frac{d\boldsymbol{v}_i}{dt} = \boldsymbol{F}_i + \sum_{j \neq i} \boldsymbol{f}_{j\to i} \tag{9.27}$$

と書くことができ，具体的には

$$\begin{aligned} m_1 \frac{d\boldsymbol{v}_1}{dt} &= \boldsymbol{F}_1 + \boldsymbol{f}_{2\to 1} + \boldsymbol{f}_{3\to 1} + \cdots \\ m_2 \frac{d\boldsymbol{v}_2}{dt} &= \boldsymbol{F}_2 + \boldsymbol{f}_{1\to 2} + \boldsymbol{f}_{3\to 2} + \cdots \\ m_3 \frac{d\boldsymbol{v}_2}{dt} &= \boldsymbol{F}_3 + \boldsymbol{f}_{1\to 3} + \boldsymbol{f}_{2\to 3} + \cdots \\ &\vdots \end{aligned} \tag{9.28}$$

のようになる。質点系の運動方程式は，これらの総和をとることによって得られる。内力には必ずペアになる力があり，作用・反作用の法則から $\boldsymbol{f}_{j\to i} = -\boldsymbol{f}_{i\to j}$ であるので，これらの内力は全て打ち消し合い，外力だけが残る。すなわち，

$$\sum_i \left(m_i \frac{d\boldsymbol{v}_i}{dt} \right) = \sum_i \boldsymbol{F}_i \tag{9.29}$$

となる。左辺の $\dfrac{d}{dt}$ を Σ 記号の外に出し，質点系の全質量を M，重心の速度を $\boldsymbol{V}$ とすれば，全運動量を表す式（9.26）から，

$$\begin{aligned} \frac{d}{dt}\left(\sum_i m_i \boldsymbol{v}_i \right) &= \sum_i \boldsymbol{F}_i \\ \frac{d}{dt}(M\boldsymbol{V}) &= \sum_i \boldsymbol{F}_i \\ M\frac{d\boldsymbol{V}}{dt} &= \sum_i \boldsymbol{F}_i \end{aligned} \tag{9.30}$$

と表される。この式は，質点系を質量 M の 1 つの質点と見なしたときの運動方程式とみることができる。つまり，重心の運動は，全質量と全外力が重心に集中したときの質点の式と同じになる。このため，剛体などの質点系の重心の運動方程式を考える際には，外力の作用点を意識する必要はない。

第10章 運動量保存の法則

デカルトは,「宇宙において運動の量の総和は保たれている」と主張した。この「運動の量」は現在でいう運動量とは若干異なっており,「運動の量」が何であるかは, 長い間論争であった。ライプニッツは, 運動の量を数式で表現しようと考え, それを mv^2 として「活力」と呼んだ。ジャン・ビュリダンは, 運動の量は物体の速さと物質の量に比例する(現在の mv に相当)と考えた。このようにいろいろと議論されてきた「運動の量」であるが, 現在では, エネルギー(energy)や運動量(momentum)の概念が確立され, 運動方程式の変位や時間に関する積分として, エネルギー保存則と運動量保存則が得られることがわかっている。

第7章では, 運動方程式を力のはたらいた距離で積分して, 力学的エネルギー保存則を導出した。この力学的エネルギーは「力の距離的効果」としての指標である。本章では, 運動方程式を力のはたらいた時間で積分する「力の時間的効果」について考える。

10.1 運動量と力積

物体が衝突するような場合, 力は瞬間的に作用し, 力の大きさも時間的に大きく変化する。このように瞬間的にはたらく大きな力のことを**撃力**という。衝突中の力は, 図10.1のように時間変化するイメージでよいだろう。しかし, 実際の撃力がどのように変化するかを把握するのは難しい。このため, 運動方程式をたてて, それを直接解くことはできない。このような状況のとき, 衝突中はともかく, その前後の物理量の変化を把握できることは非常に有用である。ここでは, 力のはたらいた時間的効果を求めるために, 運動方程式を時間で積分してみる。

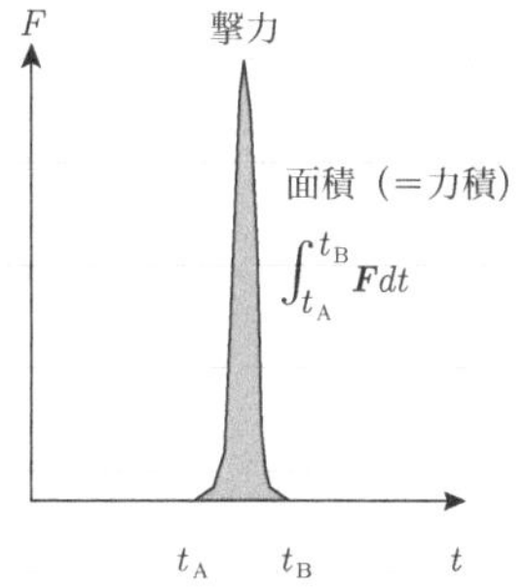

図10.1

速度 $\boldsymbol{v}_A$ で移動している質量 m の物体が, ある時間外力 $\boldsymbol{F}$ を受け, 速度 $\boldsymbol{v}_B$ になったとする(図10.2)。ここで, 力を受けている間の物体の運動方程式は,

$$m\frac{d\boldsymbol{v}}{dt} = \boldsymbol{F} \tag{10.1}$$

である。力がはたらいていた時間を, $t = t_A$ から $t = t_B$ までと考えて積分すると

$$\int_{t_A}^{t_B} m\frac{d\boldsymbol{v}}{dt}dt = \int_{t_A}^{t_B} \boldsymbol{F}dt \tag{10.2}$$

ここで, (10.2)式中の右辺にある力の時間による積分

$$\int_{t_A}^{t_B} \boldsymbol{F}dt \tag{10.3}$$

を力 $\boldsymbol{F}$ の**力積**といい, その時間内にはたらいた力の総和を表す。

一方, 左辺は積分変数が t から $\boldsymbol{v}$ に変換され,

$$\int_{t_A}^{t_B} m\frac{d\boldsymbol{v}}{dt}dt = \int_{v(t_A)}^{v(t_B)} md\boldsymbol{v} = m\boldsymbol{v}(t_B) - m\boldsymbol{v}(t_A) \tag{10.4}$$

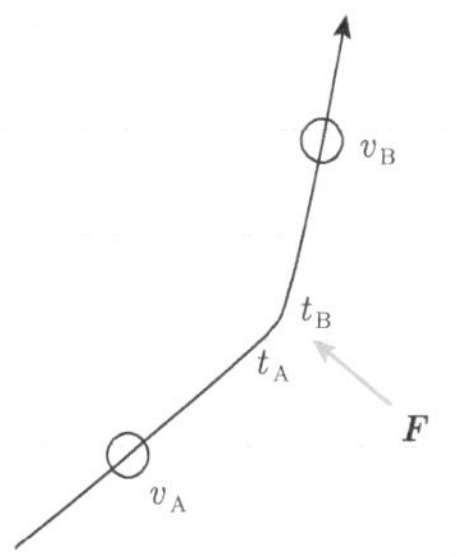

図10.2

★ 補足
$t = t_i$ のときの速度を $v(t_i)$ と表記した。積分変数の変換とともに積分範囲が変更される。

となるので，(10.2) 式は

$$mv(t_B)-mv(t_A)=\int_{t_A}^{t_B}\boldsymbol{F}dt \tag{10.5}$$

となる。運動量はしばしば $\boldsymbol{p}$ の記号を用いて表され，

★ 補足
$t=t_i$ のときの運動量を $\boldsymbol{p}(t_i)$ と表記した。

$$\boldsymbol{p}(t_A)-\boldsymbol{p}(t_B)=\int_{t_A}^{t_B}\boldsymbol{F}dt \tag{10.6}$$

のように書かれることもある。

(10.6) 式は，運動量の変化は，その間にはたらいた力積に等しいことを表している。撃力のように，$\boldsymbol{F}$ そのものを求めることは難しい場合でも，運動量の変化から力積を知ることはできるのである。

力のはたらいた時間を $\Delta t=t_B-t_A$，その間に受けた平均の力を $\bar{\boldsymbol{F}}$ とすれば，

$$\int_{t_A}^{t_B}\boldsymbol{F}dt=\bar{\boldsymbol{F}}\Delta t \tag{10.7}$$

と書け，力がはたらいている時間（例えば衝突している時間）Δt がわかれば，力積を Δt で割ることによって，力がはたらいている間に受けた平均の力を求めることができる。

10.2 質点系の運動量保存の法則

1 つの物体を考えている場合，外力が作用していなければ加速度は 0 であり，速度の変化は生じない。したがって運動量も変化しない。これは，1 質点における運動量保存の法則である。ここでは，物体同士の衝突のように 2 つ以上の物体が力を及ぼしあう場合（質点系）を考える。

10.2.1 2 物体の場合

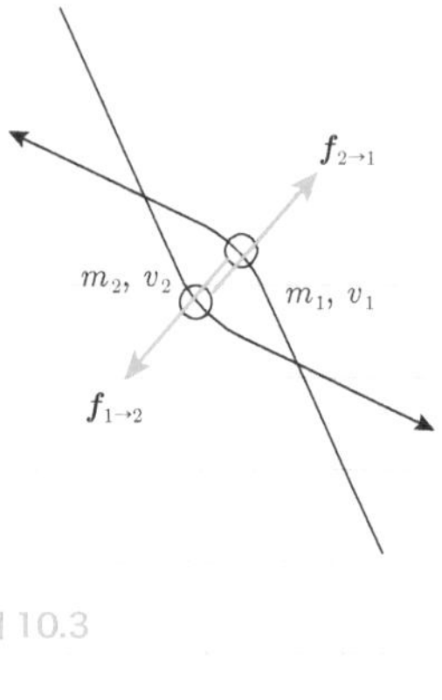

図 10.3

質量 m_1 の質点 1 と質量 m_2 の質点 2 があり，これらの 2 物体で力を及ぼしあう場合を考える。力が作用している時間（$t_A \leqq t \leqq t_B$），質点 2 から質点 1 に作用している力を $\boldsymbol{f}_{2\to1}$，質点 1 から質点 2 に作用している力を $\boldsymbol{f}_{1\to2}$（$=-\boldsymbol{f}_{2\to1}$：作用・反作用の法則）とし，他に外力ははたらいていないものとする（この質点系において，質点同士の間にはたらく力は内力である）。この相互作用により，時刻 t_A に速度 $\boldsymbol{v}_1(t_A)$ で運動していた質点 1 は，時刻 t_B になったときに速度が $\boldsymbol{v}_1(t_B)$ に変化し，時刻 t_A に速度 $\boldsymbol{v}_2(t_A)$ で運動していた質点 2 は，時刻 t_B になったときに速度が $\boldsymbol{v}_2(t_B)$ に変化したとする。

各々の質点について，力が作用している間の運動方程式を立てると，

$$m_1\frac{d\boldsymbol{v}_1}{dt}=\boldsymbol{f}_{2\to1} \tag{10.8}$$

$$m_2\frac{d\boldsymbol{v}_2}{dt}=\boldsymbol{f}_{1\to2} \tag{10.9}$$

となる。時間 $t_A \leqq t \leqq t_B$ の間で，それぞれ時間積分すると，

$$m_1\boldsymbol{v}_1(t_B) - m_1\boldsymbol{v}_1(t_A) = \int_{t_A}^{t_B} \boldsymbol{f}_{2\to1}dt \tag{10.10}$$

$$m_2\boldsymbol{v}_2(t_B) - m_2\boldsymbol{v}_2(t_A) = \int_{t_A}^{t_B} \boldsymbol{f}_{1\to2}dt = \int_{t_A}^{t_B} (-\boldsymbol{f}_{2\to1})dt \tag{10.11}$$

これらの式の辺々を加えると，右辺の2つの物体間にはたらく力（内力）による力積は打ち消され，時刻をそろえるように整理すると，

$$m_1\boldsymbol{v}_1(t_A) + m_2\boldsymbol{v}_2(t_A) = m_1\boldsymbol{v}_1(t_B) + m_2\boldsymbol{v}_2(t_B) \tag{10.12}$$

が得られる。左辺は時刻 t_A での運動量の和，右辺は時刻 t_B での運動量の和になっている。すなわち，2質点の運動量の和は，相互作用の前後で変化しないことを示している。このように，外力がはたらいていないとき，質点系の運動量の和が一定になることを**運動量保存の法則**という。

運動量保存の法則は，次のように導くこともできる。運動方程式 (10.8)，(10.9) を辺々加えて，時間微分でくくると，

$$\frac{d}{dt}(m_1\boldsymbol{v}_1 + m_2\boldsymbol{v}_2) = \boldsymbol{0} \tag{10.13}$$

が得られる。この式の右辺は0であるため，左辺のカッコ内の量は時間変化しない，すなわち2つの物体の運動量の和は常に一定である（保存している）ことを意味している。時間で積分すれば，

$$m_1\boldsymbol{v}_1 + m_2\boldsymbol{v}_2 = \boldsymbol{C} \quad (\boldsymbol{C}\text{は積分定数：一定}) \tag{10.14}$$

となり，(10.12) 式を一般化した式が得られる。

このように，ある物理量の時間微分が常に0になるということは，その量は保存量である。これは様々な保存量を探す上で重要な考え方である。

★ 補足
7.4 節で，様々な力による力学的エネルギー保存則の導出にも，この考え方を用いたことを思い出そう。

上記の導出過程からわかるように，運動量保存の法則は，外力がはたらいていない状態（はたらいている力は内力のみの場合）で成り立つ。それでは，空中で2物体が衝突する場合はどうだろうか？　この場合，両物体に重力が外力として作用しているので，厳密にいえば運動量保存の法則は成り立たない。このことは，上記と同様に2物体の運動方程式をそれぞれたてて，辺々を加えたとき，右辺の重力の項が残り，0にならないことから確かめられる。しかし，外力が作用していても，衝突の力が撃力で，衝突の直前と直後の非常に短い時間を積分範囲としてとれば，撃力の力積は十分大きく，外力（この場合は重力）の力積は非常に小さくなる（図 10.4）。このようなときは，外力の影響は無視できると考えてよい。したがって，撃力に比べて，十分小さな外力下における衝突の前後では，運動量は保存すると扱って差し支えない。

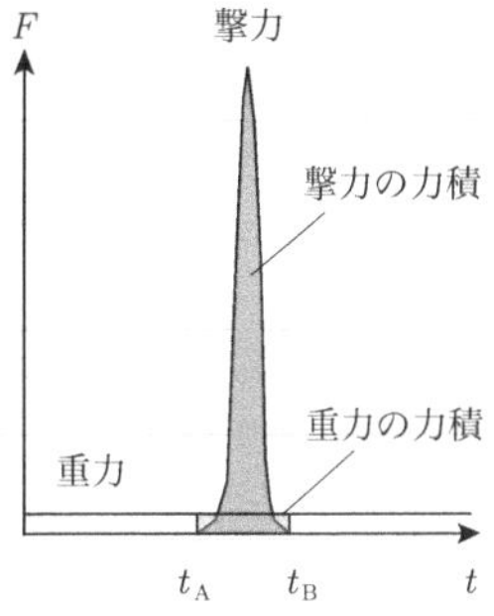

図 10.4

10.2.1　多数の物体（多体系）の場合

3つ以上の物体がある質点系に拡張しよう。多数の質点がある場合の運動方程式は9.3節で導入したので，同様の式の扱いで運動量保存の法則を導く。i 番目の質点の質量を m_i，加速度を $\boldsymbol{a}_i = \dfrac{d\boldsymbol{v}_i}{dt}$，$j$ 番目の部分から受けている内力を $\boldsymbol{f}_{j\to i}$ とし，今回は外力を $\boldsymbol{0}$ とする。内力は，自分自身以

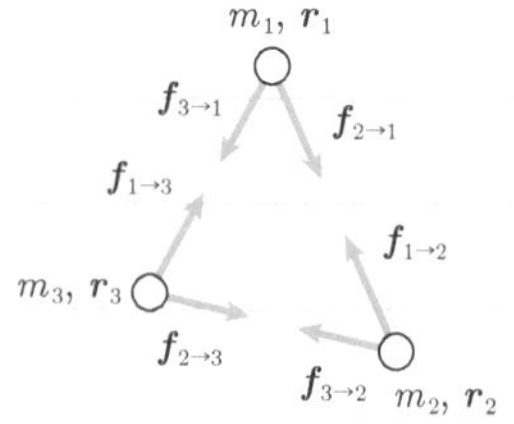

図 10.5
3 体の場合（それぞれ引力がはたらいている場合）

外の全ての質点から受けているため，i 番目の質点の運動方程式は，

$$m_i \frac{d\boldsymbol{v}_i}{dt} = \sum_{j \neq i} \boldsymbol{f}_{j\to i} \tag{10.15}$$

と書くことができ，具体的には

$$\begin{aligned} m_1 \frac{d\boldsymbol{v}_1}{dt} &= \boldsymbol{f}_{2\to1} + \boldsymbol{f}_{3\to1} + \cdots \\ m_2 \frac{d\boldsymbol{v}_2}{dt} &= \boldsymbol{f}_{1\to2} + \boldsymbol{f}_{3\to2} + \cdots \\ m_3 \frac{d\boldsymbol{v}_2}{dt} &= \boldsymbol{f}_{1\to3} + \boldsymbol{f}_{2\to3} + \cdots \\ &\vdots \end{aligned} \tag{10.16}$$

のようになる。作用・反作用の法則から $\boldsymbol{f}_{j\to i} = -\boldsymbol{f}_{i\to j}$ であることに注意して，これらの両辺の総和をとると，右辺は全て相殺され，

$$\sum_i \left(m_i \frac{d\boldsymbol{v}_i}{dt} \right) = \boldsymbol{0} \quad \to \quad \frac{d}{dt}\left(\sum_i m_i \boldsymbol{v}_i \right) = \boldsymbol{0} \tag{10.17}$$

すなわち，

$$\sum_i m_i \boldsymbol{v}_i = \boldsymbol{C} \qquad (\boldsymbol{C}\text{ は積分定数：一定}) \tag{10.18}$$

となる。このように，物体間にはたらく力が内力だけであれば，系の運動量の総和は一定となり，多体系においても運動量保存の法則が成り立つ。

9.3 節のように，質点系全体の**全質量**を $M\left(= \sum_i m_i\right)$，**重心速度**を $\boldsymbol{V}\left(= \frac{1}{M}\sum_i m_i \boldsymbol{v}_i\right)$ とすると，$\sum_i m_i \boldsymbol{v}_i = M\boldsymbol{V}$ であるので，(10.18) 式は

$$M\boldsymbol{V} = \boldsymbol{C} \qquad (\boldsymbol{C}\text{ は積分定数：一定}) \tag{10.19}$$

となる。この式から，「系の**全運動量** $\boldsymbol{P}(= M\boldsymbol{V})$ が一定である」とみることもできる。したがって，外力がはたらかなければ，重心速度 $\boldsymbol{V}$ は変化しない。このように，運動量保存の法則は重心速度一定という意味を持っている。

★ 補足
運動量の記号は $\boldsymbol{p}$ で表した。全運動量の場合は大文字にして $\boldsymbol{P}$ で表す。

10.3 反発係数（はねかえり係数）

例えば 2 物体の 1 次元の衝突の場合，衝突前のそれぞれの物体の速度がわかっているとすれば，知りたい物理量は，衝突後のそれぞれの物体の速度である。このため，未知数は 2 つである。しかし，1 次元の運動量保存の法則では 1 つの方程式しか与えられないため，これだけでは解を得ることはできない。2 次元の衝突では 2 つの方向成分の方程式を考えるので，運動保存則で 2 つの方程式が与えられる。しかし新たな未知数として散乱角が出てくるので，やはり方程式の数がたりない。このため，解を得るためには追加の条件が必要である。ここでは，追加の条件 —エネルギーに関連した条件— について考える。

10.3.1　1次元の場合の反発係数

衝突の前後で運動エネルギーを比べた場合，運動エネルギーが変化しない，すなわち運動エネルギーが全く失われない衝突を**弾性衝突**という。2質点の衝突では，力学的エネルギー保存の法則は，

★ 補足
弾性衝突は，気体分子運動論や固体中の電子運動の議論にも出てくる重要な衝突の概念である。

$$
\begin{aligned}
&\frac{1}{2}m_1(\boldsymbol{v}_1(t_{\mathrm{A}}))^2+\frac{1}{2}m_2(\boldsymbol{v}_2(t_{\mathrm{A}}))^2 \\
&\quad=\frac{1}{2}m_1(\boldsymbol{v}_1(t_{\mathrm{B}}))^2+\frac{1}{2}m_2(\boldsymbol{v}_2(t_{\mathrm{B}}))^2
\end{aligned}
\tag{10.20}
$$

のように書くことができる。

一方，衝突前後で運動エネルギーが減少するような衝突を**非弾性衝突**という。さらに，衝突後に物体が一体となって運動するような場合は，**完全非弾性衝突**という。質点系において外力がはたらかない場合，前節で述べたように重心速度は一定であることがわかった。このため，重心運動の運動エネルギーは変化しない。また9.2節でみたように，質点系の運動は，重心運動と相対運動に分けられるのであった。非弾性衝突において重心運動の運動エネルギーは変化しないのであるから，相対運動の運動エネルギーが減少していることになる。完全非弾性衝突では衝突後に物体同士が一体化するので，相対速度は0であり，相対運動の運動エネルギーは完全に失われる。

しかし，非弾性衝突で相対運動の運動エネルギーがどの程度減少するかは簡単にはわからない。このため，この相対運動の変化の指標として**反発係数**（**はねかえり係数**）がある。反発係数は衝突前後の相対速度の絶対値の比で定義される。図10.6のように，速度v_1の物体Aと速度$v_2(<v_1)$の物体Bが同一直線上を運動しており，物体Aが物体Bに追突する場合を考える。追突後，物体Aの速度はv_1'，物体Bの速度は$v_2'(>v_1')$に変化した。このとき，反発係数eは

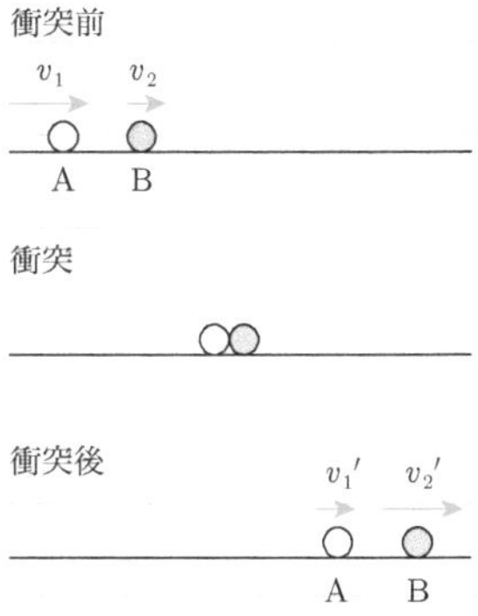

図10.6

$$
e=\frac{|\text{衝突後の相対速度}|}{|\text{衝突前の相対速度}|}=\frac{|v_2'-v_1'|}{|v_2-v_1|}=-\frac{v_2'-v_1'}{v_2-v_1}
\tag{10.21}
$$

のように定義される。2つの物体は，衝突前は近づき，衝突後は遠ざかるため，衝突前後で相対速度の符号は必ず逆転する。このため，最後の式の「−」は絶対値を外す際に生じるものである。

★ 補足
ここでは$v_2<v_1$なので，分母をv_1-v_2とすることに相当。

反発係数は必ず$0\leqq e\leqq 1$の値をとり，

$e=1$：　弾性衝突

$0\leqq e<1$：　非弾性衝突（$e=0$は完全非弾性衝突）

となる。

弾性衝突のときは，力学的エネルギー保存則が成り立ち，反発係数は$e=1$となる。力学的エネルギー保存則は速度に関する2次式であるが，反発係数の式は速度に関する1次式であり，両者の見かけの式は大分違う。しかし，力学的エネルギー保存則を運動量保存の式を援用しながら変

形していくと，反発係数 $e=1$ と同等の式が得られ，同じ意味を示していることがわかる。したがって，弾性衝突の問題を解くときに必要な式は，運動量保存の法則に加えて，力学的エネルギー保存則か反発係数 $e=1$ のどちらか一方だけでよい（$e=1$ が使えるときは，こちらの方が速度の1次式のため計算は楽である)。一方，非弾性衝突のときは，力学的エネルギーは保存しないので，反発係数を用いるしかない。反発係数がわからない場合は，一般に解くことはできない。

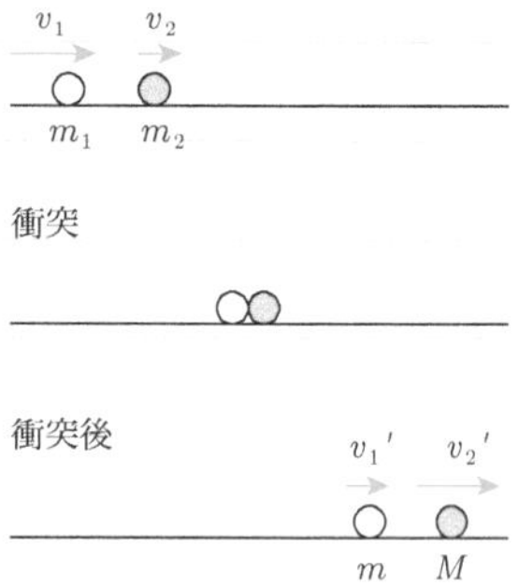

図 10.7

例題 10-1

図 10.7 のような質量 m_1 の小球と質量 m_2 の小球の1次元の弾性衝突を考え，力学的エネルギー保存則から $e=1$ が導けることを示せ。

解説 & 解答

外力の作用していない衝突であるから，運動量は保存し，

$$m_1v_1 + m_2v_2 = m_1v_1' + m_2v_2' \quad ①$$

また，弾性衝突であるから，運動エネルギーは保存し，

$$\frac{1}{2}m_1{v_1}^2 + \frac{1}{2}m_2{v_2}^2 = \frac{1}{2}m_1{v_1}'^2 + \frac{1}{2}m_2{v_2}'^2 \quad ②$$

①式より

$$m_1(v_1 - v_1') = m_2(v_2' - v_2) \quad ③$$

②式より

$$\frac{1}{2}m_1({v_1}^2 - {v_1}'^2) = \frac{1}{2}m_2({v_2}'^2 - {v_2}^2)$$

$$m_1(v_1 - v_1')(v_1 + v_1') = m_1(v_2' - v_2)(v_2' + v_2) \quad ④$$

④式を③式で辺々割ることにより，

$$v_1 + v_1' = v_2' + v_2 \quad \therefore \frac{v_2' - v_1'}{v_1 - v_2} = 1$$

(10.21) 式と比べると，$e=1$ の式になっていることがわかる。■

10.3.2 2次元の場合の反発係数

前節では，同一直線上の衝突で反発係数が定義された。それでは，衝突が2次元的な場合はどう考えればよいのだろうか。2次元的な衝突を散乱という。この場合，小球の衝突前後の速度を，衝突における接触面（図 10.8）に対して速度の垂直方向と平行方向に分けて考えなければならない。

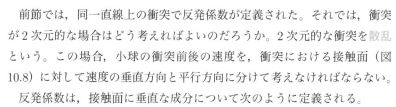

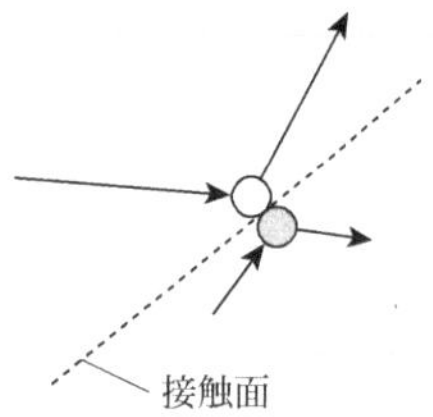

図 10.8

反発係数は，接触面に垂直な成分について次のように定義される。

$$e = \frac{|衝突後の相対速度の接触面に垂直な成分|}{|衝突前の相対速度の接触面に垂直な成分|} \quad (10.22)$$

一方，相対速度の接触面に平行な成分は保存し，衝突の影響をうけない。

しかし，2次元の衝突では接触面を正しく決めるのは現実的には困難であることが多く，(10.22) 式が使える場面は非常に少ない。これが使える例の1つは，固定された床や壁に物体が衝突するような，衝突前後で接

触面に対する速度の角度がわかる場合である。例えば，図 10.9 のように小球が床に衝突してはね返る場合，次のようになる。

$$e = \frac{|v' \sin \theta'|}{|v \sin \theta|} \tag{10.23}$$

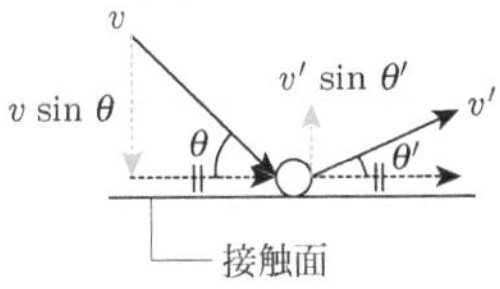

図 10.9

10.4 物体の衝突

2 物体の衝突について，以下の例題を通して考えてみよう。

例題 10-2　1 次元の衝突

図 10.10 のように，速度 v_1 で動いている質量 m_1 の小球 A が，同一直線上で速度 $v_2 (< v_1)$ で動いている質量 m_2 の小球 B に追突した。反発係数を e として，以下の問いに答えなさい。

[1]　衝突後の小球 A の速度 v_1'，小球 B の速度 v_2' を求めよ。

[2]　衝突の前後で失われたエネルギーを求めよ。

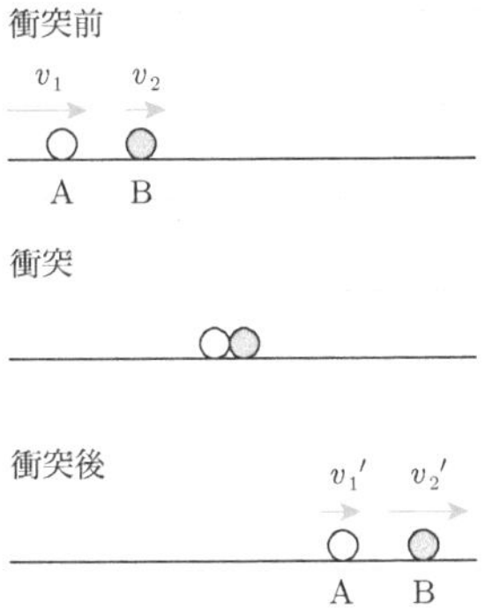

図 10.10

解説 & 解答

[1]　外力は作用していないので，運動量は保存する。

運動量保存の法則：　$m_1 v_1 + m_2 v_2 = m_1 v_1' + m_2 v_2'$　①

また，反発係数が与えられていることから，

反発係数：　$e = -\dfrac{v_2' - v_1'}{v_2 - v_1}$　②

①，②式を連立させて解くと，

衝突後の小球 A の速度：　$v_1' = \dfrac{m_1 v_1 + m_2 v_2}{m_1 + m_2} - \dfrac{m_2}{m_1 + m_2} e(v_1 - v_2)$　③

衝突後の小球 B の速度：　$v_2' = \dfrac{m_1 v_1 + m_2 v_2}{m_1 + m_2} + \dfrac{m_1}{m_1 + m_2} e(v_1 - v_2)$　④

が得られる。それぞれの第 1 項が系の重心速度になっており，第 2 項が相対速度になっていることに注意しよう。

★ 補足
「衝突の問題のときは運動量保存の法則を使う」ではなく，きちんと外力が作用していないことを確認した上で，運動量保存の法則を適用すること。
はじめのうちは，衝突中の運動方程式を書いて，運動量保存の法則を導くところから始めると，理解が深まる。

★ 補足
弾性衝突なのか，非弾性衝突なのかをきちんと把握すること。
反発係数が与えられているということは，基本的には非弾性衝突として考える（$e = 1$ のときのみ弾性衝突）。

[2]　衝突後の運動エネルギーは，③，④式の速度を用いて，

$$\begin{aligned}
&\frac{1}{2} m_1 {v_1'}^2 + \frac{1}{2} m_2 {v_2'}^2 \\
&= \frac{1}{2} m_1 \left(\frac{m_1 v_1 + m_2 v_2}{m_1 + m_2} - \frac{m_2}{m_1 + m_2} e(v_1 - v_2) \right)^2 \\
&\quad + \frac{1}{2} m_2 \left(\frac{m_1 v_1 + m_2 v_2}{m_1 + m_2} + \frac{m_1}{m_1 + m_2} e(v_1 - v_2) \right)^2 \\
&= \frac{1}{2} \frac{(m_1 v_1 + m_2 v_2)^2}{m_1 + m_2} + \frac{1}{2} \frac{m_1 m_2}{m_1 + m_2} e^2 (v_1 - v_2)^2 \qquad ⑤
\end{aligned}$$

である。計算の過程を考えると，第 1 項は重心運動の運動エネルギーと

★ 補足

全質量を $M = m_1 + m_2$

換算質量を $\mu = \dfrac{m_1 m_2}{m_1 + m_2}$

重心速度を $V = \dfrac{m_1 v_1 + m_2 v_2}{m_1 + m_2}$

相対速度を $v = v_1 - v_2$

とおくと，⑤は，

$\dfrac{1}{2}MV^2 + \dfrac{1}{2}\mu(ev)^2$

と書けることがわかる。

また⑥は，

$\dfrac{1}{2}\mu(1-e^2)v^2$

となる。

なっており，第2項は相対運動の運動エネルギーになっている。重心運動の運動エネルギー（第1項）は e の値に影響を受けないが，相対運動の運動エネルギー（第2項）は e の値に応じて変化することがわかる。

衝突前後で質点系が失った力学的エネルギーの変化量 ΔE は，衝突前の運動エネルギーから衝突後の運動エネルギーを引くことによって得られ，

$$\Delta E = \left(\frac{1}{2}m_1 {v_1}^2 + \frac{1}{2}m_2 {v_2}^2\right) - \left(\frac{1}{2}m_1 {v_1}'^2 + \frac{1}{2}m_2 {v_2}'^2\right) = \frac{1}{2}\frac{m_1 m_2}{m_1 + m_2}(1-e^2)(v_1 - v_2)^2 \quad ⑥$$

となる。これは相対運動の運動エネルギーの変化を表している。■

上記の⑥式において，弾性衝突の場合，$e = 1$ なので，

$$\Delta E = 0$$

となり，力学的エネルギーは保存する。$e < 1$ の非弾性衝突では，$\Delta E > 0$ となり，エネルギーの損失が生じることになる。完全非弾性衝突の場合，$e = 0$ なので，

$$\Delta E = \frac{1}{2}\frac{m_1 m_2}{m_1 + m_2}(v_1 - v_2)^2$$

となり，エネルギーの損失は最大となる。この損失したエネルギーは，音や熱として散逸される。

例題 10-3　2次元の衝突

質量 m の小球A，Bが平面上にある。速さ v_0 の小球Aが，静止していた小球Bに弾性衝突した。衝突後，小球A，小球Bの速さはそれぞれ v_A，v_B となり，図10.11のような角度に散乱した。

［1］ 衝突後の小球Aの速度 v_A，小球Bの速度 v_B，小球Bの散乱角 θ を求めなさい。

［2］ 衝突の際に，小球Aが小球Bから受けた力積の向きと大きさを求めなさい。

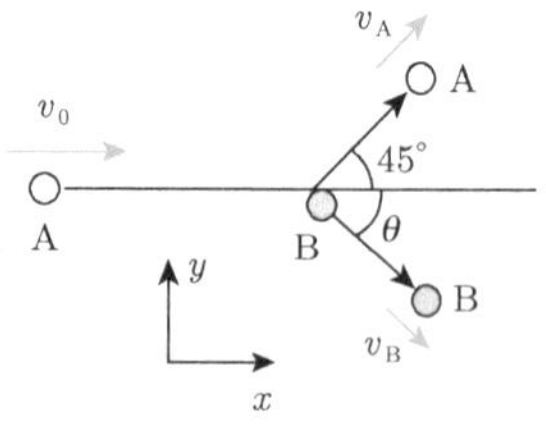

図 10.11

解説 & 解答

［1］外力は作用していないので，運動量は保存する。x，y 方向の各成分に分けて考えて，

運動量保存の法則

$$x\text{成分：}\quad mv_0 = mv_A \cos 45^\circ + mv_B \cos\theta \quad ①$$

$$y\text{成分：}\quad 0 = mv_A \sin 45^\circ + mv_B \sin\theta \quad ②$$

★ 補足

運動量保存の法則は，成分ごとに成り立つ。

弾性衝突なので，力学的エネルギーは保存する（2次元での散乱なので，物体同士の接触面はわかりにくく，反発係数 $e = 1$ の関係は使えない）。

★ 補足

弾性衝突ということは，力学的エネルギーの保存則か，反発係数 $e = 1$ の関係が成り立つということである。

力学的エネルギー保存則：　$\frac{1}{2}mv_0{}^2=\frac{1}{2}mv_\mathrm{A}{}^2+\frac{1}{2}mv_\mathrm{B}{}^2$

$$\therefore\ v_0{}^2=v_\mathrm{A}{}^2+v_\mathrm{B}{}^2 \quad ③$$

①〜③式を連立させて解くのであるが，θ は三角関数の中にあり，扱いづらいので，まずは θ を消すこととする。

①式より，

$$v_\mathrm{B}\cos\theta=v_0-v_\mathrm{A}\cos 45^\circ$$

$$\therefore\ v_\mathrm{B}{}^2\cos^2\theta=v_0{}^2-\sqrt{2}v_0v_\mathrm{A}+\frac{1}{2}v_\mathrm{A}{}^2 \quad ④$$

②式より

$$v_\mathrm{B}\sin\theta=-v_\mathrm{A}\sin 45^\circ$$

$$\therefore\ v_\mathrm{B}{}^2\sin^2\theta=\frac{1}{2}v_\mathrm{A}{}^2 \quad ⑤$$

④，⑤式の辺々を足して，$\cos^2\theta+\sin^2\theta=1$ を用いると，

$$v_\mathrm{B}{}^2=v_0{}^2-\sqrt{2}v_0v_\mathrm{A}+v_\mathrm{A}{}^2 \quad ⑥$$

③式と⑥式を連立させて解くと，衝突後も小球Aは動いているので，$v_\mathrm{A}\neq 0$ であることに注意して，

衝突後の小球Aの速度：　$v_\mathrm{A}=\frac{1}{\sqrt{2}}v_0$ 　⑦

衝突後の小球Bの速度：　$v_\mathrm{B}=\frac{1}{\sqrt{2}}v_0$ 　⑧

⑦，⑧式を②式に代入してすることにより，$\sin\theta=\frac{1}{\sqrt{2}}$ が得られ，

小球Bの散乱角 θ：　$\theta=45^\circ$

であることがわかる。

★ 補足
弾性衝突のときは，接触面に対して衝突したときの入射角と出射角が等しいため，実は接触面を決めることができ，$e=1$ の関係を使うことも原理的には可能である。しかし，小球の進行方向と接触面の角度が簡単な量で表せないことが多く，計算は結局大変になるので，$e=1$ を使う意味があまりない。

★ 補足
$v_\mathrm{A}=0$ の場合，小球Aが小球Bに正面から当たって，止まった場合に相当する。$v_\mathrm{A}=0$ だと小球Aの散乱角は意味をなさないので，このような解も得られてしまう。このため，状況に応じた解の選択が必要である。
上記のような正面からの衝突の場合，小球Bの速度は v_0，散乱角 $\theta=0$ となり，1次元の運動となる。はじめの小球Aの速度とBの速度が入れ替わっており，このような現象を**速度の交換**という

[2]　小球Aは，衝突によって運動方向が変化しているため，衝突で受けた力積を，運動量の変化から求めるのはかなり面倒である。一方，小球Bははじめ静止していたので，小球Bが受けた力積は，小球Bの運動量の変化，すなわち衝突で得た運動量から簡単に求めることができる。このため，小球Aが受けた力積は，小球Bが受けた力積の反作用と考えるとよい。力積の大きさは

$$\begin{aligned}&|\text{AがBから受けた力積}|\\=&|\text{BがAから受けた力積}|\\=&|\text{Bの運動量変化}|\\=&mv_\mathrm{B}-m\cdot 0\\=&\frac{1}{\sqrt{2}}mv_0\end{aligned}$$

力積の向きは，小球Bが受けた力積の向きの反対向きとなるので，図10.12のように考えられ，小球Aのはじめの進行方向から135°の向きとなる。■

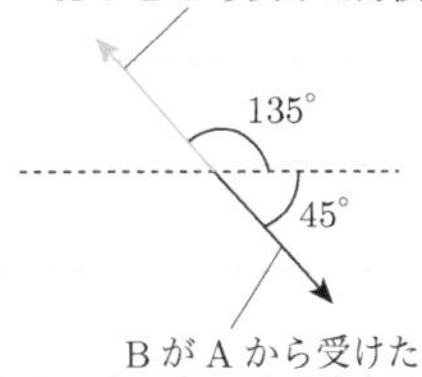

図10.12

第 11 章　力のモーメントと角運動量

これまで扱ってきた質点は，「大きさ」を考えていなかった。しかし，実際に身の回りにある物体には大きさがある。このような大きさのある物体の運動について考えるとき，物体のどこに力を作用させるかによって，物体の向きが変化せずに平行移動する場合や，物体の方向や向きが変化（回転）する場合などがある。ここでは，大きさのある物体の定義，大きさのある物体への力のはたらき方，そして回転運動の勢いを表す角運動量について学ぶ。

11.1　剛体に作用する力

11.1.1　剛体の定義

力を加えても，形も大きさも変わらない物体のことを，剛体と呼ぶ。剛体をもう少し厳密に表現すると，

「物体中の任意の 2 点間の距離が変わらない物体」

といえる。このように，剛体は変形しない理想的な物体であり，質点と同様，力学を考える上で重要な概念である。

「剛体とは，細かく分割した微小部分（質点）の集合である」と考えるので，剛体は質点系である。9.3 節で学んだように，質点系の全運動量は，重心に全質量が集中したときの運動量に等しい。そして，剛体の重心の運動方程式（並進運動の運動方程式）は，全質量と全外力が重心に集中していると考えたときの質点の運動方程式として考えればよい。

11.1.2　剛体の自由度

一般に，自由に決めることができる変数の数のことを自由度という。質点の位置は座標の 1 点，すなわち x，y，z の（あるいは，極座標表示の r，θ，ϕ や，円筒座標表示の r，θ，z など，いずれの座標系で表しても）3 つの変数で指定できるので，自由度は 3 となる。それでは，剛体の位置を指定するには，いくつの変数が必要であろうか。剛体中で 1 点だけ指定すると，向きを決めることができない。2 点だと，その 2 点を結んだ直線を軸として，まだ回転が可能である。このため，剛体の位置を指定するためには，一直線上にない 3 点が必要である。3 点の座標なので，9 つの変数が必要であると考えられるが，剛体ではそれぞれの 2 点間の距離は一定という拘束条件が 3 つあることになるため，自由度が 3 つ減って $9-3=6$，すなわち剛体の持つ自由度は 6 となる。

もうひとつ，別の考え方をしてみよう。剛体の位置を指定するには，重心の座標と，向きを決めるための方向ベクトルがわかればよいということもできる。方向の表し方として方向余弦がある。これは，図 11.1 のよう

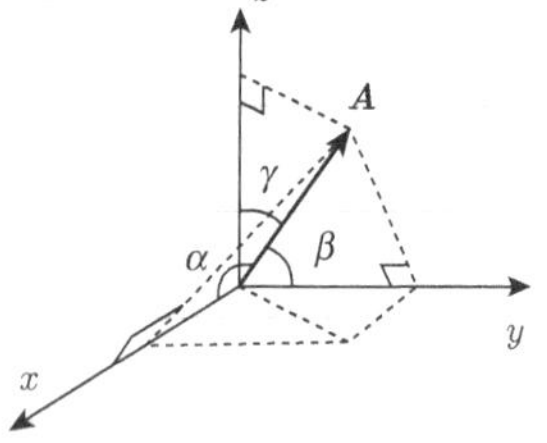

図 11.1

に各座標軸から測った3つの角度で表現できる。方向を表す単位ベクトルを $\boldsymbol{A}$，x 軸から測った角度を α，y 軸から測った角度を β，z 軸から測った角度を γ とする。方向ベクトル $\boldsymbol{A}$ は，各座標軸に射影した成分で表すことができ，

$$\boldsymbol{A} = \begin{pmatrix} \cos\alpha \\ \cos\beta \\ \cos\gamma \end{pmatrix} \tag{11.1}$$

である。このベクトル $\boldsymbol{A}$ のことを方向余弦という。$\boldsymbol{A}$ は単位ベクトルなので，$\cos^2\alpha + \cos^2\beta + \cos^2\gamma = 1$ が成り立っている。このように，剛体の位置は，重心の座標の3つの変数と方向余弦の3つの変数で表すことができ，その自由度はあわせて $3 + 3 = 6$ となる。

11.1.3 剛体に作用する力

3.3節で力の作用点について少し触れた。剛体は大きさを持つため，力の作用点と力の方向が剛体の運動に大きく影響する。力の方向は作用線で表されるので，まず作用線について考えよう。作用線とは，図11.2のように作用点を通り，力が作用する方向を表す線のことである。そして，

「剛体に作用する力の作用点は，作用線上を移動させてもよい
（＝力の効果は変わらない）」

という重要な性質がある。また，作用点を移動させる際，剛体外に移動させることも可能である。以下では，力の作用点を作用線上で移動させてよいことを証明してみよう。

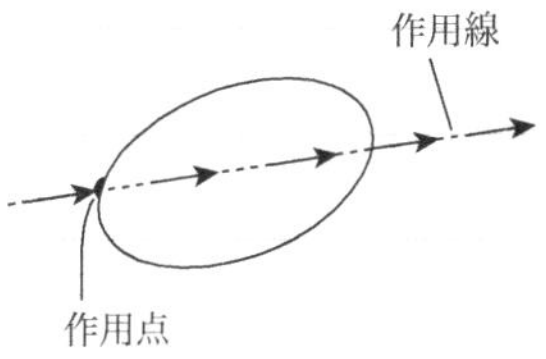

図11.2

図11.3のように，点 A に力 $\boldsymbol{F}$ が作用しているとする。力 $\boldsymbol{F}$ の作用線上の点 B に，$\boldsymbol{F}$ と同じ大きさで，向きが互いに逆向きの2力 $\boldsymbol{K}$，$\boldsymbol{K}'$ を同時に作用させる。この力はつりあっているので，力 $\boldsymbol{F}$ だけが作用している状態と変わらない。ところで，力 $\boldsymbol{F}$ と $\boldsymbol{K}'$ の間の関係に目を向けると，この2力でつりあっているとみることもできる。そのように考えると，力 $\boldsymbol{K}$ だけが作用しているのと変わらない。すなわち，$\boldsymbol{F}$ が $\boldsymbol{K}$ に移動したと考えてもよい。このように力 $\boldsymbol{F}$ を作用線上で移動させても，その力の効果は同じであることがわかる。

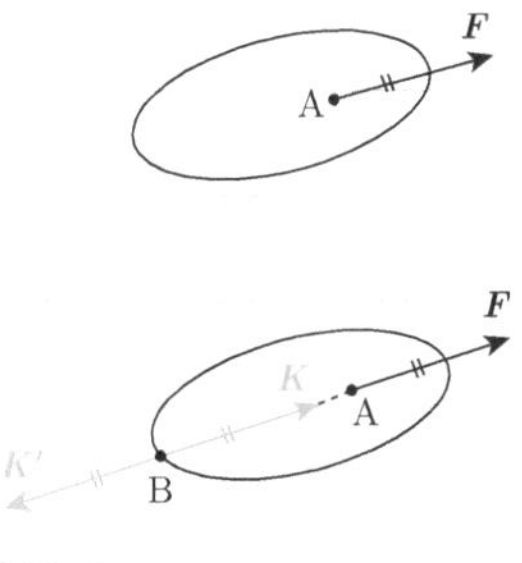

図11.3

11.2 力のモーメント

シーソーやてこ等で知っているように，力がある支点のまわりで物体を回転させようとする能力は，力の大きさ F だけでなく，支点からの力の作用線までの距離 ℓ に比例している。この支点まわりに回転させる能力のことを力のモーメントまたはトルクという。式に表すと，力のモーメントの大きさ N は，

$$N = \ell \times F$$

のように書け，「距離」×「力」なので，単位は N･m である。平面内の回転を考えるとき，回転軸はこの平面に垂直であり，左回り（反時計回り）

と右回り（時計回り）の回転が考えられる。この回転方向は符号で区別することができ，一般的に左回りを正，右回りを負とする。

簡単な例として，図 11.4 に示すように，つりあって静止しているてんびんを考えてみよう。左側のおもりによる力のモーメントは，てんびんの棒を左回りに回そうとするので $+\ell_1 F_1$，右側のおもりによる力のモーメントは，てんびんの棒を右回りに回そうとするので $-\ell_2 F_2$ と書ける。したがって，てんびんにはたらいている力のモーメントの合計 N は，

$$N = \ell_1 F_1 + (-\ \ell_2 F_2)$$

となる。つりあっているとき，力のモーメントの和は $N = 0$ なので，

$$\ell_1 F_1 = \ell_2 F_2$$

となる。この式は，支点からの距離が大きいほど，作用させる力は少なくて済むことを示す。

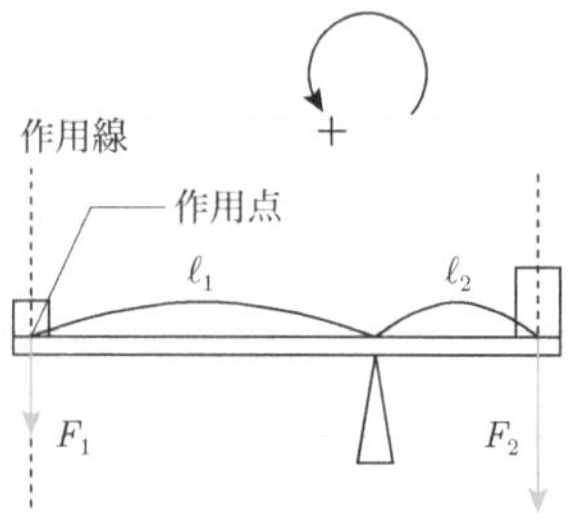

図 11.4

それでは，支点と作用点を結ぶ方向と，力の作用線が垂直でないときはどうすればよいだろう。図 11.5 に示すように，細い棒の端に糸を付け，糸に力 F を加えて，点 O のまわりに回転させようとする。点 O から力 F の作用点 A までの距離を r，OA の延長線上から力 F の向きへの角度を θ とすると，点 O から力の作用線までの距離は $r \sin \theta$ となるので，点 O まわりの力のモーメントは，

$$N = (r \sin \theta) \times F = rF \sin \theta \tag{11.2}$$

と表すことができる。

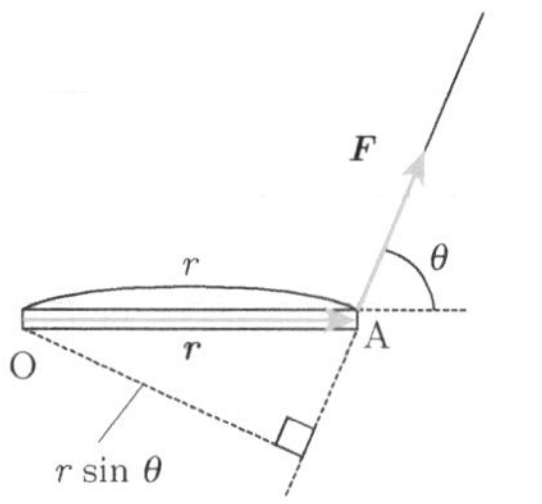

図 11.5

力 $\boldsymbol{F}$ はベクトルであり，点 O から作用点までの位置ベクトル $\boldsymbol{r}$ を考えると，力のモーメントは 1.3 節で学んだベクトル積で表すことができる。

$$\boldsymbol{N} = \boldsymbol{r} \times \boldsymbol{F} \tag{11.3}$$

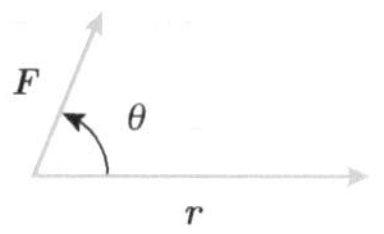

図 11.6
ベクトルの始点をそろえて書くと，上記のような関係になっている。

ここで，$\boldsymbol{N}$ の大きさは $N = rF \sin \theta$ となっており，上記で導いたものと同じである。また，$\boldsymbol{N}$ の向きは $\boldsymbol{r}$ と $\boldsymbol{F}$ に垂直で，$\boldsymbol{r}$ から $\boldsymbol{F}$ の向きに右ネジを回したときに進む方向になる。したがって，$\boldsymbol{N}$ の向きと回転軸は一致していることに注意しよう。回転方向は，$\boldsymbol{N}$ の向きにそって右ネジを回す向きが正，逆向きが負となるので，$\boldsymbol{N}$ の正負で区別できる。$\boldsymbol{r} /\!/ \boldsymbol{F}$ のときは，$\theta = 0$ となるので $\boldsymbol{N} = 0$，すなわち回転させようとする力ははたらかない。

このように，力のモーメントは，「支点からの力の作用線までの距離」×「力の大きさ」で求められる。しかし，ベクトル積の表現から次のように考えることもできる。力 $\boldsymbol{F}$ を，$\boldsymbol{r}$ と平行な成分 $\boldsymbol{F}_{/\!/}$ と垂直な成分 $\boldsymbol{F}_{\perp}$ に分けて考えると，

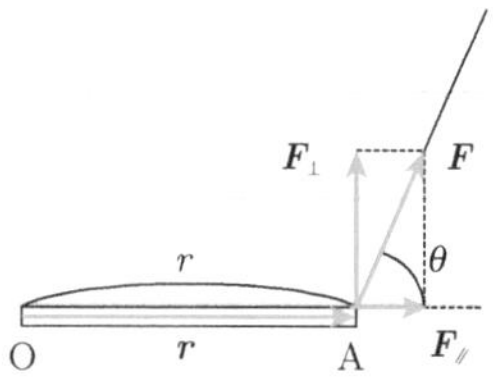

図 11.7

$$\boldsymbol{N} = \boldsymbol{r} \times (\boldsymbol{F}_{/\!/} + \boldsymbol{F}_{\perp}) = \boldsymbol{r} \times \boldsymbol{F}_{/\!/} + \boldsymbol{r} \times \boldsymbol{F}_{\perp} \tag{11.4}$$

と書け，平行なベクトル同士のベクトル積は 0 になるので，

$$\boldsymbol{N} = \boldsymbol{r} \times \boldsymbol{F}_{\perp} \tag{11.5}$$

となる。$\boldsymbol{F}_{\perp}$ の大きさが $F \sin \theta$ かつ $\boldsymbol{r} \perp \boldsymbol{F}_{\perp}$ であるから，力のモーメントの大きさは

$$N = r \times (F \sin \theta) = rF \sin \theta$$

となり，「作用点までの距離」×「力の $\boldsymbol{r}$ に垂直な成分」としても得られる

ことがわかる。

問題設定によって使いやすい方を使えるよう，どちらのやり方にも慣れておこう。力のモーメントの成分表示も考えておくと，

$$\boldsymbol{r}=\begin{pmatrix}x\\y\\z\end{pmatrix},\ \boldsymbol{F}=\begin{pmatrix}F_x\\F_y\\F_z\end{pmatrix}$$

を用いて，以下のように書くことができる。

$$\boldsymbol{N}=\boldsymbol{r}\times\boldsymbol{F}=\begin{pmatrix}yF_z-zF_y\\zF_x-xF_z\\xF_y-yF_x\end{pmatrix},\text{ すなわち，}\begin{pmatrix}N_x\\N_y\\N_z\end{pmatrix}=\begin{pmatrix}yF_z-zF_y\\zF_x-xF_z\\xF_y-yF_x\end{pmatrix}\quad(11.6)$$

例題 11-1

位置ベクトル $\boldsymbol{r}$ と，外部から作用している力 $\boldsymbol{F}$ が xy 平面内にある物体の運動を考える。このときの力のモーメントを成分表示で表せ。

解説＆解答

題意より，$\boldsymbol{r}$，$\boldsymbol{F}$ の成分は

$$\boldsymbol{r}=\begin{pmatrix}x\\y\\0\end{pmatrix},\ \boldsymbol{F}=\begin{pmatrix}F_x\\F_y\\0\end{pmatrix}\text{ であるから，}\quad\boldsymbol{N}=\boldsymbol{r}\times\boldsymbol{F}=\begin{pmatrix}0\\0\\xF_y-yF_x\end{pmatrix}\quad(11.7)$$

となる（図 11.8）。このように，$\boldsymbol{N}$ は z 成分しか持たないことがわかる。すなわち，$\boldsymbol{N}$ の方向は z 軸方向である。■

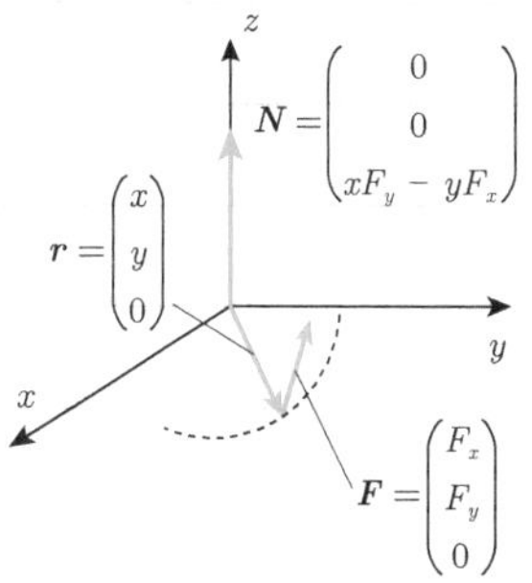

図 11.8

例題 11-2

図 11.9 のように，点 O で 30 度折れ曲がった棒がある。点 O から左端までは 1 m，右端までは 3 m ある。いま右端に鉛直下向きに 2 N の力を加えた。点 O まわりの力のモーメントの大きさを求めよ。

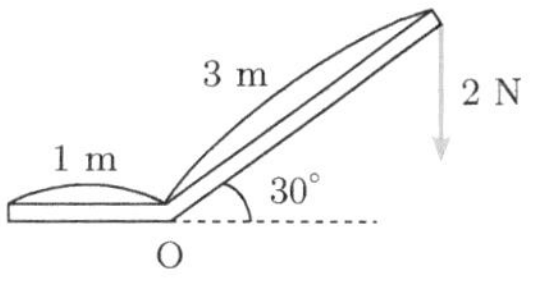

図 11.9

解説＆解答

●「力の作用線までの距離」×「力の大きさ」で考える場合

図 11.10 のように，作用線までの距離 $r=3\cos 30^\circ$ として，

$$N=rF=(3\cos 30^\circ)\cdot 2=3\sqrt{3}\quad \text{N·m}$$

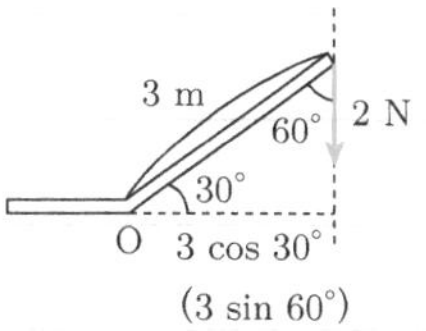

図 11.10

●「力の作用点までの距離」×「力の r に垂直な成分」で考える場合

図 11.11 のように，作用点までの距離 $\ell=3$ として，

$$N=\ell F_\perp=3(2\cos 30^\circ)=3\sqrt{3}\quad \text{N·m}$$

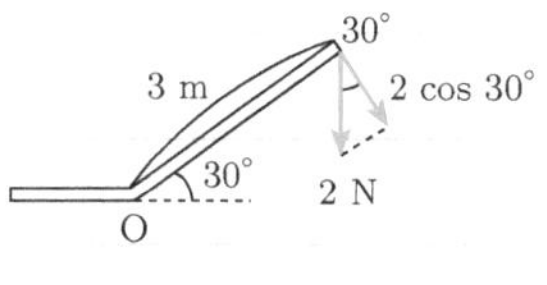

図 11.11

●「$N = rF\sin\theta$」の式を使う場合

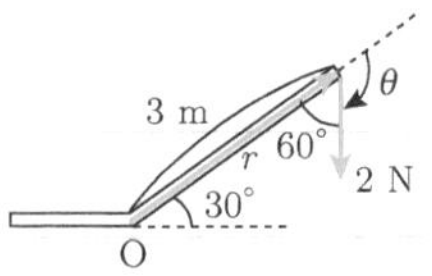

図 11.12
θ の位置を，きちんと把握必要があるので注意。$\sin(\pi - \theta) = \sin\theta$

図 11.12 のように，$\boldsymbol{r}$ から $\boldsymbol{F}$ に向かう間の角度 $\boldsymbol{\theta}$ は，$\boldsymbol{\theta} = 180^\circ - 60^\circ$

$$
\begin{aligned}
N &= rF\sin\theta \\
&= 3\cdot 2\sin(180^\circ - 60^\circ) \\
&= 3\cdot 2\sin 60^\circ = 3\sqrt{3}\quad \mathrm{N\cdot m}
\end{aligned}
$$
■

11.3 角運動量

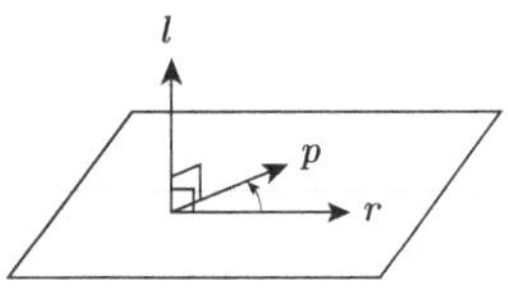

図 11.13

点 O まわりの力のモーメント $\boldsymbol{N}$ は，位置ベクトル $\boldsymbol{r}$，力 $\boldsymbol{F}$ を用いて $\boldsymbol{N} = \boldsymbol{r} \times \boldsymbol{F}$ と定義された。そこで，力のモーメントに対応して，力 $\boldsymbol{F}$ の代わりに運動量 $\boldsymbol{p} = m\boldsymbol{v}$ で考えた物理量を角運動量と定義する。すなわち，角運動量 $\boldsymbol{l}$ は，

$$\boldsymbol{l} = \boldsymbol{r} \times \boldsymbol{p} = \boldsymbol{r} \times m\boldsymbol{v}$$

と表される。$\boldsymbol{l}$ は，$\boldsymbol{r}$ と $\boldsymbol{p}$ に垂直であり，$\boldsymbol{r}$ から $\boldsymbol{p}$ の向きに右ネジを合わしたときに進む向きを正とする（図 11.13）。角運動量は，回転運動の勢いを表す量ということもできる。

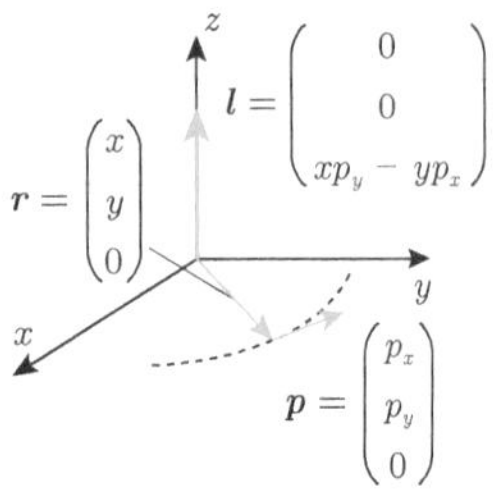

図 11.14

図 11.14 のように，質量 m の物体が xy 平面上で z 軸まわりに運動している場合を考え，成分表示してみよう。まず，一般式を

$$\boldsymbol{r} = \begin{pmatrix} x \\ y \\ z \end{pmatrix},\quad \boldsymbol{p} = \begin{pmatrix} p_x \\ p_y \\ p_z \end{pmatrix}$$

のように表すと，

$$\boldsymbol{l} = \boldsymbol{r} \times \boldsymbol{p} = \begin{pmatrix} yp_z - zp_y \\ zp_x - xp_z \\ xp_y - yp_x \end{pmatrix},\ \text{すなわち，}\ \begin{pmatrix} l_x \\ l_y \\ l_z \end{pmatrix} = \begin{pmatrix} yp_z - zp_y \\ zp_x - xp_z \\ xp_y - yp_x \end{pmatrix} \qquad (11.8)$$

★ 補足
$\boldsymbol{p} = m\boldsymbol{v}$ であるから

$$\boldsymbol{p} = \begin{pmatrix} m\dfrac{dx}{dt} \\ m\dfrac{dy}{dt} \\ m\dfrac{dz}{dt} \end{pmatrix}$$

とも書ける。

ここで，$\boldsymbol{r}$ と $\boldsymbol{p}$ が xy 平面内にあり，回転軸を z 軸とする物体の運動を考えると，力のモーメントのときと同様に考えて，

$$\boldsymbol{l} = \boldsymbol{r} \times \boldsymbol{p} = \begin{pmatrix} 0 \\ 0 \\ xp_y - yp_x \end{pmatrix} \qquad (11.9)$$

となる。このように，角運動量の場合も，力のモーメントのときと同様に z 成分しか持たない。このとき，$\boldsymbol{l}$ の向きと回転軸は一致している。

物体がある 1 つの軸まわりに回転しているとき，その回転軸を z 軸と考えても一般性は失われない。このとき，$\boldsymbol{r}$ と $\boldsymbol{p}$ は xy 平面内にあり，角運動量は z 成分しかないため，詳細な検討は z 成分だけ考えるので十分である。そこで，l_z の極座標表示を考えてみよう。物体の x, y 座標を

$$x = r\cos\varphi$$
$$y = r\sin\varphi \tag{11.10}$$

とおく。楕円運動でも対応できるよう，r も φ も時間に依存すると考え，速度はそれぞれの時間微分をとり，

$$\frac{dx}{dt} = \frac{dr}{dt}\cos\varphi - r\frac{d\varphi}{dt}\sin\varphi$$
$$\frac{dy}{dt} = \frac{dr}{dt}\sin\varphi + r\frac{d\varphi}{dt}\cos\varphi \tag{11.11}$$

となる（r が一定の円運動のときは $\dfrac{dr}{dt} = 0$ なので，それぞれ第一項はなくなる）。これらを用いて l_z を極座標表示に変換すると

$$\begin{aligned} l_z &= xp_y - yp_x \\ &= m\left(x\frac{dy}{dt} - y\frac{dx}{dt}\right) \\ &= m\left(r\frac{dr}{dt}\sin\varphi\cos\varphi + r^2\frac{d\varphi}{dt}\cos^2\varphi - r\frac{dr}{dt}\sin\varphi\cos\varphi + r^2\frac{d\varphi}{dt}\sin^2\varphi\right) \\ &= mr^2\frac{d\varphi}{dt}(\cos^2\varphi + \sin^2\varphi) \\ &= mr^2\frac{d\varphi}{dt} \end{aligned}$$

となり，角運動量は，質量 m，点 O からの距離 r，角速度 $\dfrac{d\varphi}{dt}$ で記述できることがわかる。

★ 補足
積の微分

$$\frac{d}{dx}f(x)g(x) = \frac{df(x)}{dx}g(x) + f(x)\frac{dg(x)}{dx}$$

合成関数の微分
$y = f(g(x))$ を
$y = f(t),\ t = g(x)$
としたとき

$$\frac{dy}{dx} = \frac{dy}{dt}\frac{dt}{dx}$$

★ 補足
$\cos^2\varphi + \sin^2\varphi = 1$

例題 11-3

図 11.15 のように，質量 m の質点が，点 O を中心とする半径 r の円周上を角速度 ω で等速円運動している。この質点の点 O まわりの角運動量 l を求めよ。

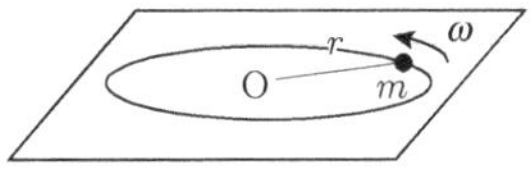

図 11.15

解説 & 解答

$\dfrac{d\varphi}{dt} = \omega$ であるため，

$$l = mr^2\omega$$

また，速さ $v = r\omega$ の関係を用いれば，

$$l = mrv$$

のようにも表すことができる。■

第12章 剛体のつりあい

質点のつりあいは，運動方程式において加速度0がつりあいを表していた。それでは，剛体のつりあいを数式でどのように表現すればよいだろうか。ここでは，その条件を考えることにしよう。

12.1 剛体のつりあい

まず，剛体はどのような動きが可能なのか考えてみよう。1つ目は，剛体の重心の位置が，ある位置からある位置に移動することである。この運動を**並進運動**という。2つ目は，剛体の向きが変わることである。剛体には大きさがあるため，重心の位置が変わらなくても，ある軸に関して回転することにより状態が変わる。この軸まわりの運動を**回転運動**という。そして，実際の運動はこれらの運動が組み合わさったものとなる。逆にいえば，剛体の運動は，並進運動と回転運動に分離して考えることができる。

それでは，剛体のつりあいの条件を考えよう。剛体ははじめ静止しているとする。剛体の運動は，並進運動と回転運動の合成であるから，剛体にいくつかの力が作用した状態でも，重心が静止し続けて，かつ任意のある点まわりに回転を始めなければ，これらの力はつりあっているといえる。このため，「並進運動しない」と「回転運動しない」の2つが，剛体がつりあうための条件となる。

★ 補足
はじめ静止している状態から考えたので，「並進運動しない」としたが，実際は等速直線運動で運動状態が変化しない場合も含む。

条件1：並進運動しない

⇔　剛体に作用する外力のベクトル和が$\mathbf{0}$

$$\boldsymbol{F}_1 + \boldsymbol{F}_2 + \cdots = \sum_i \boldsymbol{F}_i = \mathbf{0} \tag{12.1}$$

並進運動は重心の運動を考えればよい。剛体の全質量をM，重心の加速度を$\boldsymbol{A}$としたときの重心の運動方程式$M\boldsymbol{A} = \sum_i \boldsymbol{F}_i$において，$\boldsymbol{A} = \mathbf{0}$からこの条件が得られる。

条件2：回転運動しない

⇔　任意の1つの点回りの外力のモーメントの和が$\mathbf{0}$

$$\boldsymbol{N}_1 + \boldsymbol{N}_2 + \cdots = \sum_i \boldsymbol{N}_i = \mathbf{0} \tag{12.2}$$

任意の点Aのまわりの力のモーメントの和が0でなければ，この剛体は，点Aを中心に回転することを示している。点Aのまわりを剛体が回転するなら，点A以外の点を中心に選んだとしても，その力のモーメントの和も0にはならない。逆に，剛体が回転していない場合には，どの点を中心に考えても，力のモーメントの和は0になる。

また，第13章で説明するように，これはある点まわりの角運動量が変化しないという条件になっている。角加速度 $\dfrac{d^2\varphi}{dt^2}$ を用いた回転運動の運動方程式の表現を用いれば， $\dfrac{d^2\varphi}{dt^2}=0$ からこの条件を得ることもできる。

つりあいは剛体が回転しない状態を考えるので，外力のモーメントの支点となる点はどこに選んでも構わない。このため，つりあいの問題では計算が楽になるような支点を選ぶようにするとよい。また，剛体の重力の作用点は，剛体の重心となることに注意しよう。

12.2 つりあい条件の利用

本書で扱う剛体の運動は，平面内にある剛体が，この平面に平行な力を受けたときの場合に限っている。そのため，以下の例題のように，棒が立て掛けてある平面を xy 平面としたとき，力の方向は xy 平面内のみにあり，回転軸は z 軸（平面に垂直な軸）に平行となる。このとき，力のモーメントの符号は，図12.1のように，左回り（反時計回り，x 軸から y 軸に向かう向き，z 軸まわりに右ネジを回す向き，ともいう）に寄与するものを正とする。つりあいの場合，回転角の正負の定義が逆でも，力のモーメントの総和が0になればよいので問題は起きないが，剛体が動きはじめる場合は，回転の向きが重要となる。今のうちから回転の向きを統一的に扱うようにしておこう。

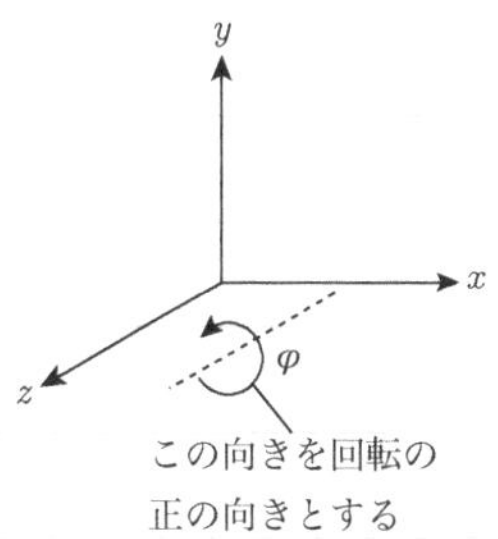

図12.1

つりあいの問題を解く手順は，運動方程式の解法で学んだように，

1）座標軸の設定
2）力の発見

を行った後，前節で上げた条件の式をそれぞれ立て，必要な物理量を求めればよい。

3）条件1：剛体に作用する外力のベクトルの和が0
4）条件2：任意の1つの点回りの外力のモーメントの和が0
5）計算と物理的理解

★ 補足
条件1，条件2は15.1節の重心の運動方程式，回転の運動方程式において，加速度や角加速度を0にしたときに対応している。

それでは以下の例題でこの手順を適用して解いてみよう。

例題 12-1　壁に立てかけた棒

図12.2のように，質量 M，長さ ℓ の一様な棒を，なめらかな壁と水平な粗い床の間に立てかけたところ，つりあって静止した。このとき，水平面からの棒の角度は θ であった。

［1］ 壁からの垂直抗力，床からの垂直抗力，床と棒の間の摩擦力を求めよ。

［2］ 棒が床に対して静止するための静止摩擦係数 μ の条件を求めよ。

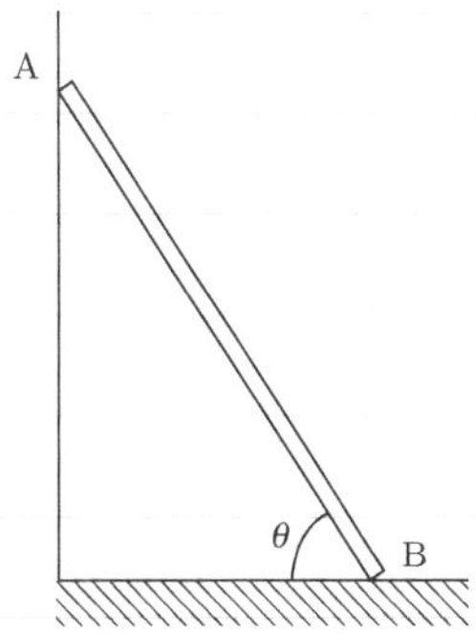

図12.2

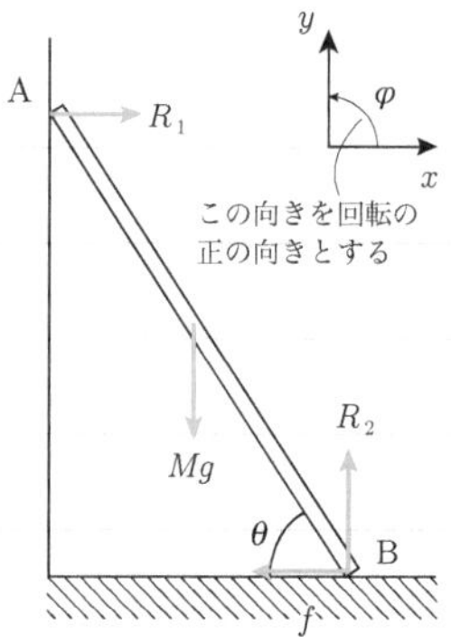

図 12.3

★ 補足
垂直抗力にはよく N を用いるが，ここでは力のモーメントと混同しないように R とした。

解説＆解答

1）座標軸の設定

図 12.3 のように，水平右向きに x 軸，鉛直上向きに y 軸をとり，回転方向は $x \to y$ にまわる向きを正とする。

2）力の発見

非接触力として，重力 Mg がある。一様な棒なので重心は棒の中点であるため，中点に Mg の矢印を書き込む。接触力は，点 A では壁からの垂直抗力（R_1 とする），B では床からの垂直抗力（R_2 とする）と，滑らないための摩擦力（f とする）がある。点 B では 2 つの力をみつけなくてはいけないことに注意する。

3）条件 1：剛体に作用する外力のベクトル和が 0

力の向き（符号）に気をつけて，式を立てる。

$$x \text{成分：} \quad R_1 - f = 0 \qquad ①$$

$$y \text{成分：} \quad R_2 - Mg = 0 \qquad ②$$

4）条件 2：任意の 1 つの点回りの外力のモーメントの和が 0

力のモーメントは $\boldsymbol{N} = \boldsymbol{r} \times \boldsymbol{F}$ であるから，$\boldsymbol{r} = 0$ の点では $\boldsymbol{N} = 0$ となる。したがって，より多くの力の作用点となっている点を支点とすると，式が簡単になりやすい。今回は点 B を支点として考える。

「作用線までの距離」×「力」と考えて，

$$\text{B まわり：} \quad \left(\frac{\ell}{2}\cos\theta\right)Mg - (\ell\sin\theta)R_1 = 0 \qquad ③$$

「作用点までの距離」×「力の $\boldsymbol{r}$ に垂直な成分」としても，同様の式が得られる。

5）計算と物理的理解

［1］ 壁からの垂直抗力 R_1，床からの垂直抗力 R_2，摩擦力 f は，

②式より，$R_2 = Mg$

$$③\text{式より，} \quad R_1 = \frac{1}{2}Mg\frac{\cos\theta}{\sin\theta} = \frac{Mg}{2\tan\theta} \qquad ④$$

$$①，④\text{式より，} \quad f = R_1 = \frac{Mg}{2\tan\theta}$$

［2］ 棒が床に対して静止するためには，作用している摩擦力 f が最大摩擦力 μR_2 より小さければよい。求める摩擦力 f の条件は，

$$f \leqq \mu R_2$$

$$\frac{Mg}{2\tan\theta} \leqq \mu Mg$$

$$\therefore \mu \geqq \frac{1}{2\tan\theta}$$

となる。■

例題 12-2　糸で支えた棒

図 12.4 のように質量 M，長さ $2a$ の一様な棒の一端を，粗い壁面の点 A に垂直にあて，点 A から長さ b にある棒上の点 B に軽い糸をつけて，壁の点 C まで引っ張って支えた。糸と棒の間の角度を θ とする。

［1］ 糸の張力，および点 A での壁の垂直抗力と壁と棒の間の摩擦力を求めよ。

［2］ 長さ a，b の大小関係の変化により，どのような状況になるか論じよ。

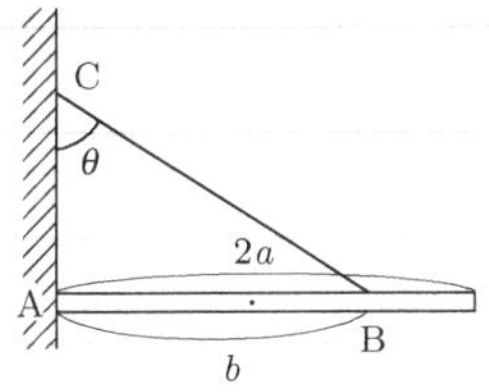

図 12.4

解説＆解答

1）座標軸の設定

図 12.5 のように，水平右向きに x 軸，鉛直上向きに y 軸をとり，回転方向は $x \to y$ にまわる向きを正とする。

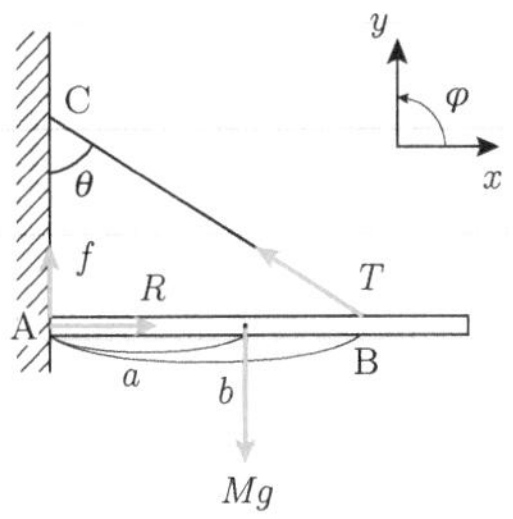

図 12.5

2）力の発見

一様な棒であるから，非接触力として重力 Mg の矢印を棒の中点に書き込む。接触力は，点 A では壁からの垂直抗力（R とする）と滑らないための摩擦力（f とする），点 B では糸の張力（T とする）がある。

3）条件 1：剛体に作用する外力のベクトル和が 0

x 成分：　$R - T\sin\theta = 0$　①

y 成分：　$f + T\cos\theta - Mg = 0$　②

4）条件 2：任意の 1 つの点回りの外力のモーメントの和が 0

A 点に 2 つの力が書き込まれているので，点 A を支点として考える。

今回は，「作用点までの距離」×「力の $\boldsymbol{r}$ に垂直な成分」として考えると，

A まわり：　$-aMg + b\cdot T\cos\theta = 0$　③

5）計算と物理的理解

［1］ 糸の張力 T，A での垂直抗力 R，摩擦力 f は，

③式より，$T = \dfrac{aMg}{b\cos\theta}$　④

①，④式より，$R = T\sin\theta = \dfrac{aMg}{b}\dfrac{\sin\theta}{\cos\theta} = \dfrac{aMg}{b}\tan\theta$

②，④式より，$f = Mg - T\cos\theta = Mg - \dfrac{aMg}{b} = \left(1 - \dfrac{a}{b}\right)Mg$

［2］ $b > a$ であれば，$f > 0$ となり摩擦力は上向きで，これは最初の図の状況を表している。しかし $b < a$ であると，$f < 0$ となる。これは，摩擦力が下向きであることを示しており，図 12.6 の状況を考えてみるとつじつまがあっていることがわかる。■

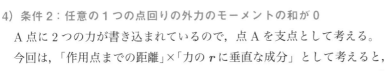

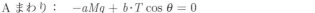

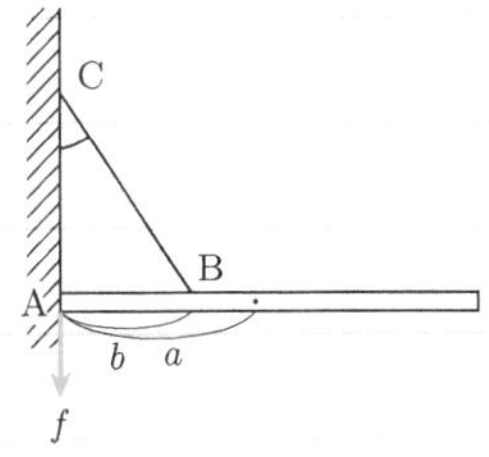

図 12.6

第 13 章　回転運動の法則

質点の運動の法則は，並進運動を記述する運動方程式であった。それでは，回転運動の法則はどのように表されるのであろう。ここでは，回転運動における質量の代わりとなる量 ―慣性モーメント― を導入し，回転運動に関する運動方程式を導くことにしよう。

13.1　慣性モーメント

剛体がある固定された回転軸（z 軸とする）の回りを回転運動する場合を考えよう。この回転運動は，z 軸に直交するある方向（例えば x 軸方向）を決め，その方向からどれだけ回転したかを表す角度（回転角）φ を用いることによって表すことができる。ここで回転角 φ は時間の関数であるので，そのことを明示する場合は $\varphi(t)$ と書く。$\varphi(t)$ の時間変化，つまり，単位時間あたりの回転角は，回転軸 φ の時間微分 $\dfrac{d\varphi}{dt}(=\dot{\varphi})$ で表され，これが角速度である。角速度も時間の関数であり，一定とは限らない。角速度の記号は ω とも書かれる。

質点の運動を考えるときは，「運動量の時間変化」に着目して運動方程式を作った。今回は回転運動を考えるので，「角運動量の時間変化」が重要となる。そこで，まず回転軸（z 軸）まわりの角運動量を考える。

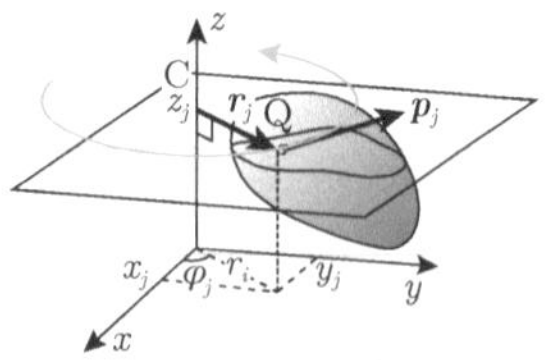

図 13.1

剛体を微小部分に分割して，剛体を微小部分の集まりだと考える。図 13.1 のように，j 番目の微小部分 Q の質量を m_j，位置を $(x_j,\ y_j,\ z_j)$ とする。Q から z 軸に下ろした垂線の足を点 C とし，C から Q に向かうベクトルを $\boldsymbol{r}_j=(x_j,\ y_j,\ 0)$ とすると，$x_j,\ y_j$ は $r_j=\sqrt{{x_j}^2+{y_j}^2}$，回転角 φ_j を用いて

$$
\begin{cases}
x_j = r_j \cos \varphi_j \\
y_j = r_j \sin \varphi_i
\end{cases}
\tag{13.1}
$$

である。速度はこれらの時間微分で得られ，r_j は一定なので，

$$
\begin{cases}
v_{jx} = \dfrac{dx_j}{dt} = -r_j \dfrac{d\varphi_j}{dt} \sin \varphi_j = -r_j \omega \sin \varphi_j \\[2ex]
v_{jy} = \dfrac{dy_j}{dt} = r_j \dfrac{d\varphi_j}{dt} \cos \varphi_j = r_j \omega \cos \varphi_j
\end{cases}
\tag{13.2}
$$

と表される。ここで，剛体の各微小部分の角速度 $\dfrac{d\varphi_j}{dt}$ には，j 番目を表す下付き文字をつけたが，角速度 ω は j によらないような記述になっている。これは，剛体は全体として回転し，全ての微小部分は同じ角速度で回転しているので，$\dfrac{d\varphi_j}{dt}=\omega$ と書けるからである。

Q は xy 平面内で運動するため，Q の運動量 $\boldsymbol{p}_j = (\boldsymbol{p}_{jx}, \boldsymbol{p}_{jy}, 0)$ と書ける。また，Q の角運動量は

j 番目の微小部分 P の角運動量は，位置，運動量とすると，

$$\boldsymbol{l}_j = \boldsymbol{r}_j \times \boldsymbol{p}_j \tag{13.3}$$

★ 補足
ベクトルのたて書き表現では

$$\boldsymbol{r}_j = \begin{pmatrix} x_j \\ y_j \\ 0 \end{pmatrix},\ \boldsymbol{p}_j = \begin{pmatrix} p_{jx} \\ p_{jy} \\ 0 \end{pmatrix}$$

であるため，角運動量 $\boldsymbol{l}_j$ の x 成分と y 成分は 0 となり，z 成分しか残らない。したがって，z 成分のみ考えればよく，

$$\begin{aligned} l_j &= x_j p_{jy} - y_j p_{jx} \\ &= x_j(m_j v_{jy}) - y_j(m_j v_{jx}) \\ &= m_j r_j^2(\cos^2 \varphi_j + \sin^2 \varphi_j)\omega \\ &= m_j r_j^2 \omega \end{aligned} \tag{13.4}$$

★ 補足
式の変形には（13.1），（13.2）式を用いる。

$\cos^2 \varphi + \sin^2 \varphi = 1$

が得られる。剛体全体の z 軸まわりの全角運動量 L_z はこれらの総和で，

$$\begin{aligned} L_z &= m_1 r_1^2 \omega + m_2 r_2^2 \omega + \cdots \\ &= \left(\sum_j m_j r_j^2\right)\omega \\ &= I\omega \end{aligned} \tag{13.5}$$

となる。ここで，

$$I = \sum_j m_j r_j^2 \tag{13.6}$$

という量を，この回転軸まわりの**慣性モーメント**と呼ぶ。慣性モーメントは，剛体の形，質量分布，回転軸の取り方によって決まる量である。同じ剛体であっても回転軸が異なれば r_j も変わるので，慣性モーメントも異なる点に注意しよう。

13.2 回転運動の運動方程式

13.2.1 質点の回転運動の運動方程式

まず，質量 m の質点に関する角運動量の時間変化を考えよう。原点を O として，位置 $\boldsymbol{r}$，運動量 $\boldsymbol{p}$ の物体の角運動量 $\boldsymbol{l}$ は，

★ 補足

$$\boldsymbol{p} = m\boldsymbol{v} = m\frac{d\boldsymbol{r}}{dt}$$

$$\boldsymbol{l} = \boldsymbol{r} \times \boldsymbol{p} = \boldsymbol{r} \times m\frac{d\boldsymbol{r}}{dt} \tag{13.7}$$

と表される。この角運動量を時間で微分すると，

$$\begin{aligned} \frac{d\boldsymbol{l}}{dt} &= \frac{d}{dt}(\boldsymbol{r} \times \boldsymbol{p}) \\ &= \frac{d\boldsymbol{r}}{dt} \times \boldsymbol{p} + \boldsymbol{r} \times \frac{d\boldsymbol{p}}{dt} \\ &= \frac{d\boldsymbol{r}}{dt} \times m\frac{d\boldsymbol{r}}{dt} + \boldsymbol{r} \times \frac{d\boldsymbol{p}}{dt} \end{aligned}$$

★ 補足
積の微分

$$\frac{d}{dx}f(x)g(x) = \frac{df(x)}{dx}g(x) + f(x)\frac{dg(x)}{dx}$$

ここで，第 1 項のベクトル積は平行なベクトル同士の積になるため 0，第 2 項の $\dfrac{d\boldsymbol{p}}{dt}$ は $\boldsymbol{F}$ と書くことができるので，

★ 補足
$\dfrac{d\boldsymbol{p}}{dt}=\boldsymbol{F}$ は運動方程式

$$\begin{aligned}\frac{d\boldsymbol{l}}{dt}&=\boldsymbol{r}\times\frac{d\boldsymbol{p}}{dt}\\&=\boldsymbol{r}\times\boldsymbol{F}\\&=\boldsymbol{N}\end{aligned} \tag{13.8}$$

となる。すなわち角運動量の時間変化率は力のモーメントに等しいことがわかる。ここで得られた

$$\frac{d\boldsymbol{l}}{dt}=\boldsymbol{N} \tag{13.9}$$

★ 補足
時間微分をドット表記すれば
$\dot{\boldsymbol{l}}=\boldsymbol{N}$

を回転運動の運動方程式という。以後簡単のため，回転の運動方程式と記述する。

13.2.2 質点系の回転の運動方程式

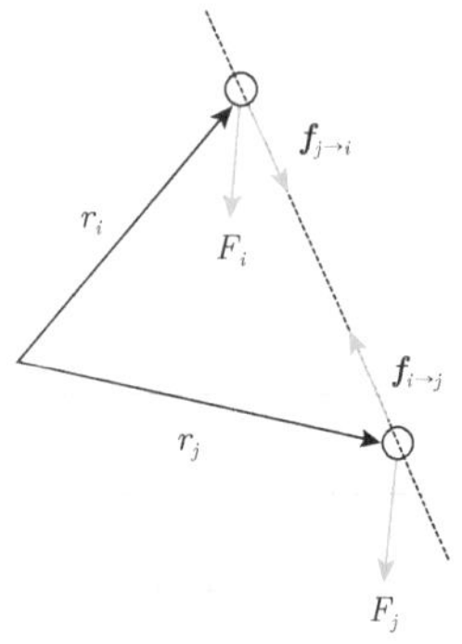

図 13.2

つぎに，回転の運動方程式を質点系に拡張しよう。手順は，9.3 節で学んだ質点系の運動方程式の導出とほぼ同様である。

外力を受け，互いに内力を及ぼしあいながら運動している質点系を考える（図 13.2)。i 番目の微小部分の角運動量を $\boldsymbol{l}_i$ とし，位置を $\boldsymbol{r}_i$，この部分に作用している外力を $\boldsymbol{F}_i$，i 番目の微小部分が j 番目の微小部分から受けている内力を $\boldsymbol{f}_{j\to i}$ とする。内力は，自分自身以外の全ての微小部分から受けているため，i 番目の微小部分の回転の運動方程式は，

$$\frac{d\boldsymbol{l}_i}{dt}=\boldsymbol{r}_i\times\boldsymbol{F}_i+\sum_{j\neq i}(\boldsymbol{r}_i\times\boldsymbol{f}_{j\to i}) \tag{13.10}$$

と書くことができ，具体的には

$$\begin{aligned}\frac{d\boldsymbol{l}_1}{dt}&=\boldsymbol{r}_1\times\boldsymbol{F}_1+\boldsymbol{r}_1\times\boldsymbol{f}_{2\to1}+\boldsymbol{r}_1\times\boldsymbol{f}_{3\to1}+\cdots\\\frac{d\boldsymbol{l}_2}{dt}&=\boldsymbol{r}_2\times\boldsymbol{F}_2+\boldsymbol{r}_2\times\boldsymbol{f}_{1\to2}+\boldsymbol{r}_2\times\boldsymbol{f}_{3\to2}+\cdots\\\frac{d\boldsymbol{l}_2}{dt}&=\boldsymbol{r}_3\times\boldsymbol{F}_3+\boldsymbol{r}_3\times\boldsymbol{f}_{1\to3}+\boldsymbol{r}_3\times\boldsymbol{f}_{2\to3}+\cdots\\&\vdots\end{aligned}$$

★ 補足

$$\begin{aligned}&\boldsymbol{r}_i\times\boldsymbol{f}_{j\to i}+\boldsymbol{r}_j\times\boldsymbol{f}_{i\to j}\\&=\boldsymbol{r}_i\times\boldsymbol{f}_{j\to i}-\boldsymbol{r}_j\times\boldsymbol{f}_{j\to i}\\&=(\boldsymbol{r}_i-\boldsymbol{r}_j)\times\boldsymbol{f}_{j\to i}\end{aligned}$$

ここで

$\boldsymbol{r}_i-\boldsymbol{r}_j \mathbin{/\!/} \boldsymbol{f}_{j\to i}$

であるため

$(\boldsymbol{r}_i-\boldsymbol{r}_j)\times\boldsymbol{f}_{j\to i}=0$

となる。剛体全体の回転の運動方程式は，これらの総和をとるのであるが，内力は必ずペアになる力があり，作用・反作用の法則を考えると

$$\boldsymbol{r}_i\times\boldsymbol{f}_{j\to i}+\boldsymbol{r}_j\times\boldsymbol{f}_{i\to j}=0$$

である。そのため第 2 項以降は全て打ち消し合い，外力のモーメントの和だけが残る。したがって，

$$\frac{d}{dt}(\boldsymbol{l}_1+\boldsymbol{l}_2+\boldsymbol{l}_3+\cdots)=\boldsymbol{r}_1\times\boldsymbol{F}_1+\boldsymbol{r}_2\times\boldsymbol{F}_2+\boldsymbol{r}_3\times\boldsymbol{F}_3+\cdots$$

$$\begin{aligned}\frac{d}{dt}\sum_i\boldsymbol{l}_i&=\boldsymbol{N}_1+\boldsymbol{N}_2+\boldsymbol{N}_3+\cdots\\&=\sum_i\boldsymbol{N}_i\end{aligned}$$

ここで，角運動量の和を $\sum_i \boldsymbol{l}_i = \boldsymbol{L}$（全角運動量），外力のモーメントの和を $\sum_i \boldsymbol{N}_i = \boldsymbol{N}$ とおけば

$$\frac{d\boldsymbol{L}}{dt} = \boldsymbol{N} \tag{13.11}$$

となる。このように，質点系の全角運動量の時間変化率は，その系にはたらく外力のモーメントの総和に等しい。このように，剛体においても，質点の場合と同様な回転の運動方程式が成り立つ。

剛体が xy 平面内で運動するとき，13.1 節でみたように角運動量 $\boldsymbol{L}$ は z 成分しか残らないのであった。したがって，回転の運動方程式も

$$\frac{dL_z}{dt} = N_z \tag{13.12}$$

だけ考えればよい。このように，剛体がある 1 つの軸まわりに回転しているとき，回転の運動方程式は，回転軸となっている 1 つの成分を考えるだけで十分である。

さて，剛体の z 軸まわりの角運動量は，(13.5) 式のように $L_z = I\omega$ と書ける。これを上式に代入すれば，

$$I\frac{d\omega}{dt} = N_z \tag{13.13}$$

が得られる。回転角 φ を用いれば $\omega = \dfrac{d\varphi}{dt}$ であるので，

$$I\frac{d^2\varphi}{dt^2} = N_z \tag{13.14}$$

とも書ける。これらは，慣性モーメントと角加速度を用いた回転の運動方程式の表現であり，実際の問題を解くときには (13.13) 式や (13.14) 式の形を用いることが多い。

★ 補足
時間微分をドット表記すれば
$I\dot{\omega} = N_z$ (13.13)
$I\ddot{\varphi} = N_z$ (13.14)

13.2.3 原点まわりの回転と重心まわりの回転の分離

いままでは，原点まわりの回転に関して考えてきた。しかし，地球の運動を考えてみると，地球の公転は太陽の位置を原点としたときの回転運動，地球の自転は地球の重心のまわりの回転運動であり，地球全体の運動はこれらの合成となっている（図 13.3）。このように，質点系が全体として回転しながら，重心のまわりで回転する運動について考えてみよう。

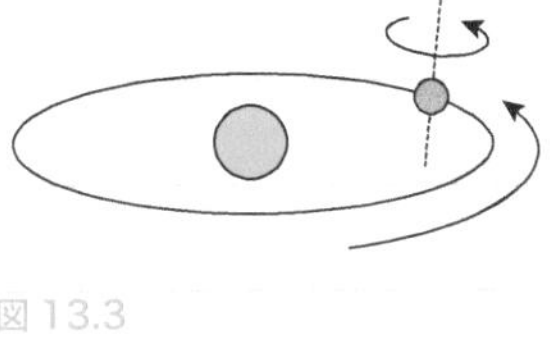

図 13.3

図 13.4 のように，原点 O からみた重心 G の位置を $\boldsymbol{R}$，i 番目の質点の位置を $\boldsymbol{r}_i$，重心からみた i 番目の質点の位置を $\boldsymbol{r}_i'$ とすると，

$$\boldsymbol{r}_i = \boldsymbol{R} + \boldsymbol{r}_i' \tag{13.15}$$

と書ける。また速度は時間微分で得られ，それぞれ $\boldsymbol{R}$，$\boldsymbol{r}_i$，$\boldsymbol{r}_i'$ に対応させて $\boldsymbol{V}$，$\boldsymbol{v}_i$，$\boldsymbol{v}_i'$ とすると

$$\boldsymbol{v}_i = \boldsymbol{V} + \boldsymbol{v}_i' \tag{13.16}$$

である。これらの関係を用いて全角運動量 $\boldsymbol{L}$ を変形すると，

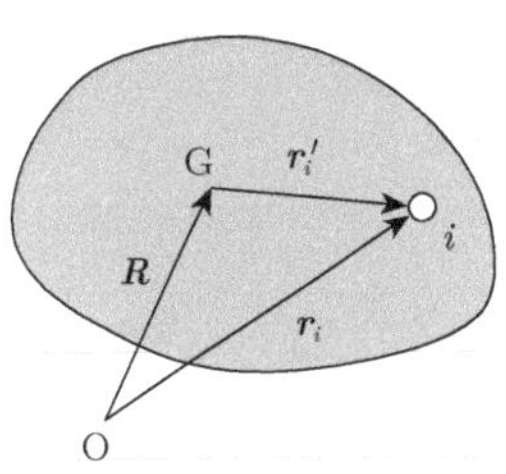

図 13.4

★ 補足
ここで,

$\sum_i m_i = M$ は全質量。

また重心の定義より

$\sum_i m_i \boldsymbol{r}_i' = 0$

$\sum_i m_i \boldsymbol{v}_i' = 0$

であることを使った。

$$
\begin{aligned}
\boldsymbol{L} &= \sum_i \boldsymbol{r}_i \times m_i \boldsymbol{v}_i \\
&= \sum_i (\boldsymbol{R} + \boldsymbol{r}_i') \times m_i (\boldsymbol{V} + \boldsymbol{v}_i') \\
&= \sum_i m_i \boldsymbol{R} \times \boldsymbol{V} + \sum_i m_i \boldsymbol{r}_i' \times \boldsymbol{V} + \boldsymbol{R} \times \sum_i m_i \boldsymbol{v}_i' + \sum_i m_i \boldsymbol{r}_i' \times \boldsymbol{v}_i' \\
&= \boldsymbol{R} \times M\boldsymbol{V} + \sum_i \boldsymbol{r}_i' \times m_i \boldsymbol{v}_i' \\
&= \boldsymbol{L}_{\mathrm{G}} + \boldsymbol{L}'
\end{aligned}
\tag{13.17}
$$

ここで, $\boldsymbol{L}_{\mathrm{G}} = \boldsymbol{R} \times M\boldsymbol{V}$ は原点まわりの重心の角運動量, $\boldsymbol{L}' = \sum_i \boldsymbol{r}_i' \times m_i \boldsymbol{v}_i'$ は重心まわりの質点系の角運動量である。すなわち前者は, 原点(太陽)のまわりを回る地球の公転運動, 後者は地球の自転に対応する角運動量である。

さらに, これを時間で微分すると,

$$
\begin{aligned}
\frac{d\boldsymbol{L}}{dt} &= \frac{d\boldsymbol{L}_{\mathrm{G}}}{dt} + \frac{d\boldsymbol{L}'}{dt} \\
&= \frac{d}{dt}(\boldsymbol{R} \times M\boldsymbol{V}) + \frac{d}{dt}\left(\sum_i \boldsymbol{r}_i' \times m_i \boldsymbol{v}_i'\right) \\
&= \frac{d\boldsymbol{R}}{dt} \times M\boldsymbol{V} + \boldsymbol{R} \times M\frac{d\boldsymbol{V}}{dt} + \sum_i \frac{d\boldsymbol{r}_i'}{dt} \times m_i \boldsymbol{v}_i' + \sum_i \boldsymbol{r}_i' \times m_i \frac{d\boldsymbol{v}_i'}{dt} \\
&= \boldsymbol{V} \times M\boldsymbol{V} + \boldsymbol{R} \times \boldsymbol{F} + \sum_i \boldsymbol{v}_i' \times m_i \boldsymbol{v}_i' + \sum_i \boldsymbol{r}_i' \times \boldsymbol{F}_i \\
&= \boldsymbol{R} \times \boldsymbol{F} + \sum_i \boldsymbol{r}_i' \times \boldsymbol{F}_i \\
&= \boldsymbol{N}_{\mathrm{G}} + \boldsymbol{N}'
\end{aligned}
\tag{13.18}
$$

★ 補足
ここで,

$\frac{d\boldsymbol{R}}{dt} = \boldsymbol{V}$, $\frac{d\boldsymbol{r}_i'}{dt} = \boldsymbol{v}_i'$

$M\frac{d\boldsymbol{V}}{dt} = \boldsymbol{F}$, $m_i \frac{d\boldsymbol{v}_i'}{dt} = \boldsymbol{F}_i$

であることを使った。

平行なベクトル同士のベクトル積は0になることに注意。

ここで, $\boldsymbol{N}_{\mathrm{G}} = \boldsymbol{R} \times \boldsymbol{F}$ は原点まわりの力のモーメント, $\boldsymbol{N}' = \sum_i \boldsymbol{r}_i' \times \boldsymbol{F}_i$ は重心まわりの力のモーメントとなっている。ここで, 式の導出過程を注意してみると,

$$
\frac{d\boldsymbol{L}_{\mathrm{G}}}{dt} = \boldsymbol{N}_{\mathrm{G}}, \quad \frac{d\boldsymbol{L}'}{dt} = \boldsymbol{N}' \tag{13.19}
$$

となっていることがわかる。すなわち, 質点系の回転運動は, 原点まわりの回転運動と, 重心まわりの回転運動に分離することができる。

例題 13-1　実体振り子

図 13.5 のように, 鉛直な平面内で, 質量 M の剛体が水平な軸 O のまわりで振動している。このような剛体を**実体振り子**という。軸 O から剛体の重心 G までの距離を h, 点 O まわりの慣性モーメントを I とする。振動の角度 φ は十分小さいとしてこの振り子の周期を求めよ。

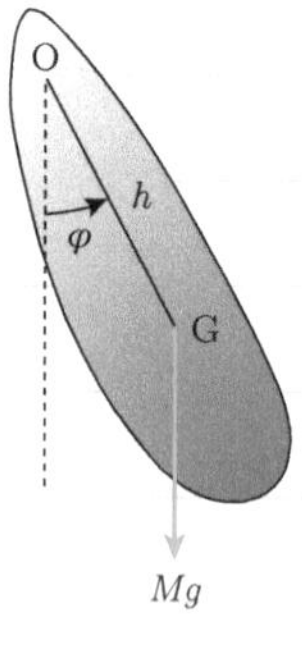

図 13.5

解説＆解答

平面内（xy 平面とする）の運動であるので，回転軸は z 軸となる。角度 φ を図のようにとると，重力のモーメントは

$$N_z = -Mgh\sin\varphi$$

となる。したがって，点Oまわりの回転の運動方程式は，

$$I\frac{d^2\varphi}{dt^2} = -Mgh\sin\varphi$$

ここで，φ が十分小さいとき（$\varphi \ll 1$）は $\sin\varphi \fallingdotseq \varphi$ と近似できるので

$$\frac{d^2\varphi}{dt^2} = -\frac{Mgh}{I}\varphi$$

これは単振動の式と同じ形であり，φ の解は φ_0 と α を積分定数として，

$$\varphi(t) = \varphi_0\sin(\omega t + \alpha)$$

となる。ここで $\omega = \sqrt{\dfrac{Mgh}{I}}$ とおいた。

★ 補足
この ω は，振り子の回転運動の角速度ではないので注意。

また，周期 T は，

$$T = \frac{2\pi}{\omega} = 2\pi\sqrt{\frac{I}{Mgh}}$$

となる。ここで，糸の長さ ℓ の単振り子の周期 $2\pi\sqrt{\dfrac{\ell}{g}}$ と比較すると，この実体振り子は

$$\ell = \frac{I}{Mh}$$

という長さの単振り子の周期と一致することがわかる。この ℓ を**相当単位振り子長さ**という。■

13.3 角運動量保存の法則

13.3.1 中心力

「原点Oと物体を結ぶ直線上に力の作用線があり，力の大きさが原点Oと物体との距離によって決まる力」を**中心力**という。したがって，位置ベクトル $\boldsymbol{r}$ と力 $\boldsymbol{F}$ との関係は図13.6のように，$\boldsymbol{r} /\!/ \boldsymbol{F}$ となる。例えば，2物体を考え，一方を原点とすれば，万有引力や，クーロンの法則で表される電気力は $\boldsymbol{r} /\!/ \boldsymbol{F}$ となっており，力の作用線が原点を通るので中心力である。また，糸の先におもりをつけて振り回し，等速円運動させる場合の糸の張力も，中心力である。中心力を式で表現すると，

$$\boldsymbol{F} = F\cdot\frac{\boldsymbol{r}}{r} \tag{13.20}$$

のように書ける。

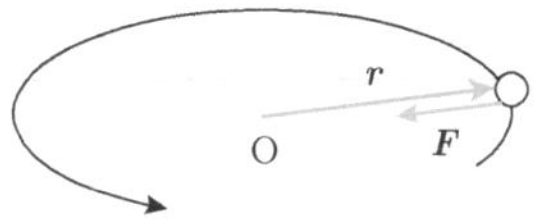

図 13.6

★ 補足
万有引力

$$\boldsymbol{F} = -G\frac{Mm}{r^2}\frac{\boldsymbol{r}}{r}$$

クーロン力

$$\boldsymbol{F} = k\frac{Qq}{r^2}\frac{\boldsymbol{r}}{r}$$

13.3.2 角運動量保存の法則

回転の運動方程式は，$\dfrac{d\boldsymbol{L}}{dt}=\boldsymbol{N}$ であった。ここで，外力が作用していないか，作用していてもそのモーメントの和が0であれば，$\boldsymbol{N}=0$ となるため，

$$\frac{d\boldsymbol{L}}{dt}=0 \tag{13.21}$$

となる。すなわち，$\boldsymbol{N}=0$ のとき，$\boldsymbol{L}$ の時間変化はなく，時間で積分すれば $\boldsymbol{L}=$ 一定となり，角運動量 $\boldsymbol{L}$ は一定に保たれる。これを，角運動量保存の法則という。

それでは，物体が中心力によって円運動している場合を考えよう。このときの回転の運動方程式は，

$$\frac{d\boldsymbol{L}}{dt}=\boldsymbol{r}\times\boldsymbol{F}=\boldsymbol{r}\times F\cdot\frac{\boldsymbol{r}}{r}=0$$

★ 補足
中心力は

$$\boldsymbol{F}=F\cdot\frac{\boldsymbol{r}}{r}$$

また，

$$\boldsymbol{r}\times\boldsymbol{r}=0$$

となり，角運動量 $\boldsymbol{L}$ の時間変化率は0である。すなわち，外力が作用していても，中心力のみを受けて運動する物体の角運動量 $\boldsymbol{L}$ は一定で，角運動量は保存する。

角運動量保存則は，慣性モーメント I と角速度 ω を用いて，

★ 補足

$$I=\sum_j m_j {r_j}^2$$

$$L=I\omega=\text{一定} \tag{13.22}$$

と書くことができる。質量 m の質点の場合は，点Oからの距離 r，速度 $v=r\omega$ を用いて，次のような形で書くことができる。

$$L=mrv=mr^2\omega=\text{一定} \tag{13.23}$$

角運動量保存の法則を示す例として良く挙げられるのが，フィギュアスケートのスピンである。スケーターが手を広げた状態でスピンしているときに，手を縮めるとスピンの回転が速くなる。これはスケーターが頑張ってスピードを上げたわけではない。スピン中のスケーターには，外力のモーメントは作用していないので，スピン中の角運動量は保存しなければならない。(13.22) 式からわかるように，手を縮める動作は慣性モーメント $I=\sum_j m_j {r_j}^2$ 中の $\boldsymbol{r}_j$ が小さくなることに対応する。このため角運動量を一定に保つために，角速度 ω が増大するのである。

また，角運動量保存の法則には，回転軸の向きを保とうとするはたらきがある。例えば，自転車に乗って止まっていると倒れてしまうが，自転車が走っているときは倒れないのはこのためである。また，けん玉でも，図13.7のように，あらかじめ玉を回転させておいたほうが，簡単に先の棒に入れることができることを知っている人もいるだろう。これも角運動量保存の法則を利用した例である。

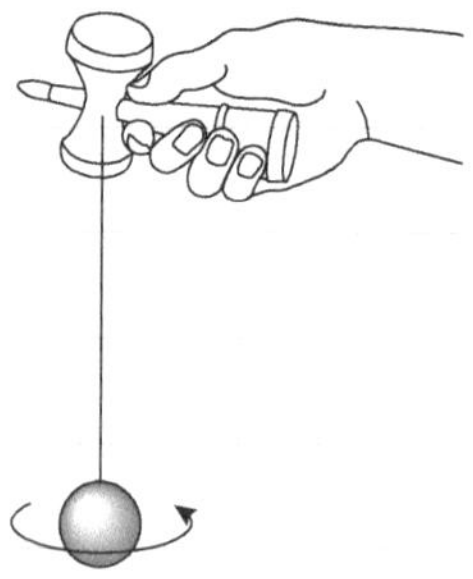

図 13.7

例題 13-2　円運動する物体の角運動量

図 13.8 のように，質量 m の小球に軽い糸をつけ，糸のもう一端をなめらかで水平な板にある穴に通して，糸を引っ張って支えながら水平面内で半径 r_0，速さ v_0 の等速円運動をさせた。

[1]　小球の角運動量 L を求めよ。

[2]　この糸をゆっくり引っ張って，円運動の半径を r_1 とした。このときの速さ v_1，角速度 ω_1 を求めよ。

[3]　半径を r_0 から r_1 にしたときの運動エネルギーの変化を，L，r_0，r_1 を用いて書け。

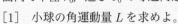

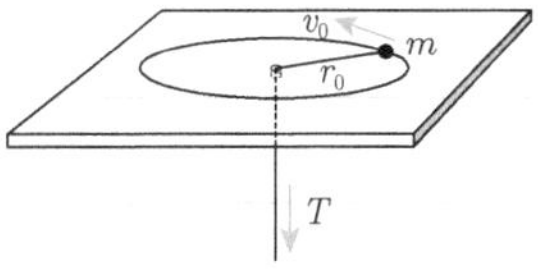

図 13.8

解説＆解答

[1]　小球の角運動量は，$L = mr_0v_0$

[2]　糸の張力は中心力となっており，その他の力がはたらいていないため，角運動量は保存する。したがって，

$$L = mr_0v_0 = mr_1v_1 \quad \therefore \quad v_1 = \frac{r_0}{r_1}v_0$$

$v = r\omega$ の関係を用いれば，

$$\omega_1 = \frac{{r_0}^2}{{r_1}^2}\omega_0$$

となる。$r_0 > r_1$ であるから，回転は速くなることがわかる。

★ 補足
$L = m{r_1}^2\omega_1 = m{r_2}^2\omega_2$ から ω_1 を求めてもよい。

[3]　小球の運動エネルギーの変化 ΔK は，

$$\Delta K = \frac{1}{2}m{v_1}^2 - \frac{1}{2}m{v_0}^2$$
$$= \frac{L^2}{2m{r_1}^2} - \frac{L^2}{2m{r_0}^2}$$
$$= \frac{L^2}{2m}\left(\frac{1}{{r_1}^2} - \frac{1}{{r_0}^2}\right)$$

★ 補足

$$L = mrv$$

であるから，

$$v = \frac{L}{mr}$$

として v を消去

$r_0 > r_1$ であるから，運動エネルギーも大きくなる。

では，このエネルギーはどこからきたのであろうか。ここで，糸の張力 T のする仕事を考えてみよう。この円運動の向心方向の運動方程式は

$$m\frac{v^2}{r} = T$$

となるので，張力 T のする仕事は

$$W = \int_{r_0}^{r_1} T(-dr) = \int_{r_0}^{r_1} m\frac{v^2}{r}(-dr) = -\int_{r_0}^{r_1} \frac{L^2}{mr^3}(dr)$$
$$= \frac{L^2}{2m}\left(\frac{1}{{r_1}^2} - \frac{1}{{r_0}^2}\right)$$

このように，運動エネルギーの増加は，糸を引っ張る仕事からきていることがわかる。■

★ 補足
r の測り方は中心から外側向きに増加する（正となっている）。r_0 から r_1 への積分では積分の向きは逆となるので，積分変数が $(-dr)$ となっている。

v は r に依存するので，r を用いて書き直しておかなくてはいけない。

$$v = \frac{L}{mr}$$

13.3.3 面積速度との関係

5.4 節の惑星の運動で，面積速度一定の法則を学んだ。円の中心（もしくは楕円の焦点）からの距離 r で，物体が角速度 ω の円運動をしているとき，面積速度は

$$\frac{dS}{dt} = \frac{1}{2}r^2\omega \tag{13.24}$$

と表せる。惑星は万有引力，すなわち中心力によって運動しているので，角運動量が保存しているはずである。ここで角運動量 L の式

$$L = mr^2\omega \tag{13.25}$$

とを比べてみると，$\frac{dS}{dt} = \frac{1}{2}r^2\omega = \frac{mr^2\omega}{2m} = \frac{L}{2m}$ となり，物体（惑星）の質量が一定であるので，面積速度と角運動量は，定数倍だけの違いしかないことがわかる。つまり，面積速度と角運動量は同等の物理的意味を持っている。このように，面積速度一定の法則とは，角運動量保存の法則と等価であることがわかる。

13.4 回転運動の運動エネルギー

剛体の運動エネルギーを考える。13.1 節と同様に，剛体を微小部分に分割して，j 番目の微小部分の質量を m_j，回転運動の速さを v_j とする。それぞれの微小部分の回転に関する運動エネルギーは

$$k_j = \frac{1}{2}m_j{v_j}^2 \tag{13.26}$$

であるため，剛体全体としての回転の運動エネルギー K は，これらの総和で表される。

$$\begin{aligned} K &= \sum_j \frac{1}{2}m_j{v_j}^2 \\ &= \frac{1}{2}\sum_j m_j(r_j\omega)^2 \\ &= \frac{1}{2}\left(\sum_j m_j{r_j}^2\right)\omega^2 \\ &= \frac{1}{2}I\omega^2 \end{aligned} \tag{13.27}$$

このように，回転の運動エネルギーは，質量の代わりに慣性モーメント，速さの代わりに角速度を使うことによって表すことができる。

13.5 剛体の回転運動と質点の直線運動の比較

これまでみてきたように，質点の並進運動（直線運動）における運動方程式と，回転の運動方程式には類似性がみられることに気がつくであろう。ここで，剛体の並進運動と回転運動に関する物理量の対応関係を表13.1にまとめておこう。

表 13.1 並進運動と回転運動の対応

並進運動（1 次元）		回転運動	
質点の運動方程式	$m\dfrac{d^2x}{dt^2}=F$ $m\dfrac{dv}{dt}=F$	回転の運動方程式	$I\dfrac{d^2\varphi}{dt^2}=N$ $m\dfrac{d\omega}{dt}=N$
質量	m	慣性モーメント	I
位置	x	回転角	φ
速度	$v=\dfrac{dx}{dt}$	角速度	$\omega=\dfrac{d\varphi}{dt}$
加速度	$a=\dfrac{dv}{dt}=\dfrac{d^2x}{dt^2}$	角加速度	$\alpha=\dfrac{d\omega}{dt}=\dfrac{d^2\varphi}{dt^2}$
力	F	力のモーメント	N
運動量	$p=mv=m\dfrac{dx}{dt}$	角運動量	$L=I\omega=I\dfrac{d\varphi}{dt}$
運動エネルギー	$K=\dfrac{1}{2}mv^2$	運動エネルギー	$K=\dfrac{1}{2}I\omega^2$

★ 補足
本文では使用していないが角加速度はαの記号が使われる。

第14章 慣性モーメントの計算

慣性モーメントは，質点の並進運動における質量に対応し，剛体の形，質量分布，回転軸の取り方によって決まる量であった。同じ剛体であっても回転軸が異なれば慣性モーメントも異なる。ここでは，簡単な形状の剛体の慣性モーメントの計算法と，慣性モーメントに関する定理を学ぶ。

14.1 簡単な形状の剛体の慣性モーメント

13.1節で学んだように，剛体は微小部分の集まりであると考え，j番目の微小部分の質量をm_j，回転軸からの距離をr_jとして，慣性モーメントを次のように定義した。

$$I = \sum_j m_j {r_j}^2 \tag{14.1}$$

剛体は連続的に分布しているので，実際の計算は和ではなく積分で行う。剛体の微小部分の質量をm_jの代わりにdmとすることにより上式は

$$I = \int r^2 \, dm \tag{14.2}$$

のように書き換えられる。dmは，物体の密度ρに微小体積dVをかければ得られるが，場合によって面密度σ（単位面積あたりの質量）や，線密度λ（単位長さあたりの質量）を用いた方が簡単なこともある。

$$I = \int r^2 \, dm = \begin{cases} \displaystyle\iiint r^2 \rho \, dV \\ \qquad (dm = \rho \, dV \ \ \text{密度〔kg/m}^3\text{〕×体積〔m}^3\text{〕}) \\ \displaystyle\iint r^2 \sigma \, dS \\ \qquad (dm = \sigma \, dS \ \ \text{面密度〔kg/m}^2\text{〕×面積〔m}^2\text{〕}) \\ \displaystyle\int r^2 \lambda \, dr \\ \qquad (dm = \lambda \, dr \ \ \text{線密度〔kg/m〕×長さ〔m〕}) \end{cases} \tag{14.3}$$

それでは簡単な形状の剛体の慣性モーメントを具体的に求めてみよう。

14.1.1 細い棒（重心まわり）

図14.1のような，長さL，質量Mの一様な棒について考える。この棒の中心（重心）を通り，棒に垂直な軸まわりの慣性モーメントを求めてみよう。棒の長さ方向にx軸をとり，棒の中心を原点Oとする。

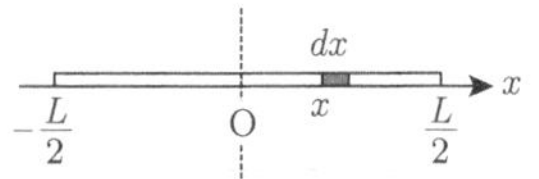

図14.1
一様な棒なので，棒の中心と重心は一致する。

1次元の物体なので，線密度λを用いる。長さL，質量Mであるので，

$$\lambda = \frac{M}{L} \tag{14.4}$$

であり，棒を長さdxの微小部分に分割すると，微小部分の質量dmは，

$$dm = \lambda dx \tag{14.5}$$

と表せる。

ここで，慣性モーメントの式（14.2）の r は x に相当するので，重心まわりの慣性モーメントは $-\frac{L}{2} \leqq x \leqq \frac{L}{2}$ の範囲で積分して，

$$I = \int r^2\,dm = \int_{-\frac{L}{2}}^{\frac{L}{2}} x^2\lambda\,dx = \frac{1}{12}\lambda L^3 = \frac{1}{12}ML^2 \tag{14.6}$$

となる。

★ 補足

$r \to x$
$dm \to \lambda dx$

と置き換え，x の積分範囲を $-\frac{L}{2} \leqq x \leqq \frac{L}{2}$ とした。

← $\lambda = \frac{M}{L}$（14.4）式を用いた。

14.1.2 一様な細い棒（端点まわり）

上記と同じように，長さ L，質量 M の一様な棒について考える。図 14.2 のように，棒の左端を通り，棒に垂直な軸まわりの慣性モーメントを求める。棒の長さ方向に x 軸をとり，棒の左端を原点とする。

棒の長さ dx の微小部分の質量 dm は，線密度 λ を用いて同様に

$$dm = \lambda dx \tag{14.7}$$

である。

左端まわりの慣性モーメントは，今回は $0 \leqq x \leqq L$ の範囲で積分して，

$$I = \int r^2\,dm = \int_0^L x^2\lambda\,dx = \frac{1}{3}\lambda L^3 = \frac{1}{3}ML^2 \tag{14.8}$$

となる。このように，回転軸の位置が変わると積分範囲が変わり，慣性モーメントの値も変わる。

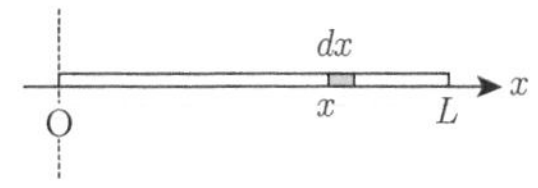

図 14.2

★ 補足

$r \to x$
$dm \to \lambda dx$

と置き換え，x の積分範囲を $0 \sim L$ とした。

14.1.3 一様な円板（重心まわり）

図 14.3 のような半径 R，質量 M の一様な円板について考える。この円板の中心を通り，円板に垂直な軸まわりの慣性モーメントを求める。

1 次元の物体なので，面密度 σ を用いる。半径 R，質量 M であるので，

$$\sigma = \frac{M}{\pi R^2} \tag{14.9}$$

である。さて，積分にあたり，円板をどのような微小部分に分割するとよいだろう。微小部分の慣性モーメント r^2dm を全体について集めるので，回転軸からの距離 r が同じ部分を，ひとまとまりの微小部分とするのがよい。このため，図 14.4 のように半径 r のところにある微小な幅 dr の円環を考える。この円環の面積は $2\pi r dr$ であるから，微小円環の質量 dm は，

$$dm = \sigma \cdot 2\pi r dr \tag{14.10}$$

である。

この円環を半径方向に全て足し合わせれば円板になるので，円板の中心軸まわりの慣性モーメントは $0 \leqq x \leqq R$ の範囲で積分して，

$$I = \int r^2\,dm = \int_0^R r^2\sigma 2\pi r\,dr = \frac{1}{2}\sigma\pi R^4 = \frac{1}{2}MR^2 \tag{14.11}$$

となる。

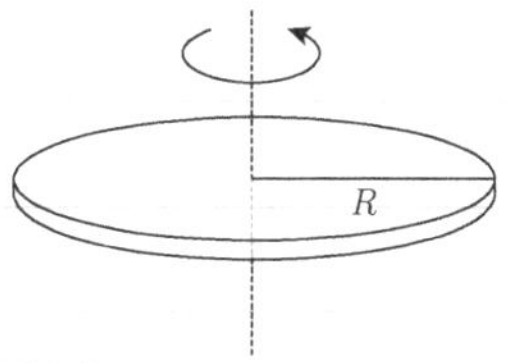

図 14.3

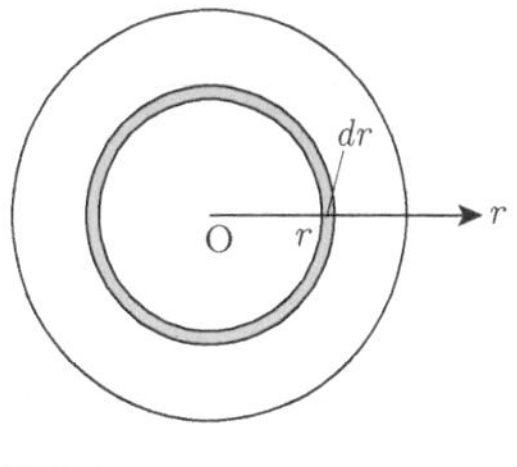

図 14.4

★ 補足

円環の面積は，

$\pi(r+dr)^2 - \pi r^2$
$= 2\pi r dr + (dr)^2$
$\fallingdotseq 2\pi r dr$

（2 次の微小量を無視した。）
もしくは，微小円環を直線状に伸ばし，長方形と近似して $2\pi r dr$

← $\sigma = \frac{M}{\pi R^2}$（14.9）式を用いた。

14.1.4 一様な球（重心まわり）

半径 R，質量 M の一様な球について考える。この球の中心を通る軸（z 軸とする）のまわりの慣性モーメントを求める。

3 次元の物体なので，密度 ρ を用いる。半径 R，質量 M であるので，

$$\rho = \frac{3M}{4\pi R^3} \tag{14.12}$$

である。

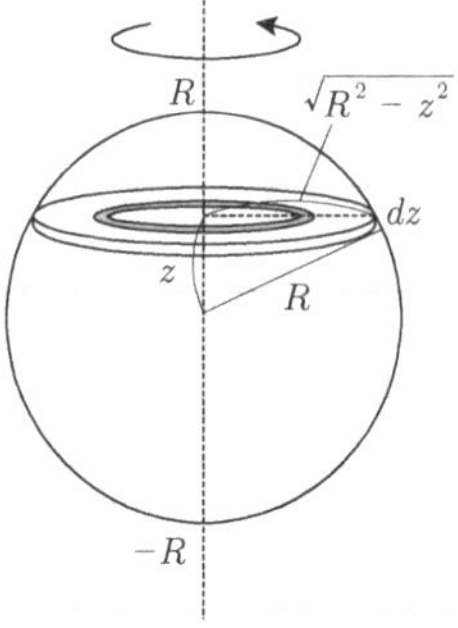

図 14.5

微小部分のとり方は，回転軸からの距離 r が同じ部分をまとめて考えようとすると，図 14.5 のように，球を円板にスライスし，円板上の微小円環を微小部分とするのがよい。それを半径方向に積分して円板をつくり，円板を重ねて球にするという手順をとる。

球の中心から距離 z のところにある厚さ dz の薄い円板を考え，この円板上に，回転軸から半径 r のところにある微小な幅 dr の円環を考える。この円環の面積は $2\pi r dr$ で厚さは dz であるから，微小円環の質量 dm は，

$$dm = \rho \cdot 2\pi r dr \cdot dz \tag{14.13}$$

である。z の位置における円板の半径は $\sqrt{R^2 - z^2}$，球の半径は R であることから，z 軸まわりの慣性モーメントは，

★ 補足
内側の積分で円板の慣性モーメントを出し，外側の積分で円板を重ねて球にする。

$\rho = \frac{3M}{4\pi R^3}$（14.12）式を用いた。

$$I = \int r^2\,dm = \int_{-R}^{R}\left(\int_0^{\sqrt{R^2-z^2}} r^2 \rho \cdot 2\pi r\,dr\right)dz$$
$$= \int_{-R}^{R} \frac{1}{2}\rho\pi(R^2 - z^2)^2\,dz = \frac{8}{15}\rho\pi R^5 = \frac{2}{5}MR^2 \tag{14.14}$$

14.2 慣性モーメントに関する定理

14.2.1 平行軸の定理

質量 M の剛体の任意の軸まわりの慣性モーメントを I，重心 G を通りその軸に平行な軸まわりの慣性モーメントを I_{G} とすると，2 つの軸の間の距離を h として，次の関係がある。

$$I = I_{\mathrm{G}} + Mh^2 \tag{14.15}$$

（証明）

図 14.6 のように，I の軸（求めたい慣性モーメントの軸）を z 軸，I_{G} の軸（重心を通る軸）を z' 軸とする。z 軸と z' 軸は平行とする。I の軸からみた I_{G} の軸の位置を（X，Y）とし，z 軸からの微小部分 dm までの距離を r，z' 軸から微小部分 dm までの距離を r' とすると，それぞれの慣性モーメントは，

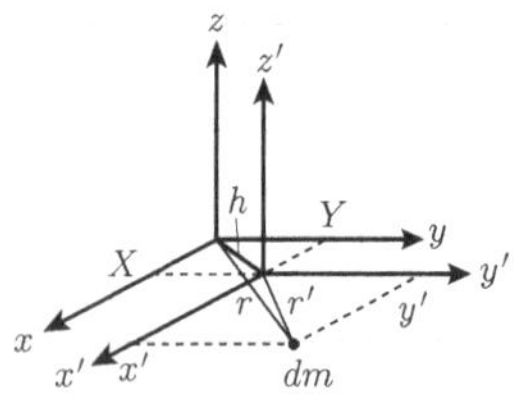

図 14.6

$$I = \int r^2\,dm, \quad I_{\mathrm{G}} = \int r'^2\,dm$$

と表される。一方，r と r' には次のような関係がある。

$$
\begin{aligned}
r^2 &= (x'+X)^2+(y'+Y)^2\\
&= (x'^2+y'^2)+(X^2+Y^2)+2x'X+2y'Y\\
&= r'^2+h^2+2x'X+2y'Y
\end{aligned}
$$

これを I に代入し，X，Y が定数であることに注意して整理すると，

$$
\begin{aligned}
I &= \int r^2\,dm\\
&= \int r'^2\,dm+h^2\int dm+2X\int x'\,dm+2Y\int y'\,dm\\
&= I_{\mathrm{G}}+Mh^2
\end{aligned}
$$

となる。この I の軸を剛体外にとることも可能である。

★ 補足

この変形で

$\int r'^2\,dm = I_{\mathrm{G}}$

$\int dm = M$

また重心の定義から，

$\int x'\,dm = \int y'\,dm = 0$

であることを用いた。

例題 14-1

図 14.7 のように，長さ L，質量 M の一様な棒の左端 O を通り，棒に垂直な軸まわりの慣性モーメントを平行軸の定理を用いて求めよ。

棒の重心 G まわりの慣性モーメントが $\frac{1}{12}ML^2$ であることを用いよ。

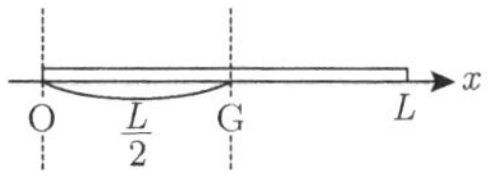

図 14.7

解説 & 解答

OG 間の距離は $\frac{L}{2}$ であるので，平行軸の定理により，

$$
I = I_{\mathrm{G}}+Mh^2 = \frac{1}{12}ML^2+M\left(\frac{L}{2}\right)^2 = \frac{1}{3}ML^2
$$

となり，14.1.2 節で求めたものと同じになる。■

14.2.2 垂直軸（直行軸）の定理

一様な薄い板状の剛体の一点を通り，この薄い板に垂直な軸（図 14.8 の z 軸）まわりの剛体の慣性モーメントは，この点を通り板の面内にある互いに垂直な 2 本の軸（図 14.8 の x 軸，y 軸）のまわりの慣性モーメントの和に等しい。

$$
I_z = I_x + I_y \tag{14.16}
$$

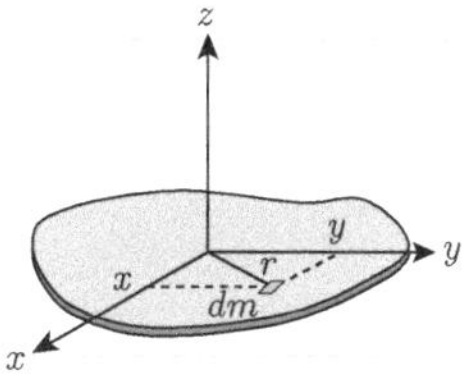

図 14.8

（証明）

図 14.8 のように，平板を xy 平面内におき，平板の一点を原点として，平板に垂直な軸を z 軸とする。z 軸から剛体の微小部分 dm までの距離を r とし，その座標を $(x,\ y)$ とすれば，$r=\sqrt{x^2+y^2}$ である。したがって，この剛体の z 軸まわりの慣性モーメントは，

$$
\begin{aligned}
I_z &= \int r^2\,dm = \int (x^2+y^2)\,dm\\
&= \int x^2\,dm+\int y^2\,dm = I_y+I_x
\end{aligned}
$$

となる。このように z 軸まわりの慣性モーメントは，x 軸まわりと y 軸まわりの慣性モーメントの和で書ける。

★ 補足

この変形で

$I_x = \int y^2\,dm$

$I_y = \int x^2\,dm$

積分記号の中の y^2 や x^2 は（回転軸からの距離）^{2} である。$I_x = \int x^2\,dm$ としないように注意すること。

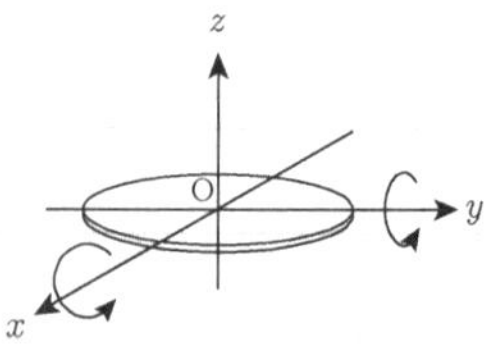

図 14.9

例題 14-2

半径 R，質量 M の一様な円板がある。図 14.9 のように，原点 O を円板の中心とし，円板に垂直な軸を z 軸としたとき，x 軸まわり，y 軸まわりの円板の慣性モーメントを求めよ。z 軸まわりの円板の慣性モーメントが $\frac{1}{2}MR^2$ であることを用いてよい。

解説 & 解答

円板なので，対称性より $I_x = I_y$ である。
垂直軸の定理より，

$$
\begin{aligned}
I_z &= I_x + I_y \\
&= 2I_x \\
\therefore\ I_x = I_y &= \frac{1}{2}I_z = \frac{1}{4}MR^2 \quad ■
\end{aligned}
$$

14.3 さまざまな形状の慣性モーメント

剛体には回転させやすいものと，させにくいものがある。慣性モーメントは剛体の回転しにくさを表す量であり，形状や回転軸の取り方で異なる。以下に，代表的な形状の一様な剛体の慣性モーメントをまとめた。

表 14.1

形状	慣性モーメント			
棒（長さ L）	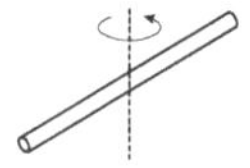	$\frac{1}{12}MR^2$	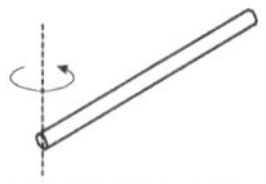	$\frac{1}{3}MR^2$
円板（半径 R）	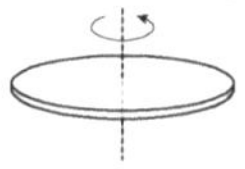	$\frac{1}{2}MR^2$	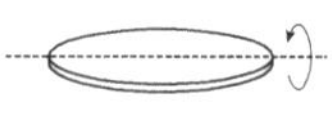	$\frac{1}{4}MR^2$
円環（半径 R）	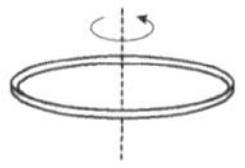	MR^2	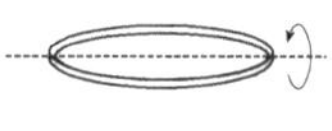	$\frac{1}{2}MR^2$
四角形板（長さ $a \times b$）	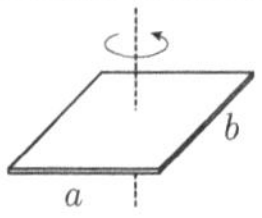	$\frac{1}{12}M(a^2+b^2)$	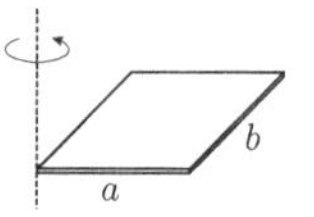	$\frac{1}{3}M(a^2+b^2)$
	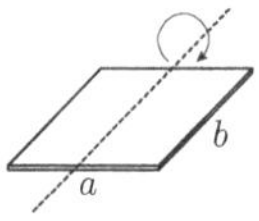	$\frac{1}{12}Ma^2$	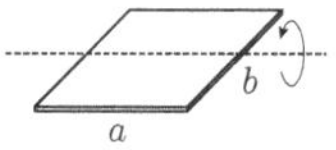	$\frac{1}{12}Mb^2$
球（半径 R）	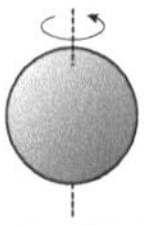	$\frac{2}{5}MR^2$		

第15章 剛体の平面運動

第12章では，剛体が静止したままのつりあった状態について考えた。本章では，いよいよ動く剛体について取り扱う。重心の運動方程式，回転の運動方程式を用いた剛体の運動の解き方を学ぼう。

15.1 運動方程式，回転の運動方程式による解法

円板が斜面を転がり落ちるような運動を考えよう。このときの運動は，円板の重心が常に同じ平面内にあり，回転軸が常にこの平面に垂直であるような運動である。ここでは，このような問題の解き方を学ぶ。

基本的には，3.5節の運動方程式の解法とほぼ同様であるが，剛体の運動は，並進運動（重心の運動）と回転運動に分離できるのであった。このため，回転運動に関連した考察を追加する必要がある。剛体の運動を調べる手順は次のようになる。

1）座標軸の設定

2）力の発見

3）重心の運動方程式

4）回転の運動方程式

5）初期条件と束縛条件

6）計算と物理的理解

以下では，剛体の運動を考える上での注意点について補足する。

1）座標軸の設定

本書で扱う剛体の運動は，ある平面内にある剛体が，この平面に平行な力を受けたときに限られている。このため，図15.1のように，重心が運動する平面を xy 平面とし，回転運動は重心を通る z 軸まわりで考えることが多い。剛体が斜面を転がり落ちるような運動では，回転軸は剛体に固定されており，重心とともに移動する。また，この回転軸（z 軸）の向きは「紙面奥から手前」向きとなり，回転角は x 軸から y 軸に向かう方向（左回り）が正となる。

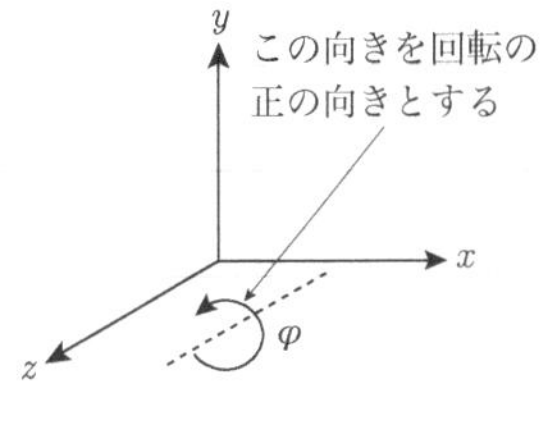

図15.1

2）力の発見

運動方程式よる解法と同様である。

重力の作用点は，剛体の重心であることに注意する。

3）重心の運動方程式

全外力が重心に集中しているものと考えるので，作用点は重心であるとして運動方程式を立てればよい。

4）回転の運動方程式

物体の回転を考える場合，回転軸は重心を通る軸となる。回転の運動方程式は，回転軸を z 方向として，

$$I\frac{d^2\varphi}{dt^2} = N_z$$

である。力のモーメントは回転する方向を考え，符号に気をつけること（左まわりが正となる）。

5）初期条件と束縛条件

運動方程式の解法で考えたような初期条件や束縛条件の他に，剛体の回転運動に特有な束縛条件がある。「円板が滑らずに転がる」や「ヨーヨーの糸が伸び縮みせずにほどける」といった状況である。このとき，物体が回転した角度と物体が進んだ距離の間に一定の関係（束縛条件）が生じる。

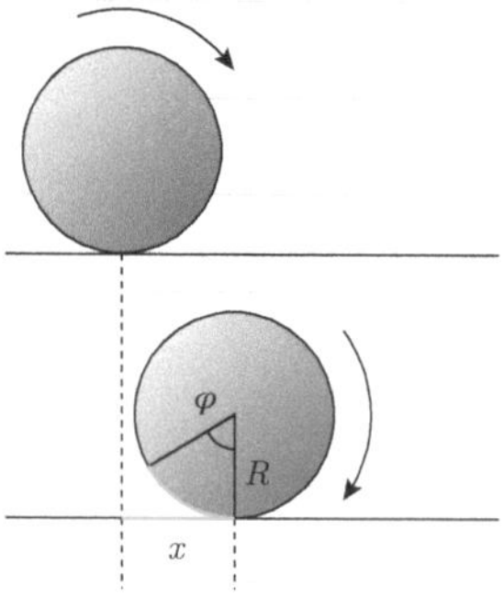

図 15.2

例として，図 15.2 のように，半径 R の円板が x の正の向きに滑らずに回転しながら運動している状況を考える。転がった距離 x（重心の座標の変化）は円板上の弧の長さに等しいので，回転した角度 φ との関係は，

$$x = R\varphi \tag{15.1}$$

と表すことができる。これを時間微分すれば，

$$\begin{aligned}\frac{dx}{dt} &= R\frac{d\varphi}{dt}\\ \frac{d^2x}{dt^2} &= R\frac{d^2\varphi}{dt^2}\end{aligned} \tag{15.2}$$

となり，加速度と角加速度の関係が得られる。これが，並進運動と回転運動とつなぐ束縛条件となる。

15.2 斜面を転がる円板

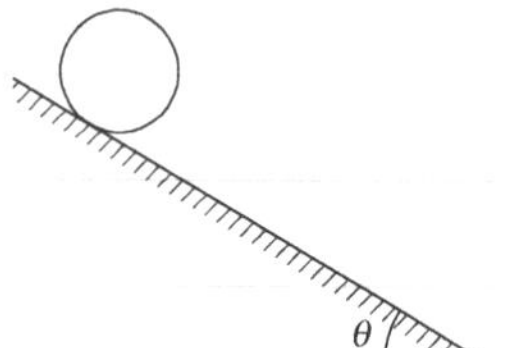

図 15.3

水平面からの角度が θ の斜面上に，半径 R，質量 M の一様な円板をおいたところ，円板は滑らずに転がり落ちた（図 15.3）。このときに円板にはたらく摩擦力と斜面に沿った円板の加速度を求めてみよう。このとき，円板の中心を通る軸まわりの慣性モーメントは，$I = \dfrac{1}{2}MR^2$ である。

1）座標軸の設定

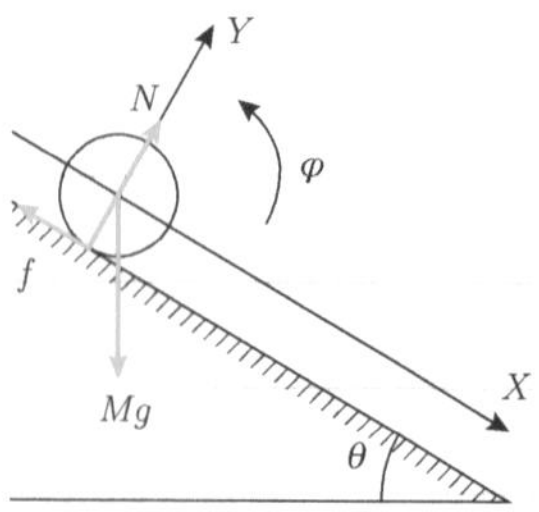

図 15.4

図 15.4 のように，斜面にそって X 軸，斜面に垂直に Y 軸をとる。このとき，左回りの回転角を φ とする（円板の回転は逆向きになるので，転がった回転角は負になる）。また，物体をおいた位置を原点とする。

2）力の発見

重力 Mg の他に，円板が斜面に接している点で，垂直抗力（N とする）と滑らないための摩擦力（f とする）がはたらいている。

3）重心の（並進運動の）運動方程式

$$X\text{成分：}\quad M\frac{d^2X}{dt^2}=Mg\sin\theta-f \tag{15.3}$$

$$Y\text{成分：}\quad M\frac{d^2Y}{dt^2}=N-Mg\cos\theta \tag{15.4}$$

★ 補足
第12章では垂直抗力に R を用いたが，動く物体では球状の物体が多く，R は半径として用いられるので，ここでは垂直抗力を N とした。

4）回転の運動方程式

重心まわりで考えて，

$$\text{重心まわり：}\quad I\frac{d^2\varphi}{dt^2}=-Rf \tag{15.5}$$

5）初期条件と束縛条件

初期条件は，転がり始める点を原点とし，初速度を0とする。

$$\begin{cases} X(0)=0 \\ Y(0)=0 \end{cases}\qquad \begin{cases} \dfrac{dX(0)}{dt}=0 \\ \dfrac{dY(0)}{dt}=0 \end{cases}$$

束縛条件は，

$$\text{斜面にめり込まない：}\quad \text{常に}\,Y=0,\ \rightarrow\frac{dY}{dt}=0,\ \frac{d^2Y}{dt^2}=0 \tag{15.6}$$

$$\text{滑らないで回転：}\quad X=-R\theta,\ \rightarrow\frac{dX}{dt}=-R\frac{d\varphi}{dt},\ \frac{d^2X}{dt^2}=-R\frac{d^2\varphi}{dt^2} \tag{15.7}$$

★ 補足
転がった距離 x は正であるが，回転角 φ は負になるため，$-$ がつくことでつじつまが合う。

6）計算と物理的理解

ここで未知数と方程式の数を確認しておくと，未知数は，$\ddot{X}$，$\ddot{Y}$，$\ddot{\varphi}$，N，f の5つである。一方，立てた方程式の数は5つあるため，方程式の数はこれで必要十分である（初期条件は方程式の数には含まない）。

★ 補足
加速度はドット表記して

$$\ddot{X}=\frac{d^2X}{dt^2}$$

$$\ddot{Y}=\frac{d^2Y}{dt^2}$$

$$\ddot{\varphi}=\frac{d^2\varphi}{dt^2}$$

と表す。

（15.4），（15.6）式から

$$N=Mg\cos\theta$$

（15.5）式に，（15.7）式と慣性モーメント $I=\dfrac{1}{2}MR^2$ を用いて，

$$I\left(-\frac{1}{R}\frac{d^2X}{dt^2}\right)=-fR$$

$$M\frac{d^2X}{dt^2}=2f \tag{15.8}$$

（15.3）と（15.8）式を連立させて解くと，

$$f=\frac{1}{3}Mg\sin\theta$$

$$\frac{d^2X}{dt^2}=\frac{2}{3}g\sin\theta \tag{15.9}$$

が得られる。ここで，円板の加速度の大きさは，摩擦がなくて滑り落ちるときに比べると $\dfrac{2}{3}$ になっていることがわかる。これは，摩擦力が滑り落ちるのを妨げているためである。

★ 補足
摩擦がない斜面を滑り落ちるときの加速度は

$$\ddot{X}=g\sin\theta$$

であることを確かめてみよ。

積分して初期条件を用いれば，

$$V_X = \frac{dX}{dt} = \int \frac{2}{3} g \sin\theta dt = \frac{2}{3} gt \sin\theta \tag{15.10}$$

$$X = \int \frac{2}{3} gt \sin\theta dt = \frac{1}{3} gt^2 \sin\theta \tag{15.11}$$

となり，速度，変位の式が求められる。角速度や角加速度が必要な場合は，さらに（15.7）式を用いればよい。

ここで，円板が距離 L だけ転がったときの，エネルギーの変化について考えてみよう。

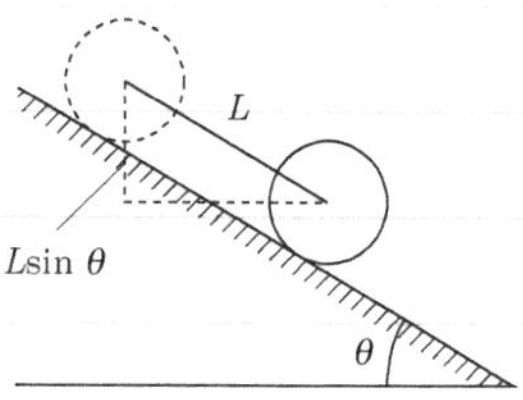

図 15.5

図 15.5 のように，L だけ転がったときの鉛直方向に落ちた距離 h は，

$$h = L \sin\theta$$

L だけ転がったときの時間は，（15.11）式より，

$$t = \sqrt{\frac{3L}{g\sin\theta}}$$

と求められるので，そのときの速度は，（15.10）式より，

$$V_X = \frac{2}{3}\sqrt{3gL\sin\theta}$$

これらを用いて，

位置エネルギーの減少：　$Mgh = MgL \sin\theta$

並進運動の運動エネルギーの増加：　$\frac{1}{2}M{V_X}^2 = \frac{2}{3}MgL\sin\theta$

回転運動の運動エネルギーの増加：　$\frac{1}{2}I\left(\frac{d\varphi}{dt}\right)^2 = \frac{1}{2}\left(\frac{1}{2}MR^2\right)\left(-\frac{V_X}{R}\right)^2$

$$= \frac{1}{4}M{V_X}^2$$

$$= \frac{1}{3}MgL\sin\theta$$

となる。位置エネルギーの減少分が，並進運動の運動エネルギーの増加と回転運動の運動エネルギーの増加の合計と等しくなっており，力学的エネルギー保存則が成り立っていることがわかる。

円板が転がるときは，並進運動と回転運動の運動エネルギーの比は 2：1 となったが，この比は形によって変わる。

★ 補足
以下の例題では，記述の簡略化のため時間微分はドット表記とする。

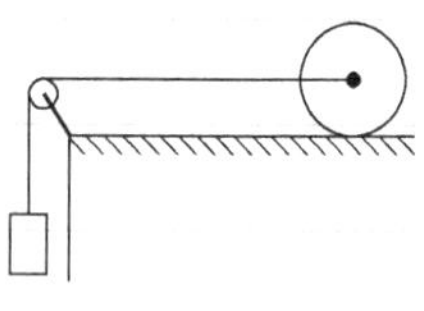
図 15.6

例題 15-1　糸に引っ張られる円柱

図 15.6 のように，半径 R，質量 M の一様な円柱の円柱軸に，伸び縮みしない軽い糸をつけ，摩擦の無視できる軽い滑車を通して，他端に質量 m のおもりをつけて引いた。円柱は滑らずに転がるものとする。このときの，円柱にはたらく摩擦力 f，糸の張力 T，円柱の重心の加速度を求めよ。円柱の円柱軸まわりの慣性モーメントは $I = \frac{1}{2}MR^2$ である。

解説＆解答

1）座標軸の設定

図 15.7 のように，糸に沿った経路を X 軸とし，円柱の左回りの回転角を φ とする。

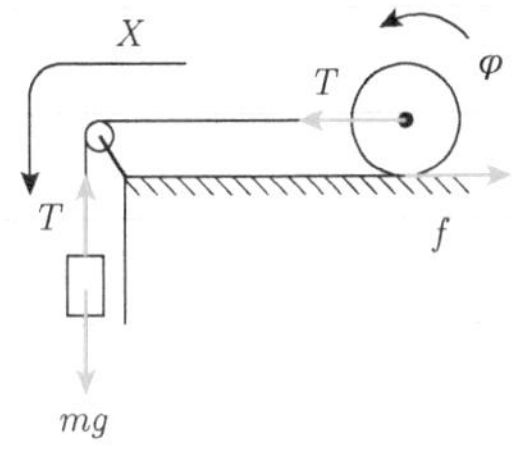

図 15.7

2）力の発見

おもりには重力 mg と糸の張力 T がはたらいている。円柱には，水平方向に糸の張力 T と床で接している部分に摩擦力 f がはたらく。鉛直方向には重力および垂直抗力がはたらいているがこれらはつりあっており，今回の運動に直接関係ないので省略する。

★ 補足
本来は鉛直方向にも運動方程式を立て，鉛直方向の加速度が 0 であることから，垂直抗力が求められる

3）重心の運動方程式

糸に沿った方向に X 軸をとっており，糸は伸び縮みしないので，加速度 $\ddot{X}$ はおもりも円柱も共通である（この時点で束縛条件を含んでいる）。

おもり：　$m\ddot{X} = mg - T$　①

円　柱：　$M\ddot{X} = T - f$　②

4）回転の運動方程式

重心まわりの回転になるので，

重心まわり：　$I\ddot{\varphi} = Rf$　③

5）初期条件と束縛条件

円柱が滑らずに転がることから，$X = R\varphi$ であり，したがって，加速度と角加速度の関係は時間で 2 階微分して，

$$\ddot{X} = R\ddot{\varphi} \quad ④$$

6）計算と物理的理解

③式に，④式と I を用いて，

★ 補足
円柱の円柱軸まわりの慣性モーメント
$I = \frac{1}{2}MR^2$

$$\left(\frac{1}{2}MR^2\right)\frac{\ddot{X}}{R} = Rf \quad \therefore M\ddot{X} = 2f \quad ⑤$$

これに，②式から得られる f を代入すると，

$$M\ddot{X} = 2(T - M\ddot{X}) \quad \therefore 3M\ddot{X} = 2T \quad ⑥$$

①式と⑥式を連立させてとくと，

$$\ddot{X} = \frac{2m}{3M + 2m}g \quad ⑦$$

$$T = \frac{3Mm}{3M + 2m}g \quad ⑧$$

$\ddot{X}$ を⑤に代入して，

$$f = \frac{Mm}{3M + 2m}g = \frac{m}{3 + 2m/M}g \quad ⑨$$

★ 補足
⑨の答えは，1 つ目の式でよいが，質量 M の効果をみるために分子，分母を M で割った。こうすると変数の場所が 1 ヶ所になるので，考えやすくなる。

円柱の質量 M が大きいほど⑨の分母は小さくなるので，摩擦力 f は大きくなり，$f = \frac{1}{3}mg$ に近づく。また⑦から，M が大きいほど加速度は小さくなり，動きが遅くなることがわかる。■

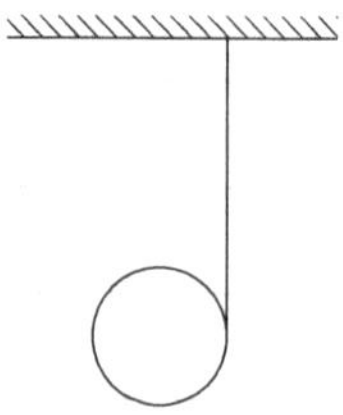

図 15.8

例題 15-2　糸を巻きつけた円板の落下

図 15.8 のように，半径 R，質量 M の一様な円板のまわりに糸を巻きつけ，糸を支えた状態で円板をはなして落下させた。ただし，簡単のため水平方向への動きは考えず，垂直に落下するものとする。このときの糸の張力と，落下する円板の加速度を求めよ。円板の中心を通る軸まわりの慣性モーメントは $I = \frac{1}{2}MR^2$ である。

解説 & 解答

1）座標軸の設定

鉛直上向きに Y 軸をとる。

2）力の発見

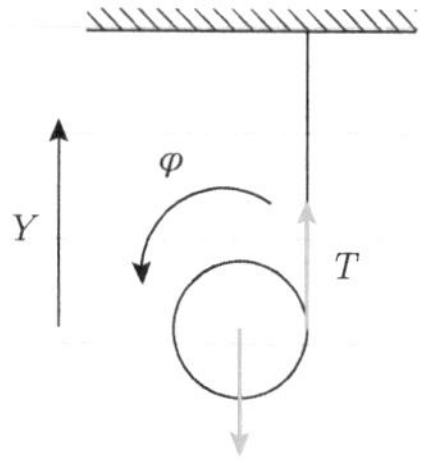

図 15.9

図 15.9 のように，円板にはたらく重力 Mg の他に糸の張力 T がある。

3）重心の運動方程式

Y 成分：　$M\ddot{Y} = T - Mg$　①

4）回転の運動方程式

重心まわりで考えて，

重心まわり：　$I\ddot{\varphi} = RT$　②

5）初期条件と束縛条件

今回は加速度を求めるところまでなので，初期条件は特に必要ない。

束縛条件は，「ほどけた糸の長さが落下した距離に等しい」となるため，

$R\varphi = -Y$

★ 補足
鉛直上向きを正としたので，Y 座標から落下距離を得るには Y の前にマイナスが必要。

したがって加速度と角加速度の関係は，時間で 2 階微分をして，

$R\ddot{\varphi} = -\ddot{Y}$　③

6）計算と物理的理解

★ 補足
円板の中心軸まわりの慣性モーメント

$I = \frac{1}{2}MR^2$

②式に，③式と I を用いて，

$$\frac{1}{2}MR^2\left(-\frac{\ddot{Y}}{R}\right) = RT$$

$$\therefore\ M\ddot{Y} = -2T \qquad ④$$

①式と④式を連立させて解くと，

$$T = \frac{1}{3}Mg \qquad ⑤$$

$$\ddot{Y} = -\frac{2}{3}g \qquad ⑥$$

が得られる。⑥式より，落ちる加速度は g の $\frac{2}{3}$ となっており，自由落下よりゆっくり落ちることがわかる。これは，糸の張力が落下を妨げているためである。■

例題 15-3　滑車

図 15.10 のように，質量 m_1 の物体 1 と m_2 の物体 2（$m_1 > m_2$）を伸びない軽い糸でつなげ，質量 M，半径 R の滑車にかけた。物体から静かに手をはなしたところ，物体 1 は下降し，物体 2 は上昇した。このときの糸の張力と物体の加速度の大きさを求めよ。滑車の慣性モーメントは $I = \frac{1}{2}MR^2$ とする。

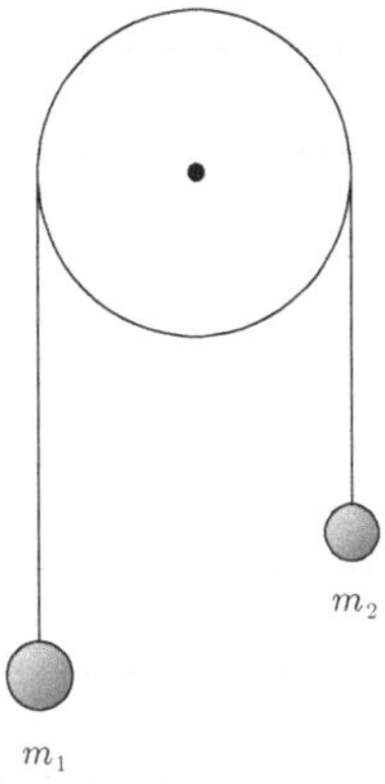

図 15.10

解説＆解答

1）座標軸の設定

4.5 節の例題で扱った滑車の問題と同様，糸に沿った経路を x 軸とする。また，左回りの回転角を φ とする。

2）力の発見

今回着目する物体は物体 1，物体 2，滑車の 3 つである。

図 15.11 のように，物体 1 には重力 $m_1 g$ と糸の張力 T_1，物体 2 には重力 $m_2 g$ と糸の張力 T_2 がはたらいている。滑車で糸は滑らずに回転するため，糸と滑車が接している部分では，糸は滑車に固定されている。このため，滑車の右側と左側にはたらく力はお互いに無関係であり，右側と左側の糸の張力を同じとしてはいけない。

滑車の右側と左側には，それぞれの糸の張力として T_1，T_2 がはたらいている。その他に，この問題では重要ではないが，滑車の重力 Mg と回転軸での抗力 N もはたらいている。特に，抗力 N が無いと滑車に作用する力は下向きの矢印ばかりで，滑車は落下してしまうという感覚を持てれば，力の見つけ方が身についてきたと言えるだろう。

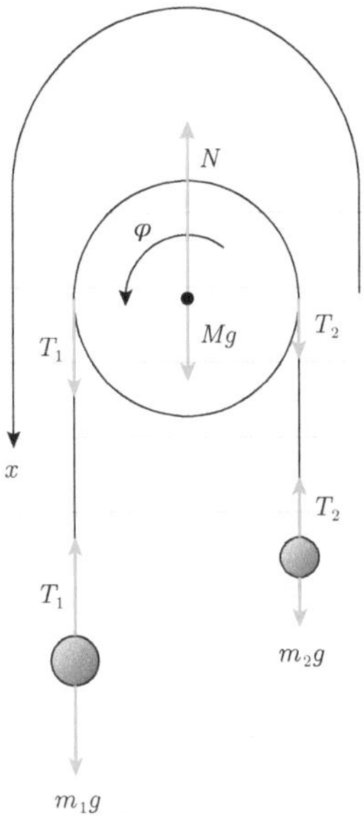

図 15.11

3）重心の運動方程式

物体 1：　$m_1 \ddot{x} = m_1 g - T_1$　①

物体 2：　$m_2 \ddot{x} = T_2 - m_2 g$　②

本来なら滑車の運動方程式も立てた方がよいが，滑車の位置は動かないので，その式より得られるのは，滑車を支えている抗力 N である。このためここでは省略する。

4）回転の運動方程式

回転が関係しているのは滑車だけなので，滑車の重心まわりの回転の運動方程式を立てる。

滑車の回転：　$I\ddot{\varphi} = RT_1 - RT_2$　③

5）初期条件と束縛条件

今回は，加速度を求めるところまでなので，初期条件は特に必要ない。

束縛条件は，滑車で糸が滑らないことから，

$x = R\varphi \qquad \therefore \ddot{x} = R\ddot{\varphi}$　④

6）計算と物理的理解

①，②式に④式を代入して

$$\text{物体 1：}\quad m_1 R\ddot{\varphi} = m_1 g - T_1 \qquad ⑤$$

$$\text{物体 2：}\quad m_2 R\ddot{\varphi} = T_2 - m_2 g \qquad ⑥$$

辺々足すことによって，

$$(m_1 + m_2)R\ddot{\varphi} = (m_1 - m_2)g - (T_1 - T_2)$$

ここで（3）を変形して出てくる（$T_1 - T_2$）を用いて，（$T_1 - T_2$）を消去すると

$$(m_1 + m_2)R\ddot{\varphi} = (m_1 - m_2)g - \frac{I}{R}\ddot{\varphi}$$

$$\frac{1}{R}((m_1 + m_2)R^2 + I)\ddot{\varphi} = (m_1 - m_2)g$$

$$\therefore \quad \ddot{\varphi} = \frac{(m_1 - m_2)R}{(m_1 + m_2)R^2 + I}g \qquad ⑦$$

これを④式に代入して，$I = \frac{1}{2}MR^2$ を用いれば，

$$\ddot{x} = \frac{(m_1 - m_2)R^2}{(m_1 + m_2)R^2 + I}g = \frac{2(m_1 - m_2)}{2(m_1 + m_2) + M}g$$

このように，物体の加速度が求まった。解の次元をみても，きちんと加速度を表していることがわかるだろう。

また，⑦式を⑤，⑥式に代入して，次のように糸の張力が求められる。

$$T_1 = \frac{2m_2R^2 + I}{(m_1 + m_2)R^2 + I}m_1 g = \frac{4m_2 + M}{2(m_1 + m_2) + M}m_1 g$$

$$T_2 = \frac{2m_1R^2 + I}{(m_1 + m_2)R^2 + I}m_2 g = \frac{4m_1 + M}{2(m_1 + m_2) + M}m_2 g$$

このように，左右の糸の張力は異なっていることがわかる。また，m_1 と m_2 は便宜的に番号をふってあるだけなので，1 と 2 を入れ替えてみても，同じ結果が得られることが確認できる。

もし，滑車の質量を無視（$M = 0$）することができれば，

$$T_1 = T_2 = \frac{2m_1m_2}{m_1 + m_2}g$$

となり，例題 4.4 で得られた糸の張力と一致する。この問題では糸の質量を無視しているので，滑車の質量を無視することによっても，滑車にかかる糸の張力はどこでも同じであることを導くことができる。逆にいえば，条件を吟味せずに，「糸の張力はどこでも同じ」という思い込みは危険であることがよくわかるだろう。■

以下の問題において，重力加速度の大きさは g とする。★は発展的内容

1. 重　心

長さ L の棒があり，その線密度は棒の左端からの距離の2乗に比例している。図のように左端を原点Oとしたとき，棒の重心位置 x_G を求めよ。

2. 非弾性衝突

糸の長さもおもりの質量も等しい2つの振り子を，静止した状態で接するように並べて取り付けた。図のように，小球Aを左に少し引っ張って静かにはなし，速度 v_0 で小球Bに衝突させた。2球の反発係数を e とし，振り子運動の減衰は無視できるものとする。

(1)　初めて衝突した直後の小球A，Bの速度を求めよ。

(2)　2回目に衝突した直後の小球A，Bの速度を求めよ。

(3)　十分時間がたつと，小球A，Bの運動はどのようになるか。

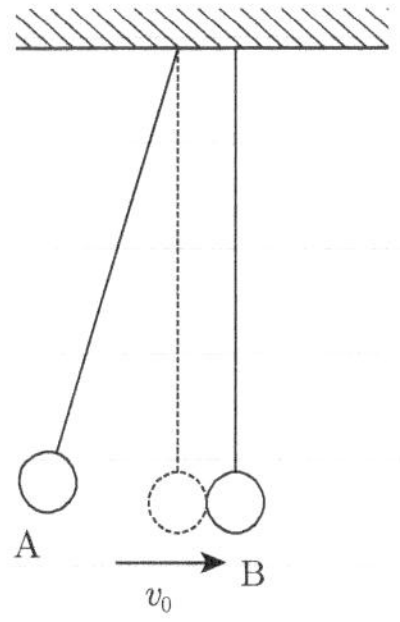

3. 完全非弾性衝突

同一直線上を運動する速度 v_A，質量 m_A の物体Aが，速度 v_B，質量 m_B の物体Bに衝突し，その後一体化して進んだ。

(1)　一体化した物体の衝突直後の速度を求めよ。

(2)　衝突により失われたエネルギーはいくらか。

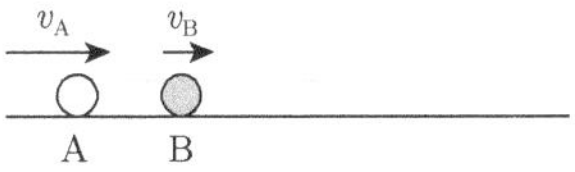

4. 弾性衝突

質量 m_A，速さ v_0 の小球Aが，静止していた質量 m_B の小球Bに弾性衝突した。衝突後，小球Aは進行方向から θ の方向に散乱した。衝突後の小球Aの速度を θ の関数として求めよ。

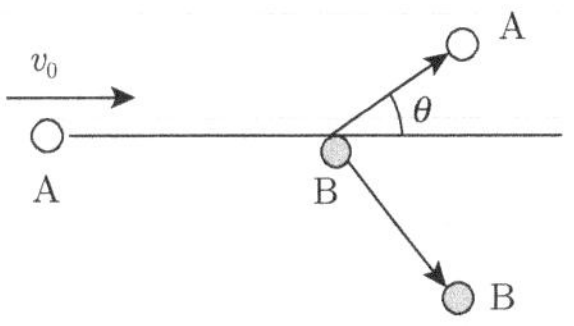

5. 力のモーメント

図のような棒の端点Oからの距離が ℓ_1，ℓ_2，ℓ_3 の点A，B，Cに，それぞれ棒に垂直な力 F_1, F_2, F_3 を図の向きに加える。

(1)　端点Oから距離 x だけ右にある点Pのまわりの力のモーメントの和 N を求めよ。

(2)　外力の合力が0となる場合，N はPの位置によらないことを示せ。

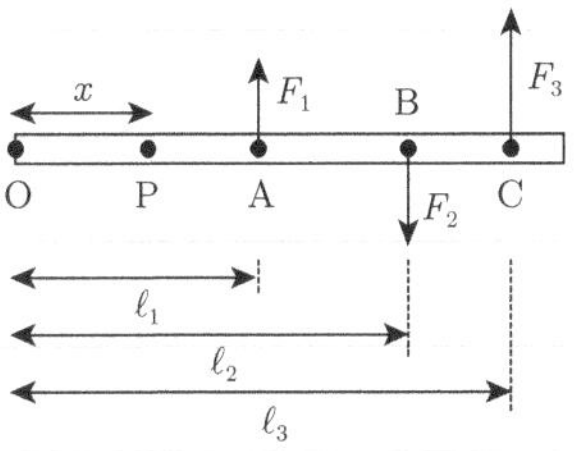

6. 角運動量保存則

図のように，半径 r のリング状のなめらかなレール上に，質量 m_1，m_2 の小球1，2を置き，それぞれ角速度 ω_1，ω_2 で円運動させた。今，小球2が小球1に追突し，小球1の角速度は ω_1' となった。衝突後の小球2の

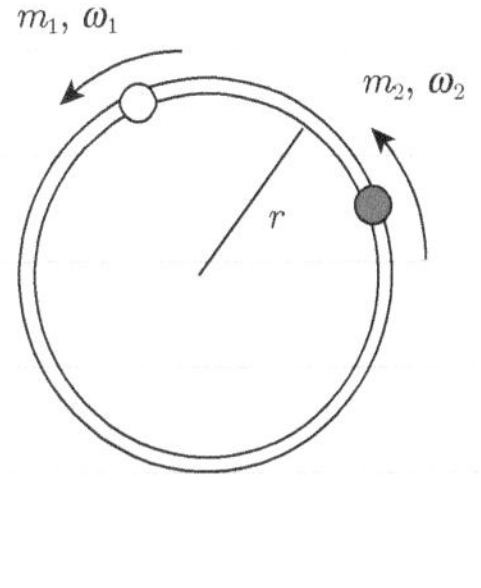

角速度を求めよ。

7. 剛体のつりあい

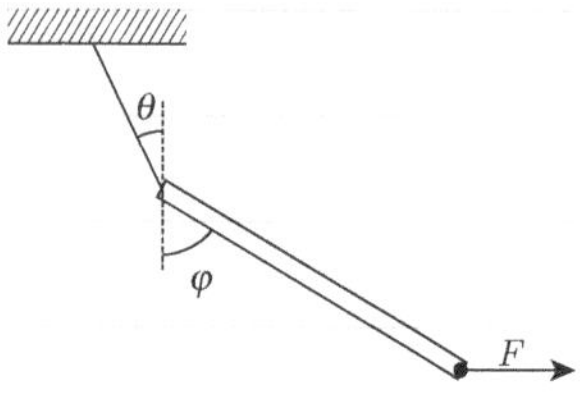

質量 m, 長さ l の一様な棒が，その一端に取り付けられた糸によって，天井からつるされている。この棒の下端に水平方向の力 F を加えたところ，図のような状態で力がつりあった。

(1) F の大きさを θ の関数として表せ。

(2) $\tan\varphi = 2\tan\theta$ の関係が成り立つことを示せ。

8. 剛体のつりあい ★

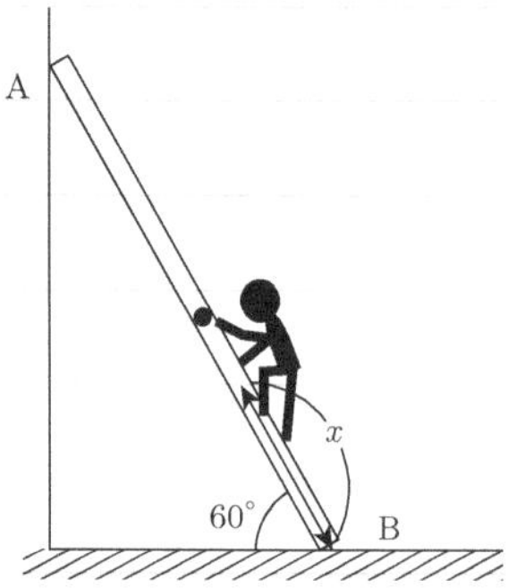

長さ l のはしごが，床との角度 $\theta = 60°$ で壁に立てかけてある。はしごの上端と壁との間の摩擦は無視でき，はしごの下端と床との間の静止摩擦係数を μ とする。はしごの質量は m で，重心ははしごの中央にある。このはしごを体重 7 m の人が登りはじめた。人による重力は，はしごの下端から x の，はしごの位置にかかるものと考えて，以下の問いに答えよ。

(1) 人が x まで登ったとき，はしごの下端にかかっている摩擦力の大きさを求めよ。

(2) はしごが途中ですべらず，はしごの上まで登りきるための静止摩擦係数の条件を求めよ。

(3) 静止摩擦係数が $\mu = 0.34$ のとき，はしごの下から何％登ったところですべるか。数値で答えよ。

9. 慣性モーメント

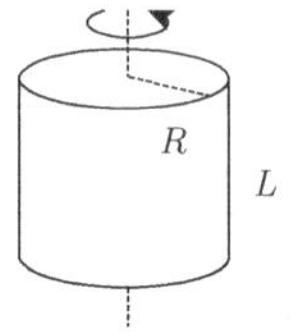

図のように，質量 M, 半径 R, 長さ L の円柱がある。円柱の中心軸まわりの慣性モーメントを求めよ。

10. 慣性モーメント

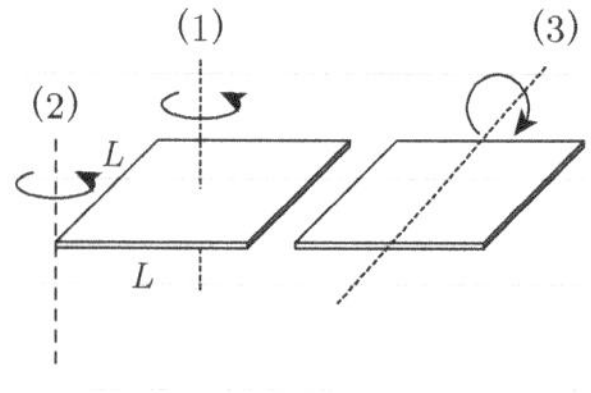

図のように，質量 M, 辺の長さ L の正方形の薄い板がある。

(1) 板の重心を通り，板に垂直な軸まわりの慣性モーメントを求めよ。

(2) この軸を正方形の角にずらしたとき，このずらした軸（破線）まわりの慣性モーメントを求めよ。

(3) 板の重心を通り，板に平行な軸まわりの慣性モーメントを求めよ。

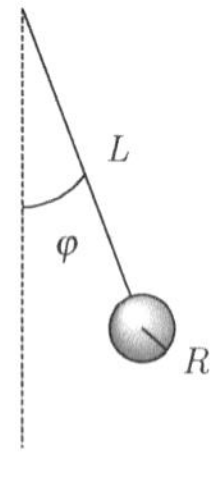

11. 慣性モーメントと回転運動の運動方程式（ボルダの振り子）

図のように，半径 R の金属球を，質量の無視できる長さ L の針金でつるして振り子を作った。

(1) 振り子の支点まわりの慣性モーメントを求めよ。

(2) 振り子の周期を求めよ。

12. 剛体と角運動量保存則

角速度 ω で回転している質量 M, 半径 R の円板の縁に，質量 m の小物体を静かにのせたところ，円板と一体となって回転し続けた。小物体をのせた後の角速度を求めよ。

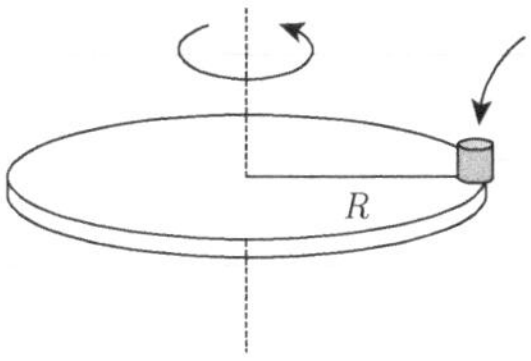

13. 剛体の運動（ヨーヨー）

図のように，質量 M, 慣性モーメント I, 円板の半径 a，軸の半径 a_0 のヨーヨーがある。糸を支えてこのヨーヨーを落下させた。鉛直方向のみに運動すると考えて，以下の問いに答えよ。

(1)　糸の張力と，重心の鉛直方向の加速度を求めよ。

(2)　軸の部分の慣性モーメントが無視できるとき（円板だけの慣性モーメントを考えればよいとき），重心の加速度を求めよ。

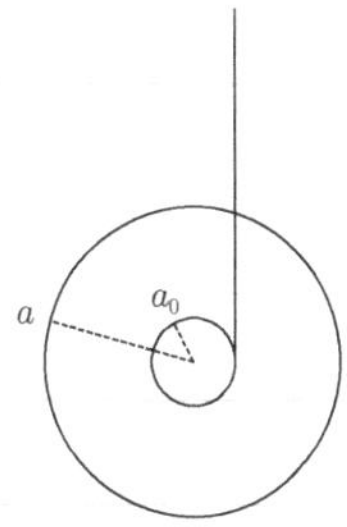

14. 剛体の運動（二重滑車・輪軸）★

図のように，水平軸のまわりになめらかに回転する慣性モーメント I の滑車がある。糸の両端に m_1, m_2 $(m_1 > m_2)$ のおもりをつけてはなしたところ，m_1 のおもりが落下を始めた。角加速度 $\dot{\omega}$ と糸の張力 T_1, T_2 を求めよ。

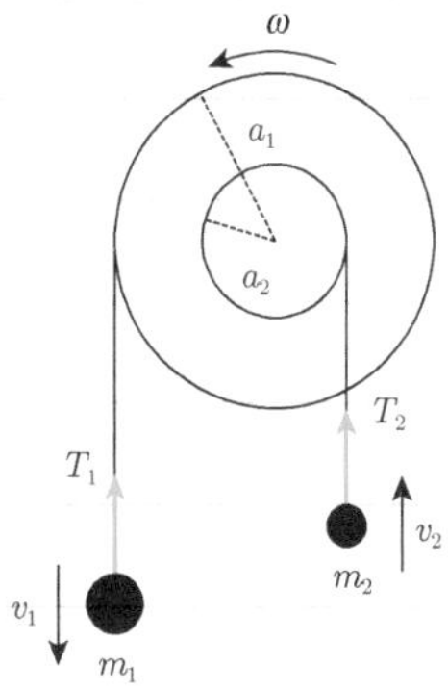

15. 剛体のつりあい，エネルギー（車輪の乗り越え）★

質量 M, 半径 R の車輪が，高さ h $(<R)$ の段差を乗り越える場合について考える。

(1)　車輪が段差の角 P に接して静止している。車輪の軸 O に水平に力を加えたとき，この車輪が段差を乗り越えるために必要な力の大きさ F を，P まわりの力のモーメントのつりあいから求めよ。

(2)　車輪が段差に向かって転がっている。この車輪が段差を乗り越えるために必要な速さ V を求めよ。P での衝突では，はねかえりやすべりは起こらず，完全非弾性衝突と考える。

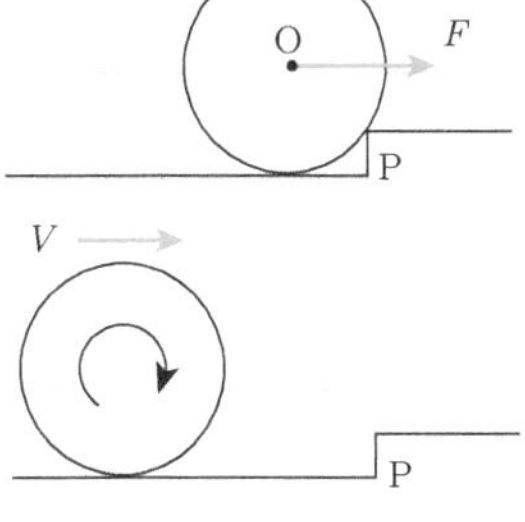

16. 剛体の運動，エネルギー（円筒上の円柱の転がり）★

図のように，半径 r の半円筒が床に固定されている。半円筒の最高点に質量 M, 半径 R の円柱を静かにおいてはなしたところ，円柱はすべらずに転がり落ちた。半円筒の最高点から転がった角度を θ とする。

(1)　円柱が円筒面からはなれたときの $\cos\theta$ を求めよ。

(2)　円筒面からはなれるまでの θ における円柱の速さを，力学的エネルギー保存則から求めよ。また，はなれたときの円柱の速さを求めよ。

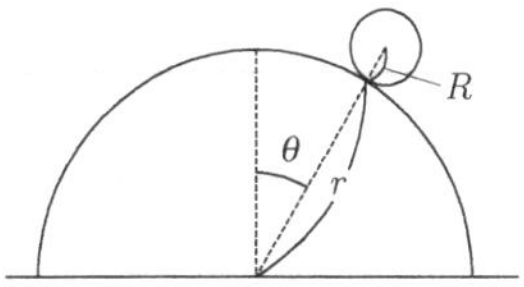

第I部 演習問題解答

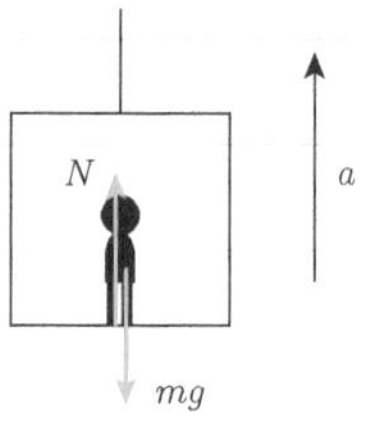

★ 補足
このように，地上に座標系をとって正しく運動方程式が書ければ，慣性力を持ち出す必要はない。

1. 鉛直上向きを正にとる。人にはたらいている重力を mg，人がエレベーターから受ける垂直抗力を N として，エレベーターに乗っている人に対して運動方程式を書くと，

$$ma = N - mg$$

したがって，

$$N = mg + ma = m(g + a)$$

となる。人がエレベーターの床に及ぼす力は，この反作用であるから，求める力の大きさは，$m(g + a)$

2. 水平右向きに x 軸，鉛直上向きに y 軸をとる。物体が受けている力は重力 mg のみなので，物体の各方向の運動方程式，それらから導かれる加速度，速度，変位の式は初期条件（初速度と初位置）を考えて，

$$m\ddot{x} = 0 \qquad m\ddot{y} = -mg$$

$$\ddot{x} = 0 \quad ① \qquad \ddot{y} = -g \quad ④$$

$$\dot{x} = v_0 \cos\theta \quad ② \qquad \dot{y} = -gt + v_0 \sin\theta \quad ⑤$$

$$x = v_0 t \cos\theta \quad ③ \qquad y = -\frac{1}{2}gt^2 + v_0 t \sin\theta + h \quad ⑥$$

(1) 最高点では $\dot{y} = 0$ であるから，⑤から最高点に達する時刻は，

$$t = \frac{v_0 \sin\theta}{g}$$

これを⑥に代入して，最高点の高さは，$y = \dfrac{{v_0}^2 \sin^2\theta}{2g} + h$

(2) 落ちたときは $y = 0$ であるから，これを⑥に代入して得られる解の＋符号をとると，地面に落下したときの時刻は，

$$t = \frac{v_0 \sin\theta + \sqrt{{v_0}^2 \sin^2\theta + 2gh}}{g} \quad ⑦$$

これを③に代入して，水平距離は，

$$x = \frac{v_0 \cos\theta}{g}\left(v_0 \sin\theta + \sqrt{{v_0}^2 \sin^2\theta + 2gh}\right)$$

(3) x 方向の速度は②であり，y 方向の速度は⑦を⑤に代入して，

$$\dot{x} = v_0 \cos\theta, \quad \dot{y} = -\sqrt{{v_0}^2 \sin^2\theta + 2gh}$$

速さは三平方の定理を用いて，$v = \sqrt{\dot{x}^2 + \dot{y}^2} = \sqrt{{v_0}^2 + 2gh}$

★ 補足
この速さは，力学的エネルギー保存則からも求められる。確認してみよ。

3. 座標軸をAのようにとる。問題2と同様に考えて，運動方程式等は次のようになる。

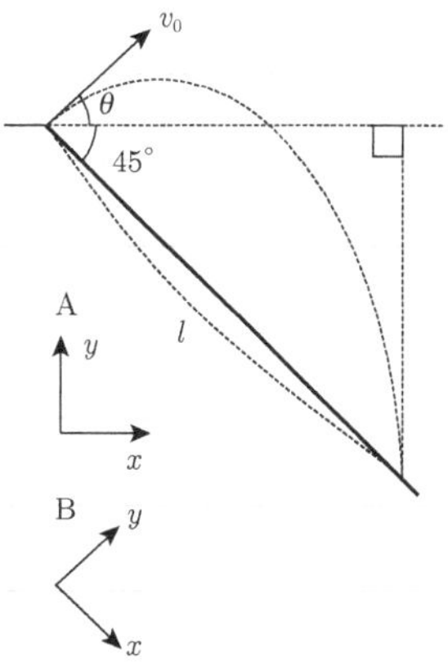

$$m\ddot{x} = 0 \qquad m\ddot{y} = -mg$$
$$\ddot{x} = 0 \quad ① \qquad \ddot{y} = -g \quad ④$$
$$\dot{x} = v_0 \cos\theta \quad ② \qquad \dot{y} = -gt + v_0 \sin\theta \quad ⑤$$
$$x = v_0 t \cos\theta \quad ③ \qquad y = -\frac{1}{2}gt^2 + v_0 t \sin\theta \quad ⑥$$

(1) 物体が斜面に落ちた点の条件は，図の位置関係から，$x\tan 45° = |y|$である。③と⑥を用いて，yが負の値になることに気をつけると，

$$v_0 t \cos\theta = \frac{1}{2}gt^2 - v_0 t \sin\theta$$

これより，物体が斜面に落ちるまでの時間tは

$$t = \frac{2v_0}{g}(\cos\theta + \sin\theta)$$

(2) 落ちた点までの斜面上の距離lは，$l\cos 45° = x$の関係から，落ちた点までの斜面の距離は，

$$l = \frac{x}{\cos 45°} = \frac{v_0 t \cos\theta}{\cos 45°} = \frac{2\sqrt{2}{v_0}^2 \cos\theta}{g}(\cos\theta + \sin\theta)$$

座標軸をBのようにとると，運動方程式等は次のようになる。

$$m\ddot{x} = mg\sin 45°$$
$$\ddot{x} = g\sin 45° \quad ①$$
$$\dot{x} = gt\sin 45° + v_0 \cos(\theta + 45°) \quad ②$$
$$x = \frac{1}{2}gt^2 \sin 45° + v_0 t \cos(\theta + 45°) \quad ③$$
$$m\ddot{y} = -mg\cos 45°$$
$$\ddot{y} = -g\cos 45° \quad ④$$
$$\dot{y} = -gt\cos 45° + v_0 \sin(\theta + 45°) \quad ⑤$$
$$y = -\frac{1}{2}gt^2 \cos 45° + v_0 t \sin(\theta + 45°) \quad ⑥$$

(1) 落ちたときは$y = 0$であるから，これを⑥に代入して得られる解の＋符号をとると，

$$t = \frac{2v_0}{g}\frac{\sin(\theta + 45°)}{\cos 45°} = \frac{2v_0}{g}(\cos\theta + \sin\theta)$$

加法定理

$\sin(\theta + 45^\circ)$
$= \sin\theta\cos 45^\circ + \cos\theta\sin 45^\circ$
$= \dfrac{1}{\sqrt{2}}(\sin\theta + \cos\theta)$

(2)　落ちた点までの斜面上の距離 l は，これを③に代入して三角関数の加法定理を用いて整理すると，

$$l = \frac{2\sqrt{2}{v_0}^2\cos\theta}{g}(\cos\theta + \sin\theta)$$

となり，座標軸を A のようにとったときと一致する。

★ 補足
軽い（質量の無視できる）糸の張力はどこも同じである。滑車も軽い（質量を無視できる）ので，A と B にかかる糸の張力は同じとしてよい。

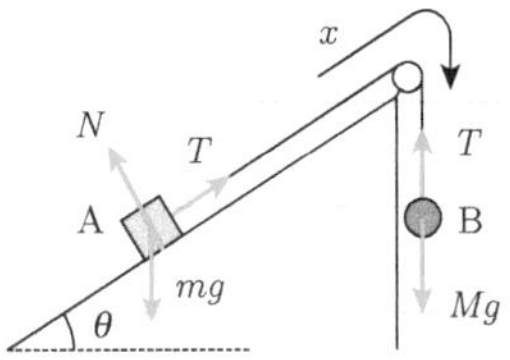

4.　図のように，糸にそって x 軸，斜面垂直上向きに y 軸をとる。物体 A には重力 mg，糸の張力 T，垂直抗力 N がはたらいており，物体 B には重力 Mg と糸の張力 T がはたらいているので，運動方程式は，

物体 A：$m\ddot{x} = T - mg\sin\theta$　①　　$m\ddot{y} = N - mg\cos\theta$　②
物体 B：$M\ddot{x} = Mg - T$　③

(1)　B の加速度（x 方向の加速度）は，①，③から T を消去すれば得られる。①+③として，$\ddot{x}$ について整理すると，

$$\ddot{x} = \frac{M - m\sin\theta}{M + m}g$$

(2)　糸の張力は，①×M−③×m として $\ddot{x}$ を消去し，T について整理すると，

$$T = \frac{Mm}{M + m}g(1 + \sin\theta)$$

（②から A にかかる垂直抗力がわかるが，今回は問われていない。）

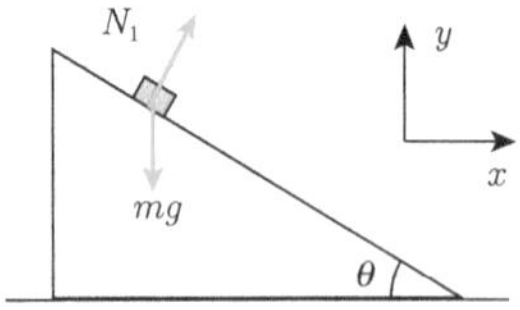

物体にはたらく力

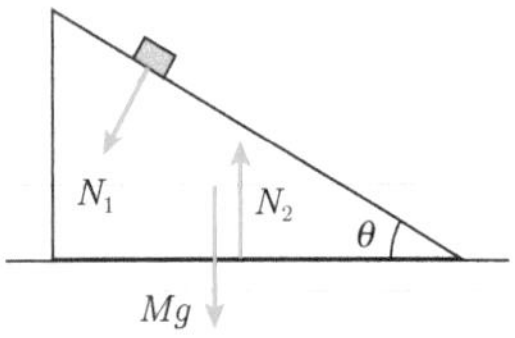

三角台にはたらく力

5.　水平右向きに x 軸，鉛直上向きに y 軸をとる。物体と三角台にはたらいている力は，それぞれ図のようになっている。物体の加速度を $\ddot{x}$ と $\ddot{y}$，三角台の加速度を $\ddot{X}$ と $\ddot{Y}$ とすると，物体と三角台の運動方程式はそれぞれ，

物体：$m\ddot{x} = N_1\sin\theta$　①　　$m\ddot{y} = N_1\cos\theta - mg$　②
三角台：$M\ddot{X} = -N_1\sin\theta$　③　　$M\ddot{Y} = N_2 - Mg - N_1\cos\theta$　④

束縛条件は，物体が斜面から離れずに滑っていることから，

$$(x - X)\tan\theta = |y| = -y$$

これを時間で 2 階微分して，$(\ddot{x} - \ddot{X})\tan\theta = -\ddot{y}$　⑤
また台に関する束縛条件は，常に $Y = 0$ であるから，$\ddot{Y} = 0$　⑥

(1)　①〜③を⑤に代入し N_1 について解くと，

物体が三角台から受ける垂直抗力は，$N_1 = \dfrac{M\cos\theta}{M + m\sin^2\theta}mg$

(2)　求めた N_1 を③に代入して，$\ddot{X} = -\dfrac{m\sin\theta\cos\theta}{M + m\sin^2\theta}g$

(3)　求めた N_1 を①，②に代入して，

物体の加速度：$\ddot{x} = \dfrac{M\sin\theta\cos\theta}{M + m\sin^2\theta}g$， $\ddot{y} = -\dfrac{(M+m)\sin^2\theta}{M + m\sin^2\theta}g$

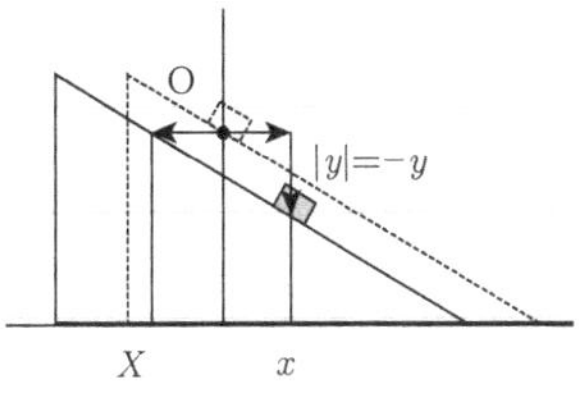

束縛条件の考え方

物体の斜面に対する相対加速度の大きさを α とすると，図的な関係から，$\alpha = \dfrac{1}{\sin\theta}|\ddot{y}| = \dfrac{(M+m)\sin\theta}{M + m\sin^2\theta}g$

(4) L だけ滑り降りるのにかかった時間は，$L = \dfrac{1}{2}\alpha t^2$ より，

$$t = \sqrt{\frac{2L}{\alpha}} = \sqrt{\frac{2L(M + m\sin^2\theta)}{(M+m)g\sin\theta}} \quad ⑦$$

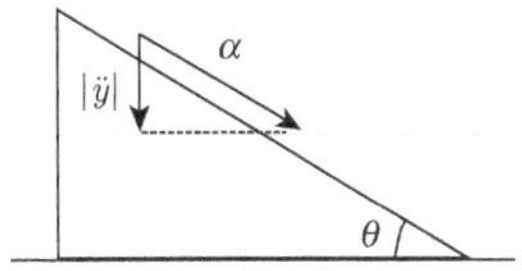

加速度の関係

(5) 三角台の動く距離は，$\ddot{X}$ と⑦より，

$$X = \frac{1}{2}|\ddot{X}|t^2 = \frac{m\cos\theta}{(M+m)}L$$

(参考：非慣性系で解く場合)

物体の運動方程式は，三角台の上にとった座標軸にそってたてる。

物体：$m\ddot{x}' = mg\sin\theta + m\ddot{X}\cos\theta$ ①′

$m\ddot{y}' = N_1 + m\ddot{X}\sin\theta - mg\cos\theta$ ②′

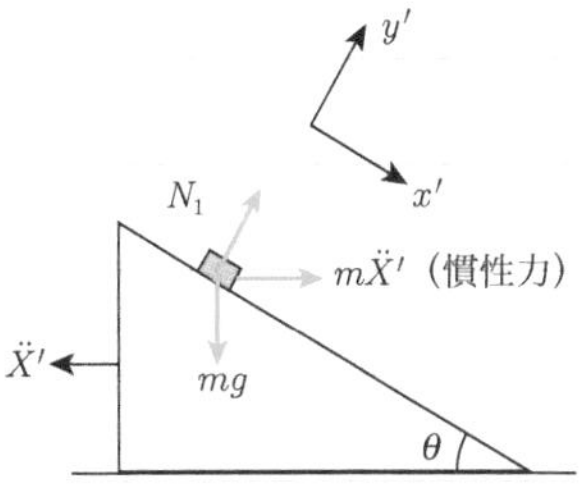

物体にはたらく力

(1) 斜面上にとった座標軸なので，②′において $\ddot{y}' = 0$

③も用いて N_1 を消去し，$\ddot{X} = -\dfrac{m\sin\theta\cos\theta}{M + m\sin^2\theta}g$ （(2) の答え）

さらにこれを③に戻して，$N_1 = \dfrac{Mmg\cos\theta}{M + m\sin^2\theta}$

(2) 上記より，$\ddot{X} = -\dfrac{m\sin\theta\cos\theta}{M + m\sin^2\theta}g$

(3) これを①に代入して，$\ddot{x} = \dfrac{(M+m)\sin\theta}{M + m\sin^2\theta}g$ （＝(3)の α）

以後は同様。

★ 補足
このように，この問題では非慣性系を用いた方が，計算は少し楽である。

6. 図のように，x 軸は糸にそってとり，A については，y 軸を鉛直上向きにとる。物体 A にはたらいている力は，重力 mg，糸の張力 T，垂直抗力 N，摩擦力 f であり，物体 B には重力 Mg と糸の張力 T がはたらいているので，運動方程式は，

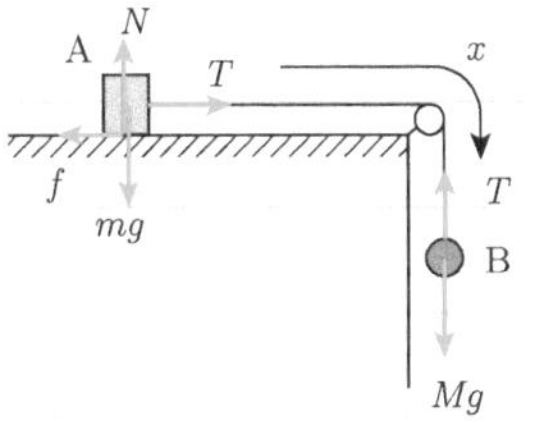

物体 A：$m\ddot{x} = T - f$ ① $m\ddot{y} = N - mg$ ②

物体 B：$M\ddot{x} = Mg - T$ ③

ここで $\ddot{y} = 0$ であるから $N = mg$，最大摩擦力 $f_{\max} = \mu N = \mu mg$ である。

(1) A を引く糸の張力が，最大摩擦力より小さければよい。動かない状態なので，③で $\ddot{x} = 0$ として，張力は $T = Mg$ となる。

$T \leqq f_{\max}$ より，$Mg \leqq \mu mg$。したがって，$\mu \geqq \dfrac{M}{m}$

(2) 運動しているので，$f = \mu' N = \mu' mg$。①+③により T を消去して，$\ddot{x}$ を求め，得られた $\ddot{x}$ を③か①に代入して T を求める。

$$\ddot{x} = \frac{M - \mu' m}{M + m} g, \quad T = \frac{(1 + \mu')mM}{M + m} g$$

7. 水平右向きに x 軸，鉛直上向きに y 軸をとる。物体A，Bの水平方向の加速度をそれぞれ $\ddot{x}$，$\ddot{X}$，鉛直方向の加速度をそれぞれ $\ddot{y}$，$\ddot{Y}$ とする。

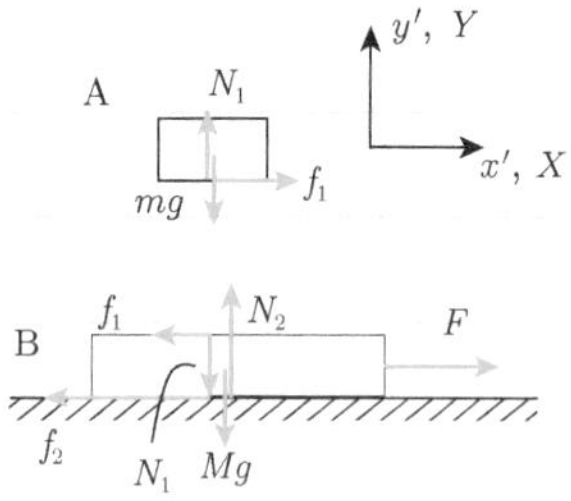

このときの加速度は，f_1 消去して

$$(M + m)\ddot{x} = F - \mu_2{}'(M + m)g$$

より

$$\ddot{x} = \ddot{X} = \frac{F}{M + m} - \mu_2{}' g$$

である。

(1) 物体Aには重力 mg，Bから受ける垂直抗力 N_1，AとBとの間の摩擦力 f_1 であり，物体Bには重力 Mg，引く力 F，床からの垂直抗力 N_2，AとBとの間の摩擦力 f_1，Bと床との間の摩擦力 f_2，Aから受ける垂直抗力 N_1 となる。したがって運動方程式は，

物体A： $m\ddot{x} = f_1$ ①　　$m\ddot{y} = N_1 - mg$ ②

物体B： $M\ddot{X} = F - f_1 - f_2$ ③　　$M\ddot{Y} = N_2 - N_1 - Mg$ ④

$\ddot{y} = \ddot{Y} = 0$ であるから②，④より $N_1 = mg$，$N_2 = (M + m)g$，したがって $f_2 = \mu_2{}' N_2 + \mu_2{}'(M + m)g$。AとBが一体となって動いているので，$\ddot{X} = \ddot{x}$ として①と③から f_1 について解き，これが最大摩擦力 $\mu_1{}' N = \mu_1 mg$ より小さければよいので，

$$f_1 = \frac{M}{M + m} F - \mu_2{}' mg \leqq \mu_1 mg$$

$$\therefore \; F \leqq (M + m)(\mu_1 + \mu_2{}')g$$

(2) 引く力 F をBの代わりにAに与えるので，運動方程式は，

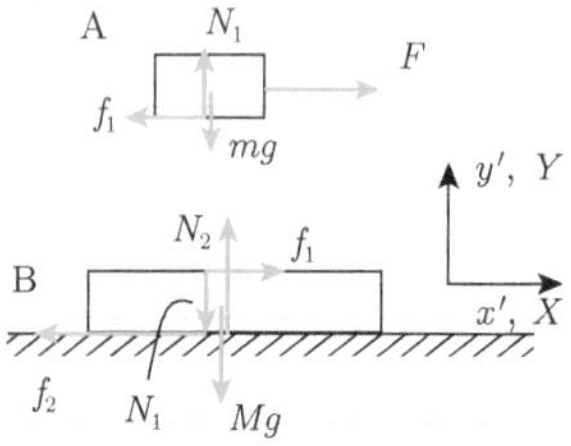

一体で運動しているので，このときの加速度も（1）と同じ

$$\ddot{x} = \ddot{X} = \frac{F}{M + m} - \mu_2{}' g$$

が得られる。

物体A： $m\ddot{x} = F - f_1$ ①　　$m\ddot{y} = N_1 - mg$ ②

物体B： $M\ddot{X} = f_1 - f_2$ ③　　$M\ddot{Y} = N_2 - N_1 - Mg$ ④

(1) と同様に考えて f_1 について解き，$f_1 \leqq \mu_1 mg$ とすると

$$f_1 = \frac{M}{M + m} F + \mu_2{}' mg \leqq \mu_1 mg$$

$$\therefore \; F \leqq \frac{m(M + m)}{M} (\mu_1 + \mu_2{}')g$$

8. 鉛直上向きに y 軸をとる。物体にはたらいている力は，重力 mg と速度に比例した抵抗力 $-kv$ である。加速度 $\ddot{y} = \dfrac{dv}{dt}$ として運動方程式を書くと，

$$m\frac{dv}{dt} = -mg - kv$$

変数分離法によって v について解いて，

$$v=e^{-\frac{k}{m}t+C_1}-\frac{mg}{k}\quad (C_1\text{ は積分定数})$$

★ 補足

$$e^{C_1}=v_0+\frac{mg}{k}$$

(1)　初期条件 $t=0$ で $v=v_0$ を用いて積分定数を決めると，

$$v=\left(v_0+\frac{mg}{k}\right)e^{-\frac{k}{m}t}-\frac{mg}{k}\qquad ①$$

t で積分して，

$$y=-\frac{m}{k}\left(v_0+\frac{mg}{k}\right)e^{-\frac{k}{m}t}-\frac{mg}{k}t+C_2\quad (C_2\text{ は積分定数})$$

初期条件から，$t=0$ で $y=0$ を用いて積分定数を決めると，

★ 補足

$$C_2=\frac{k}{m}\left(v_0+\frac{mg}{k}\right)$$

$$y=\frac{m}{k}\left(v_0+\frac{mg}{k}\right)\left(1-e^{-\frac{k}{m}t}\right)-\frac{mg}{k}t\qquad ②$$

(2)　最高点では速度が 0 なので，①で $v=0$ として，t について解くと

$$t=\frac{m}{k}\ln\left(\frac{kv_0}{mg}+1\right)$$

最高点の高さは，これを②に代入して，

$$y=\frac{m}{k}v_0-\frac{m^2g}{k^2}\ln\left(\frac{kv_0}{mg}+1\right)$$

9.　鉛直下向きに y 軸をとる。物体には，重力 mg と速度の 2 乗に比例した抵抗力 $-kv^2$ の力がはたらいている。加速度 $\ddot{y}=\dfrac{dv}{dt}$ として運動方程式を書くと，

$$m\frac{dv}{dt}=mg-kv^2$$

ここで変数分離し，v に関連した項を積分しやすいように部分分数にわけると，

★ 補足

$$\frac{dv}{dt}=\frac{k}{m}\left(\frac{mg}{k}-v^2\right)$$

$$\frac{dv}{\frac{mg}{k}-v^2}=\frac{k}{m}dt$$

$$\frac{dv}{\left(\sqrt{\frac{mg}{k}}+v\right)\left(\sqrt{\frac{mg}{k}}-v\right)}=\frac{k}{m}dt$$

$$\frac{1}{2\sqrt{\frac{mg}{k}}}\left(\frac{1}{\sqrt{\frac{mg}{k}}+v}+\frac{1}{\sqrt{\frac{mg}{k}}-v}\right)dv=\frac{k}{m}dt$$

となり，両辺に $2\sqrt{\dfrac{mg}{k}}$ をかけて，積分すると，

$$\ln\left(\frac{\sqrt{\frac{mg}{k}}+v}{\sqrt{\frac{mg}{k}}-v}\right)=2\sqrt{\frac{gk}{m}}t+C\quad (C\text{ は積分定数})$$

初期条件から，$t=0$ で $v=0$ を用いて積分定数を決めると，$C=0$ である。v について整理して

$$\sinh x=\frac{e^x+e^{-x}}{2}$$

$$\cosh x=\frac{e^x-e^{-x}}{2}$$

$$\tanh x=\frac{e^x-e^{-x}}{e^x+e^{-x}}$$

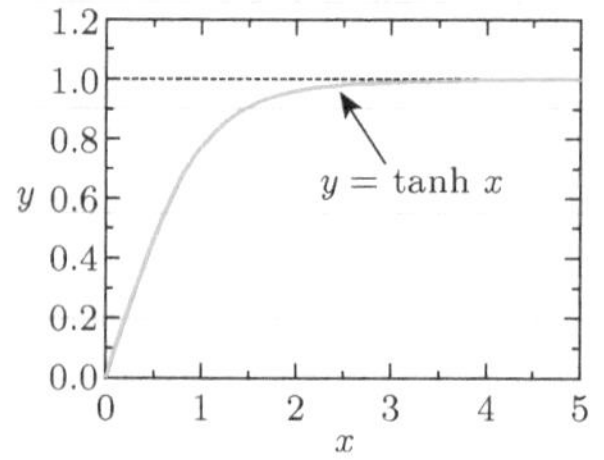

$$v=\sqrt{\frac{mk}{k}}\left(\frac{\exp\left(2\sqrt{\frac{gk}{m}}t\right)-1}{\exp\left(2\sqrt{\frac{gk}{m}}t\right)+1}\right)=\sqrt{\frac{mg}{k}}\left(\frac{\exp\left(\sqrt{\frac{gk}{m}}t\right)-\exp\left(\sqrt{\frac{gk}{m}}t\right)}{\exp\left(\sqrt{\frac{gk}{m}}t\right)+\exp\left(\sqrt{\frac{gk}{m}}t\right)}\right)$$

$$=\sqrt{\frac{mk}{k}}\tanh\sqrt{\frac{gk}{m}}t$$

終端速度は，$t=\infty$ のときを考えて，$v=\sqrt{\frac{mg}{k}}$ となる。

10. 鉛直下向きに y 軸をとる。物体にはたらいている力は，重力 mg とばねによる弾性力 $-ky$ であり，運動方程式は，

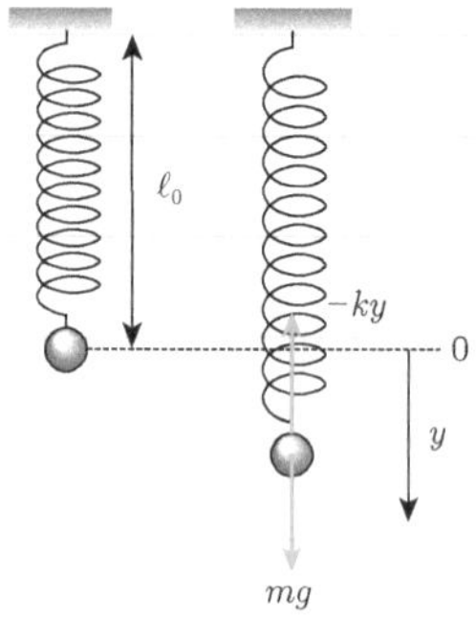

$$m\ddot{y}=-ky+mg \qquad ①$$

(1) 振動の中心となるのは，つりあいの位置なので $\ddot{y}=0$ として，

$$y=\frac{mg}{k} \qquad ②$$

(2) ①より

$$m\ddot{y}=-k\left(y-\frac{mg}{k}\right) \qquad ③$$

ここで $Y=y-\frac{mg}{k}$ とおけば，(1) より Y はつりあいの位置を原点とした座標と考えられる。Y を用いれば③の運動方程式は，

$$m\ddot{Y}=-kY$$

となり，単振動の式に帰着する。この微分方程式を解いて，

$$Y(t)=A\cos\omega t+B\sin\omega t\text{，ただし，}\omega=\sqrt{\frac{k}{m}} \qquad ④$$

$$\therefore y(t)=A\cos\omega t+B\sin\omega t+\frac{mg}{k},\quad \dot{y}(t)=-A\omega\sin\omega t+B\omega\cos\omega t$$

初期条件から，$t=0$ で $y=0$，$\dot{y}=0$ であるから，$A=-\frac{mg}{k}$，$B=0$ となり，

$$\text{位置 } y(t)=\frac{mg}{k}\left(1-\cos\sqrt{\frac{k}{m}}t\right)\text{，速度 } \dot{y}(t)=g\sqrt{\frac{m}{k}}\sin\sqrt{\frac{k}{m}}t$$

重力の影響は，振動原点がずれるだけということがわかる。

(3) 周期は④の ω から，$T=\frac{2\pi}{\omega}=2\pi\sqrt{\frac{m}{k}}$

11. (1) $\boldsymbol{r}=\begin{pmatrix}x\\y\end{pmatrix}=\begin{pmatrix}r\cos\omega t\\r\sin\omega t\end{pmatrix}$

$$\boldsymbol{v}=\begin{pmatrix} v_x \\ v_y \end{pmatrix}=\begin{pmatrix} \dfrac{dx}{dt} \\ \dfrac{dy}{dt} \end{pmatrix}=\begin{pmatrix} -r\omega\sin\omega t \\ r\omega\cos\omega t \end{pmatrix}$$

$$\boldsymbol{a}=\begin{pmatrix} a_x \\ a_y \end{pmatrix}=\begin{pmatrix} \dfrac{d^2x}{dt^2} \\ \dfrac{d^2y}{dt^2} \end{pmatrix}=\begin{pmatrix} -r\omega^2\cos\omega t \\ -r\omega^2\sin\omega t \end{pmatrix}$$

(2) $\boldsymbol{a}=\begin{pmatrix} -r\omega^2\cos\omega t \\ -r\omega^2\sin\omega t \end{pmatrix}=-\omega^2\begin{pmatrix} r\cos\omega t \\ r\sin\omega t \end{pmatrix}=-\omega^2\boldsymbol{r}$と書けるので，

大きさは $r\omega^2$，向きは $-\boldsymbol{r}$ 向き（中心方向）

12. 鉛直上向きに y 軸をとる。物体にはたらいている力は，重力 mg と糸の張力 T である。円運動の半径は $L\sin\theta$ であるから，物体の運動方程式は，

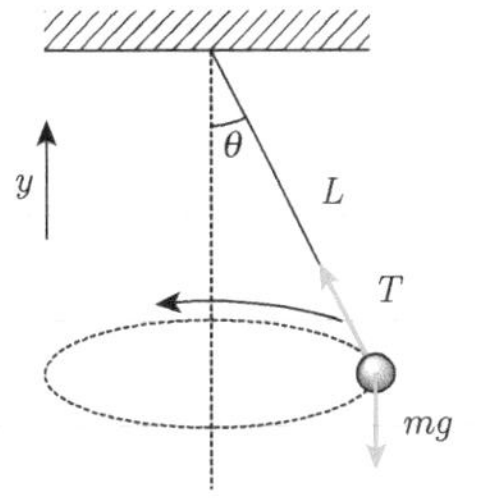

y 成分：　$m\ddot{y}=T\cos\theta-mg$　①

円運動の向心方向：　$m\dfrac{v^2}{L\sin\theta}=T\sin\theta$　②

円運動の接線方向：　$m\dfrac{dv}{dt}=0$　（ふつうは省略される。等速運動であることを示す。）

(1) 物体の高さは一定であるので，$\ddot{y}=0$ から，①より張力は，

$$T=\frac{mg}{\cos\theta}$$

(2) ②に T を代入して，速度は，$v=\sqrt{\dfrac{gL}{\cos\theta}}\sin\theta$

(3) 等速円運動となるので，

$$\text{周期}=\frac{\text{円周の長さ}}{\text{速さ}}=\frac{2\pi L\sin\theta}{v}=2\pi\sqrt{\frac{L\cos\theta}{g}}$$

13. 地球の質量を M，半径を R，万有引力定数を G，静止衛星の質量を m，地上からの高さを h とする。衛星には万有引力がはたらいており，円運動の向心方向の運動方程式は，衛星の角速度を ω として，

$$m(R+h)\omega^2=G\frac{Mm}{(R+h)^2}$$

ここで ω は地球の自転の角速度と同じであるから，

$$\omega=\frac{2\pi}{T}=\frac{2\pi}{24\times60\times60}=7.27\times10^{-5}\,\text{rad/s}$$

また $GM=gR^2$ を用いることにより，

$$R+h=\sqrt[3]{\frac{GM}{\omega^2}}=\sqrt[3]{\frac{gR^2}{\omega^2}}$$

★ 補足
問題文から有効数字は２ケタなので，計算途中は３ケタ残し，最後に２ケタとする。（計算途中の丸め誤差が生じないようにするため。）

$$= \left(\frac{9.8 \cdot (6400 \times 10^3)^2}{(7.27 \times 10^{-5})^2} \right)^{\frac{1}{3}} = 4.23 \times 10^7 \text{ m} = 4.23 \times 10^4 \text{ km}$$

$\therefore h = r - R = 3.59 \times 10^4$ km　したがって，$h \fallingdotseq 3.6 \times 10^4$ km

14. (1)　力は，位置エネルギーの各方向への偏微分で得られる。

$$F_x = -\frac{\partial U}{\partial x}, \quad F_y = -\frac{\partial U}{\partial y}, \quad F_z = -\frac{\partial U}{\partial z}$$

(2)　$\dfrac{\partial F_x}{\partial y} = \dfrac{\partial}{\partial y}\left(-\dfrac{\partial U}{\partial x}\right) = -\dfrac{\partial^2 U}{\partial y \partial x}$，$\dfrac{\partial F_y}{\partial x} = \dfrac{\partial}{\partial x}\left(-\dfrac{\partial U}{\partial y}\right) = -\dfrac{\partial^2 U}{\partial x \partial y}$

であり，位置エネルギーは偏微分の順番にはよらないため，これらの右辺は互いに等しい。したがって $\dfrac{\partial F_x}{\partial y} = \dfrac{\partial F_y}{\partial x}$。他も同様。

15. (1)　(a)　$F = -\dfrac{\partial U(x)}{\partial x} = -kx$　(ばねの弾性力)

(b)　$r^2 = x^2 + y^2 + z^2$ であるから，$2r\dfrac{\partial r}{\partial x} = 2x$ より $\dfrac{\partial r}{\partial x} = \dfrac{x}{r}$

したがって，$F_x = -\dfrac{\partial U}{\partial x} = -\dfrac{\partial r}{\partial x}\dfrac{\partial U}{\partial r} = -\dfrac{x}{r}\dfrac{\partial U}{\partial r} = G\dfrac{Mm}{r^2}\dfrac{x}{r}$

同様に，$F_y = -\dfrac{\partial U}{\partial y} = G\dfrac{Mm}{r^2}\dfrac{y}{r}$，$F_z = -\dfrac{\partial U}{\partial z} = G\dfrac{Mm}{r^2}\dfrac{z}{r}$

したがって，$\boldsymbol{F} = \begin{pmatrix} F_x \\ F_y \\ F_z \end{pmatrix} = G\dfrac{Mm}{r^2}\dfrac{1}{r}\begin{pmatrix} x \\ y \\ z \end{pmatrix} = G\dfrac{Mm}{r^2}\dfrac{\boldsymbol{r}}{r}$

(万有引力)

★ 補足
$\boldsymbol{r}$ と $d\boldsymbol{r}$ は同じ向きだから
$\dfrac{\boldsymbol{r}}{r} \cdot d\boldsymbol{r} = dr$

(2)　$U(\boldsymbol{r}) = -\displaystyle\int_\infty^r \boldsymbol{F}(\boldsymbol{r}) \cdot d\boldsymbol{r} = -\int_\infty^r k\frac{Qq}{r^2}\left(\frac{\boldsymbol{r}}{r}\right) \cdot d\boldsymbol{r}$

$= -\displaystyle\int_\infty^r k\frac{Qq}{r^2}dr = k\frac{Qq}{r}$　(クーロン力の位置エネルギー)

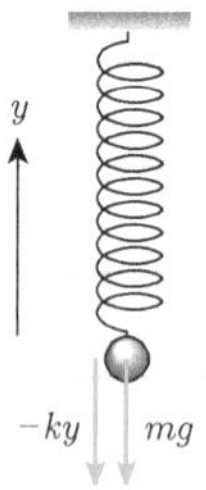

ばねの弾性力は常に伸び（縮み）の向きに逆向きなので，$-ky$ のように必ずマイナス符号がつくことに注意。図を描くときは，$y > 0$ のときを考えると，間違えない。

16. (1)　鉛直上向きに y 軸をとる。物体には，重力 mg とばねの弾性力 $-ky$ がはたらいており，運動方程式は，$m\dfrac{dv}{dt} = -ky - mg$。両辺に $v = \dfrac{dy}{dt}$ をかけて整理すると，

$$mv\frac{dv}{dt} = -ky\frac{dy}{dt} - mg\frac{dy}{dt} \quad ①$$

$$\frac{d}{dt}\left(\frac{1}{2}mv^2\right) = -\frac{d}{dt}\left(\frac{1}{2}ky^2\right) - \frac{d}{dt}(mgy)$$

$$\frac{d}{dt}\left(\frac{1}{2}mv^2+\frac{1}{2}ky^2+mgy\right)=0$$

$$\frac{1}{2}mv^2+\frac{1}{2}ky^2+mgy=C\quad（C は積分定数：一定）$$

となり，力学的エネルギー保存則が導かれる。位置エネルギーとして，ばねの弾性力による位置エネルギーと，重力による位置エネルギーの両方が入っていることがわかる。

$\frac{d}{dt}v^2=2v\frac{dv}{dt}$

$\frac{d}{dt}y^2=2y\frac{dy}{dt}$

鉛直下向きに y 軸を取った場合は，$-mgy$ となるので注意。

［参考］時間微分でくくって導いたが，そのまま積分してもよい。

①を時間で積分して

$$\int mv\frac{dv}{dt}dt=-\int ky\frac{dy}{dt}dt-\int mg\frac{dy}{dt}dt$$

$$\int mv\,dv+\int ky\,dy+\int mg\,dy=0$$

$$\frac{1}{2}mv^2+\frac{1}{2}ky^2+mgy=C$$
（すべて不定積分なので，積分定数はまとめて C とした）

(2)　物体には重力 mg と糸の張力 T がはたらいている。円運動の接線方向の運動方程式は，$m\frac{dv}{dt}=-mg\sin\theta$。両辺に $v=\frac{ds}{dt}$ をかけて整理すると，$s=L\theta$ であるから，$\frac{ds}{dt}=L\frac{d\theta}{dt}$ を用いて，

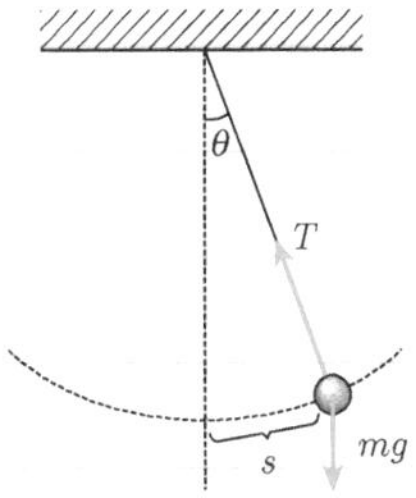

$$mv\frac{dv}{dt}=-mg\sin\theta\frac{ds}{dt}=-mgL\sin\theta\frac{d\theta}{dt}$$

$$\frac{d}{dt}\left(\frac{1}{2}mv^2\right)=\frac{d}{dt}(mgL\cos\theta)$$

$$\frac{d}{dt}\left(\frac{1}{2}mv^2-mgL\cos\theta\right)=0$$

$$\frac{1}{2}mv^2-mgL\cos\theta=C\quad（C は積分定数：一定）$$

となり，力学的エネルギー保存則が導かれる。左辺の位置エネルギーの基準は支点の高さとなっていることがわかる。（$\theta=\pi/2$（支点と同じ高さ）の位置エネルギーは 0，$\theta=0$（最下点）の位置エネルギーは $-mgL$。）位置エネルギーの基準を振り子の最下点にしたい場合は，mgL 分だけ定数をずらして，$-mgL\cos\theta$ のかわりに $mgL(1-\cos\theta)$ とすればよい。

17.　物体の円筒面上での運動方程式は，

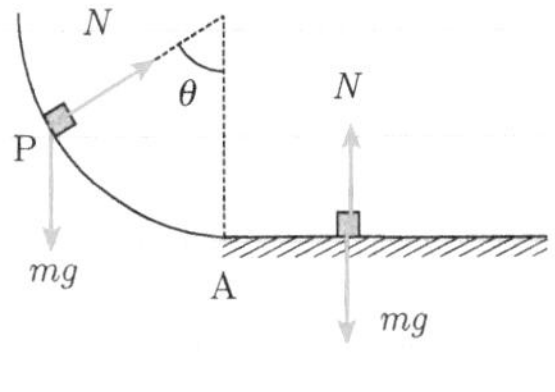

向心方向：$m\frac{v^2}{r}=N-mg\cos\theta$　①

接線方向：$m\frac{dv}{dt}=mg\sin\theta$　②

水平面上での運動方程式（水平右向きを x 軸，鉛直上向きを y 軸とする）は，

$$x\text{方向：}\quad m\ddot{x} = 0 \quad ③ \qquad y\text{方向：}\quad m\ddot{y} = N - mg \quad ④$$

問題を解く前に，円筒面をすべるときの物体の力学的エネルギー保存則を導いてみよう。（普段導く必要はないが，式の出所は知っておくべきである。）

円筒面をすべるとき，円周上の距離 s と θ の関係は，$s = -r\theta$ と表せる（マイナス符号に注意）ので，v と θ の関係は $\dfrac{ds}{dt} = v = -r\dfrac{d\theta}{dt}$ となる。したがって，これを②の両辺にかけて，

$$mv\frac{dv}{dt} = -mgr\sin\theta\frac{d\theta}{dt}$$

$$\frac{d}{dt}\left(\frac{1}{2}mv^2\right) = \frac{d}{dt}(mgr\cos\theta)$$

$$\frac{d}{dt}\left(\frac{1}{2}mv^2 - mgr\cos\theta\right) = 0 \quad \therefore \frac{1}{2}mv^2 - mgr\cos\theta = \text{一定}$$

(1) 上記の力学的エネルギー保存則を用いると，すべり始めの点とA点で考えることにより，A点における速さは，

$$-r\cos 60° = \frac{1}{2}mv^2 - mgr \quad \therefore v = \sqrt{gh} \quad ⑤$$

(2) 衝突直前は①において $\theta = 0$ であり，これに⑤を代入して，
$N = 2mg$
衝突直後は④で $\ddot{y} = 0$ であるから，$N = mg$　⑥

(3) ⑥より動摩擦力は $F = \mu' N = \mu' mg$，x 進んだときの摩擦力のした仕事は $W = Fx = \mu' mgx$。したがって，エネルギー保存則（摩擦力を含むので，力学的エネルギー保存則ではない）より，

$$mg(r - r\cos 60°) = \mu' mgx \qquad \therefore x = \frac{r}{2\mu'}$$

★ 補足
左辺は A における運動エネルギーとしてもよい。

18. (1) 力学的エネルギー保存則より，$mgh = \dfrac{1}{2}mv^2 \quad \therefore v = \sqrt{2gh}$

(2) 力学的エネルギー保存則より，$mgh = \dfrac{1}{2}kx^2 \quad \therefore x = \sqrt{\dfrac{2mgh}{k}}$

(3) 初速度を v_0 とする。力学的エネルギー保存則より，

$$mgh + \frac{1}{2}m{v_0}^2 = \frac{1}{2}k(2x)^2$$

(2) の x を代入して，v_0 について解くと，$v_0 = \sqrt{6gh}$

19. 円筒面での小球の運動方程式は，

向心方向： $m\dfrac{v^2}{r} = mg\cos\theta - N$ ①

接線方向： $m\dfrac{dv}{dt} = mg\sin\theta$ ②

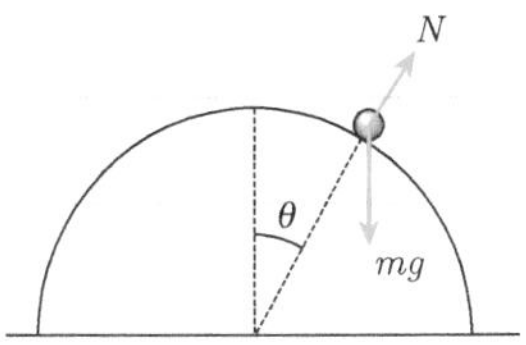

(1) 垂直抗力を求めるためには，①を用いるが，速度が必要となるため，力学的エネルギー保存則（これは②から導かれる）より，

$$mgr = \frac{1}{2}m{v_0}^2 + mgr\cos\theta \quad \therefore v = \sqrt{2gr(1-\cos\theta)}$$

これを①に代入することにより，$N = mg\,(3\cos\theta - 2)$ ③

(2) 円筒面から離れるとき $N=0$ であるから，これを③に代入。

$\theta = \cos^{-1}\dfrac{2}{3} \fallingdotseq 48.2^\circ$ （最高点から 1/3 の高さすべり落ちたところ）

20. AB 間での運動方程式は，円運動の半径が L なので，

向心方向： $m\dfrac{v^2}{L} = T - mg\cos\varphi$ ①

接線方向： $m\dfrac{dv}{dt} = -mg\sin\varphi$ ②

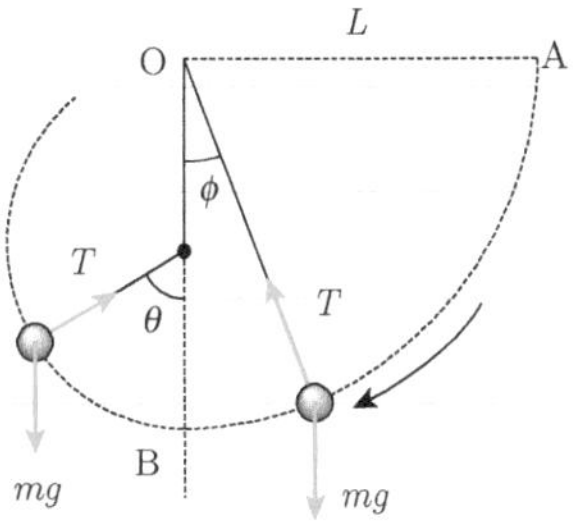

B 通過後の運動方程式は，円運動の半径が $L/2$ なので，

向心方向： $m\dfrac{v^2}{L\,/\,2} = T - mg\cos\theta$ ③

接線方向： $m\dfrac{dv}{dt} = -mg\sin\theta$ ④

(1) B 前後での張力を求めるためには①，③を用いるが，B での速度が必要となるため，力学的エネルギー保存則（これは②から導かれる）より，

$$mgL = \frac{1}{2}mv^2 \quad \therefore v = \sqrt{2gL}$$

B では $\varphi = \theta = 0$ なので，①，③より

B 直前の張力：$T = m\dfrac{v^2}{L} + mg = 3mg$

B 直後の張力：$T = m\dfrac{v^2}{L\,/\,2} + mg = 5mg$

(2) 角度 θ のときの速度は，力学的エネルギー保存則（これは④から導かれる）から最下点を高さの基準として考えると，

$$mgL = mg\left(\frac{L}{2} - \frac{L}{2}\cos\theta\right) + \frac{1}{2}mv^2 \quad \therefore v = \sqrt{gL(1+\cos\theta)}$$

したがって，③から張力は，

$$T = m\frac{v^2}{L\,/\,2} + mg\cos\theta = mg(2 + 3\cos\theta) \quad ⑤$$

★ 補足
$\theta = 0$ とすれば，(1) の B 直後の答えに一致する。

(3)　力学的エネルギー保存則を考えると，初速 0 でも同じ高さまで到達するように感じるが，この運動では O に達したときに水平方向の速度は残るはずである。したがって，初速 0 では O に到達するにはエネルギーが足りず，途中で糸がたるんで円軌道を外れることになる。（⑤で $\cos\theta = -2/3$（$\theta \fallingdotseq 132^\circ$）で，糸の張力は 0 になる。）このため，O に到達するための条件は，途中で糸がたるまない，すなわち O 点において $T \geqq 0$ である必要がある。

O に到達したときの速さは，力学的エネルギー保存則により，与えた初速 v_0 と同じになるので，そのときの張力は⑤より，

$$T = m\frac{{v_0}^2}{L/2} - mg \geqq 0 \quad \therefore v_0 \geqq \sqrt{\frac{gL}{2}}$$

第II部 演習問題解答

1. 棒の線密度λは，aを比例係数として，

$$\lambda = ax^2$$

と書ける。微小部分の質量 dm は，$dm = \lambda dx$ なので全質量 M は，

$$M = \int dm = \int_0^L \lambda dx = \int_0^L ax^2 dx = \frac{aL^3}{3}$$

したがって重心 x_G は，

$$x_G = \frac{1}{M}\int x\,dm = \frac{1}{M}\int_0^L x\lambda dx = \frac{1}{M}\int_0^L ax^3 dx = \frac{aL^4}{4M} = \frac{3}{4}L$$

右に行くほど密度が大きくなっているので，重心は右寄りになっていることがわかる。

2. 振り子の等時性から，半周期ごとに最下点で衝突が起こる。

(1) 1回目の衝突直後の速度を v_A'，v_B' とすると，

運動量保存の法則：　$mv_0 = mv_A' + mv_B'$

反発係数：　$e = -\dfrac{v_A' - v_B'}{v_0 - 0}$

となるので，これを解いて，

$$v_A' = \frac{1}{2}(1-e)v_0,\quad v_B' = \frac{1}{2}(1+e)v_0$$

(2) 2回目の衝突直後の速度を v_A''，v_B'' とする。衝突直前の速度は，$-v_A'$，$-v_B'$ となっているので，

運動量保存の法則：　$m(-v_A') + m(-v_B') = mv_A'' + mv_B''$

反発係数：　$e = -\dfrac{v_A'' - v_B''}{-v_A' - (-v_B')}$

これを解いて，

$$v_A'' = -\frac{1}{2}(1+e^2)v_0,\quad v_B'' = -\frac{1}{2}(1-e^2)v_0$$

(3) 同様にして，3回目の衝突直後は，

$$v_A''' = \frac{1}{2}(1-e^3)v_0,\quad v_B''' = \frac{1}{2}(1+e^3)v_0$$

となる。これらの様子から衝突回数と同じだけ e のべき乗が増えていくことがわかる。$e < 1$ であるから，e のべき乗は0に収束し，最終

的には，$\lim_{n\to\infty}\left|v_A{}^{(n)}\right| = \lim_{n\to\infty}\left|v_B{}^{(n)}\right| = \frac{1}{2}v_0$ となる。したがって，2つの球はくっついて一緒に運動するようになる。

3. (1)　衝突後の一体となった速度を v' とすると，

運動量保存の法則：　$m_A v_A + m_B v_B = (m_A + m_B)v'$

したがって，

$$v' = \frac{m_A v_A + m_B v_B}{m_A + m_B}$$

衝突後一体となった速度だけが未知数（未知数は1つ）のため，運動量保存の法則の式だけで解くことができた。完全非弾性衝突では，反発係数の式も両辺とも0となり意味のない式になっている。

(2)　衝突で失った力学的エネルギーの変化量 ΔE は，衝突前の運動エネルギーから衝突後の運動エネルギーを引いて

$$\Delta E = \left(\frac{1}{2}m_A v_A{}^2 + \frac{1}{2}m_B v_B{}^2\right) - \frac{1}{2}(m_A + m_B)v'^2$$
$$= \frac{1}{2}\frac{m_A m_B}{m_A + m_B}(v_A - v_B)^2$$

4.　弾性衝突なので，力学的エネルギーは保存する。

未知数として，衝突後の速度を v_A，v_B とし，Bの散乱角 φ を図のようにとると，

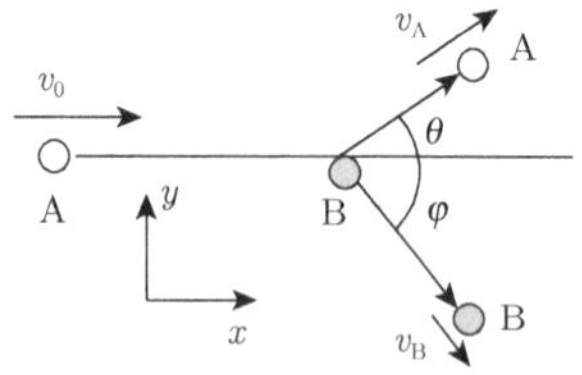

運動量保存の法則　x 成分：　$m_A v_0 = m_A v_A \cos\theta + m_B v_B \cos\varphi$

y 成分：　$0 = m_A v_A \sin\theta + m_B v_B \sin\varphi$

力学的エネルギー保存則：　$\frac{1}{2}m_A v_0{}^2 = \frac{1}{2}m_A v_A{}^2 + \frac{1}{2}m_B v_B{}^2$

★ 補足

x 成分

$m_B v_B \cos\varphi = m_A v_0 - m_A v_A \cos\theta$

y 成分

$m_B v_B \sin\varphi = -m_A v_A \sin\theta$

辺々2乗し，両式を辺々たして，$\sin^2\varphi + \cos^2\varphi = 1$ を用いる。

φ を消すように整理していくことにより，

$$v_A = \frac{m_A}{m_A + m_B}v_0\cos\theta \pm \sqrt{\left(\frac{m_A}{m_A + m_B}v_0\cos\theta\right)^2 - \frac{m_A - m_B}{m_A + m_B}v_0{}^2}$$
$$= \frac{m_A}{m_A + m_B}v_0\cos\theta \pm \frac{v_0}{m_A + m_B}\sqrt{m_A{}^2\cos^2\theta - (m_A{}^2 - m_B{}^2)}$$
$$= \frac{m_A\cos\theta \pm \sqrt{m_B{}^2 - m_A{}^2\sin^2\theta}}{m_A + m_B}v_0$$

$m_A = m_B = m$，$\theta = 45^\circ$ とすると例題 10-3 に帰着する。

5. (1)　左回りを正として，$N = (l_1 - x)F_1 - (l_2 - x)F_2 + (l_3 - x)F_3$

(2)　上式を整理すると，

$$N = l_1F_1 - l_2F_2 + l_3F_3 - (F_1 - F_2 + F_3)x$$

と書くことができる。合力 $F = F_1 - F_2 + F_3$ が0であれば，

$$N = l_1F_1 - l_2F_2 + l_3F_3$$

となり，N は x によらない。

6. 衝突後の小球2の角速度を ω_2' とすると，

角運動量保存則： $m_1 r^2 \omega_1 + m_2 r^2 \omega_2 = m_1 r^2 \omega_1' + m_2 r^2 \omega_2'$

したがって，

$$\omega_2' = \frac{m_1(\omega_1 - \omega_1') + m_2\omega_2}{m_1 + m_2}$$

7. 棒の中心にある重心に重力 mg がかかっており，糸の張力を T とすると，

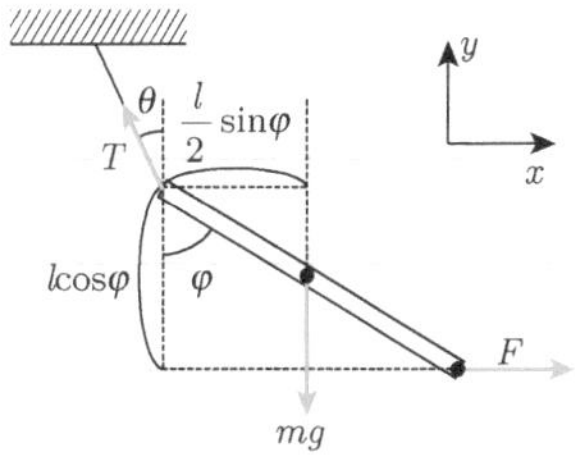

外力の和が0　x 成分：$F - T\sin\theta = 0$　①

　　　　　　y 成分：$T\cos\theta - mg = 0$　②

外力のモーメントの和が0（棒の左端まわり）

$$-\left(\frac{l}{2}\sin\varphi\right)mg + (l\cos\varphi)F = 0 \quad ③$$

(1)　①，②を解くことにより，

$$F = mg\tan\theta$$

(2)　この結果を③に入れて整理すると，$\tan\varphi = 2\tan\theta$ が得られる。

このため，F は φ を用いれば，$F = \dfrac{1}{2}mg\tan\varphi$ とも書ける。

8. 図のように，はしごの重心に mg，はしごの下端から x の位置に $7mg$ がかかっており，壁と床からの垂直抗力を N_1，N_2，はしごと床の間の摩擦力を f として力を書き出すと図のようになる。

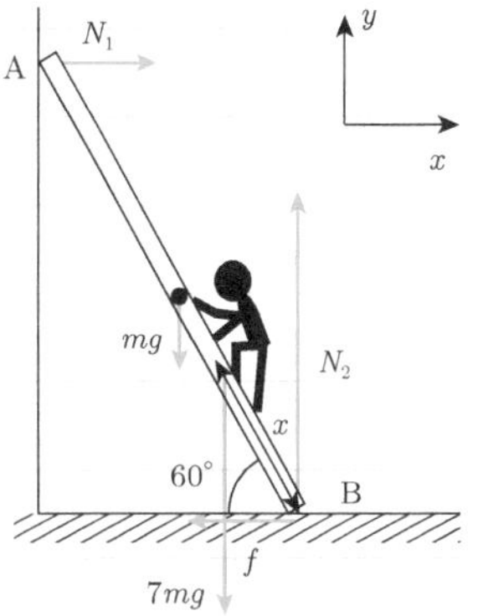

外力の和が0　x 成分：$N_1 - f = 0$　①

　　　　　　y 成分：$N_2 - mg - 7mg = 0$　②

外力のモーメントの和が0（Bまわり）

$$\frac{l}{2}mg\cos 60^\circ + 7xmg\cos 60^\circ - lN_1\sin 60^\circ = 0 \quad ③$$

(1)　これらを解いて f を求めると，

$$f = \frac{1}{2\sqrt{3}}\left(1 + \frac{14x}{l}\right)mg$$

(2)　②から $N_2 = 8mg$。したがって，最大摩擦力 F は，$F = \mu N_2 = 8\mu mg$ である。はしごが倒れない条件は，$f \leqq F$ であるので，

$$\frac{1}{2\sqrt{3}}\left(1 + \frac{14x}{l}\right)mg \leqq 8\mu mg \quad ④$$

登りきるときを考えるので $x = l$ として，μ について整理すると，

$$\mu \geqq \frac{5\sqrt{3}}{16} (\fallingdotseq 0.54)$$

(3)　④の x について解き，静止摩擦係数 $\mu = 0.34$ を代入する。

$$x = \frac{l}{14}(16\sqrt{3}\mu - 1) \fallingdotseq 0.60l$$

したがって，60%登ったところで倒れる。

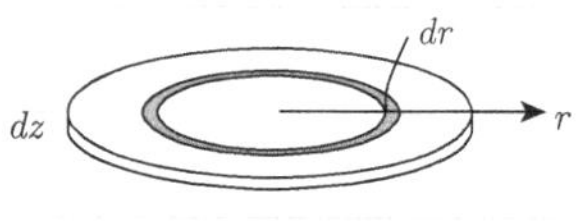

9.　3次元の物体なので密度 ρ を用いる。半径 R，質量 M，長さ L であるので，

$$\rho = \frac{M}{\pi R^2 L}$$

円柱を微小な厚さ dz にスライスした円板を考え，さらにこの円板を微小な幅 dr の円環の集まりと考える。この微小円環の質量 dm は，

$$dm = \rho \cdot 2\pi r\, dr dz$$

である。積分範囲は，$0 \leqq r \leqq R$ および $0 \leqq z \leqq L$ であり，

$$I = \int r^2\, dm = \int_0^L \left(\int_0^R r^2 \rho \cdot 2\pi r\, dr \right) dz$$

$$= \int_0^L \frac{1}{2} \rho\pi R^4\, dz = \frac{1}{2} \rho\pi R^4 L = \frac{1}{2} MR^2$$

となる。このように円柱の慣性モーメントは，円板の慣性モーメントと同じである。(理由を考えてみよ。)

10. (1)　2次元の物体なので面密度 σ を用いる。辺の長さ L，質量 M であるので，

$$\sigma = \frac{M}{L^2}$$

板を x，y 方向に分割し，微小な正方形を考える。この正方形の回転軸からの距離は $r = \sqrt{x^2 + y^2}$ となる。また，微小正方形の質量 dm は

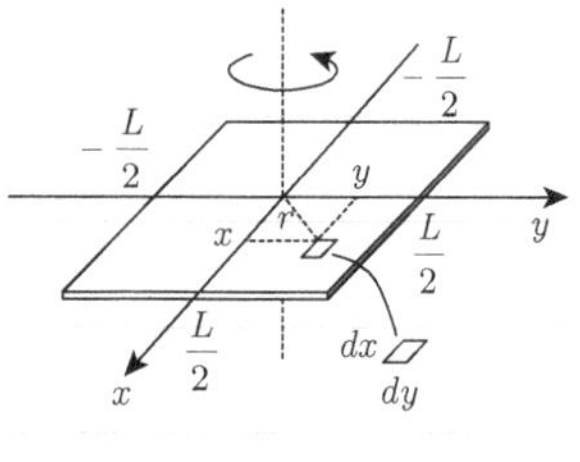

$$dm = \sigma\, dx dy$$

である。積分範囲は，$-\dfrac{L}{2} \leqq x$，$y \leqq \dfrac{L}{2}$ であり，

$$I_z = \int r^2\, dm = \int_{-\frac{L}{2}}^{\frac{L}{2}} \int_{-\frac{L}{2}}^{\frac{L}{2}} (x^2 + y^2) \sigma\, dx\, dy$$

$$= \int_{-\frac{L}{2}}^{\frac{L}{2}} \int_{-\frac{L}{2}}^{\frac{L}{2}} x^2 \sigma\, dx\, dy + \int_{-\frac{L}{2}}^{\frac{L}{2}} \int_{-\frac{L}{2}}^{\frac{L}{2}} y^2 \sigma\, dx\, dy$$

$$= \int_{-\frac{L}{2}}^{\frac{L}{2}} \frac{1}{12} \sigma L^3\, dy + \int_{-\frac{L}{2}}^{\frac{L}{2}} \sigma L y^2\, dy$$

$$= \frac{1}{12} \sigma L^4 + \frac{1}{12} \sigma L^4 = \frac{1}{6} \sigma L^4 = \frac{1}{6} ML^2$$

(2)　(1) の解は重心を通る慣性モーメント I_G となっているので，平

行軸の定理において，ずらす長さ $h=\dfrac{L}{\sqrt{2}}$ とすると，

$$
\begin{aligned}
I &= I_G + Mh^2 \\
&= \frac{1}{6}ML^2 + M\left(\frac{L}{\sqrt{2}}\right)^2 = \frac{2}{3}ML^2
\end{aligned}
$$

(3)　(1) と同様に微小領域に分割して計算することもできるが，形の対称性がよいので，垂直軸の定理が使える。

対称性から，$I_x = I_y$
垂直軸の定理から，$I_z = I_x + I_y$

したがって，$I_x = \dfrac{1}{2}I_z = \dfrac{1}{12}ML^2$

11. (1)　球の重心を通る軸まわりの慣性モーメントは，

$$I_{\mathrm{G}} = \frac{2}{5}MR^2$$

である (14.1.4 節参照)。これを平行軸の定理をつかって，振り子の支点まで回転軸をずらせばよい。平行軸の定理において，ずらす長さ $h = L + R$ とすると，

$$
\begin{aligned}
I &= I_{\mathrm{G}} + Mh^2 \\
&= \frac{2}{5}MR^2 + M(L+R)^2
\end{aligned}
$$

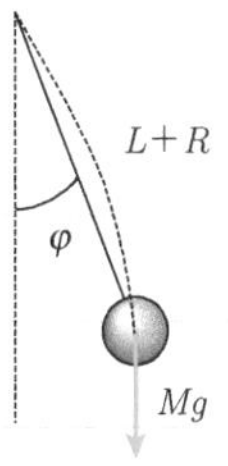

(2)　振り子のふれ角を φ とすると，回転運動の運動方程式は，

$$I\ddot{\varphi} = -Mg(L+R)\sin\varphi$$

と書ける。φ が十分小さい場合の近似 ($\sin\varphi \fallingdotseq \varphi$) を用いると，

$$\ddot{\varphi} = -\frac{Mg(L+R)}{I}\varphi = -\omega^2\varphi \quad \left(\omega = \sqrt{\frac{Mg(L+R)}{I}}\right)$$

ここで係数部分を ω^2 とおいた。単振動と同様の式であり，周期 T は，

$$
\begin{aligned}
T &= \frac{2\pi}{\omega} = 2\pi\sqrt{\frac{I}{Mg(L+R)}} \\
&= 2\pi\sqrt{\frac{\frac{2}{5}MR^2 + M(L+R)^2}{Mg(L+R)}} = 2\pi\sqrt{\frac{\frac{2}{5}R^2 + (L+R)^2}{g(L+R)}}
\end{aligned}
$$

★ 補足
この ω は回転運動の角速度 ω でないことに注意。単振動では慣習的にこの文字を使う。

と求められる。地上では，L が 1 m 程度のとき，周期は 2 秒程度である。逆に実験で周期を測定すれば，重力加速度を求めることができる。

12.　小物体が円板と一体となって回転しているときの角速度を ω' とする。円板の中心を通り，円板に垂直な軸まわりの慣性モーメントは $I_{\text{円板}} = \dfrac{1}{2}MR^2$ である (14.1.3 節参照)。また，小物体の同じ軸まわり

の慣性モーメントは，中心から小物体までの距離が R なので，$I_{\text{小物体}} = mR^2$ である。したがって，

$$\text{角運動量保存則：}\quad I_{\text{円板}}\boldsymbol{\omega} = (I_{\text{円板}} + I_{\text{小物体}})\boldsymbol{\omega}'$$

それぞれの慣性モーメントを代入して整理すると，

$$\frac{1}{2}MR^2\boldsymbol{\omega} = \left(\frac{1}{2}M + m\right)R^2\boldsymbol{\omega}'$$

$$\boldsymbol{\omega}' = \frac{M}{M+2m}\boldsymbol{\omega}$$

小物体が乗ると角速度は小さく（回転速度が遅く）なることがわかる。

13. 鉛直上向きにY軸をとる。ヨーヨーの重心に重力 Mg，ヨーヨーの軸のところに糸の張力 T がはたらいている。

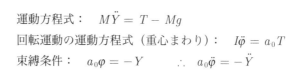

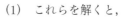

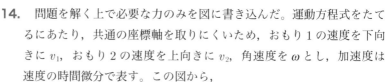

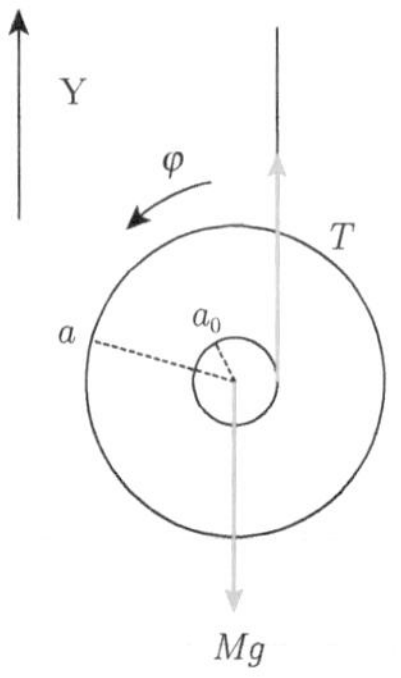

運動方程式： $M\ddot{Y} = T - Mg$

回転運動の運動方程式（重心まわり）： $I\ddot{\varphi} = a_0 T$

束縛条件： $a_0\varphi = -Y \qquad \therefore\ a_0\ddot{\varphi} = -\ddot{Y}$

(1) これらを解くと，

$$T = \frac{I}{I + Ma_0^{\ 2}}Mg,\quad \ddot{Y} = -\frac{Ma^2}{I + Ma_0^{\ 2}}g$$

(2) 円板の慣性モーメント $I = \dfrac{1}{2}Ma^2$ を代入して整理すると，

$$\ddot{Y} = -\frac{2}{\left(\dfrac{a}{a_0}\right)^2 + 2}g$$

この式から，a_0 が小さくなると分母が大きくなるため，加速度 $\ddot{Y}$ の大きさは小さくなる。すなわち，軸が細いほどゆっくり落ちることがわかる。一方，$a_0 = a$ であれば，15.2 節の例題（糸を巻きつけた円板の落下）に帰着する。

14. 問題を解く上で必要な力のみを図に書き込んだ。運動方程式をたてるにあたり，共通の座標軸を取りにくいため，おもり1の速度を下向きに v_1，おもり2の速度を上向きに v_2，角速度を $\boldsymbol{\omega}$ とし，加速度は速度の時間微分で表す。この図から，

★ 補足
滑車には，滑車の重力，滑車の軸に効力もはたらいているが，これらは今回の運動には関係ない。

運動方程式　物体1： $m_1\dot{v}_1 = m_1 g - T_1$ ①

物体2： $m_2\dot{v}_2 = T_2 - m_2 g$ ②

滑車の回転（重心まわり）： $I\dot{\boldsymbol{\omega}} = a_1T_1 - a_2T_2$ ③

束縛条件： $v_1 = a_1\boldsymbol{\omega} \quad \therefore \dot{v}_1 = a_1\dot{\boldsymbol{\omega}}$ ④

$v_2 = a_2\boldsymbol{\omega} \quad \therefore \dot{v}_2 = a_2\dot{\boldsymbol{\omega}}$ ⑤

①，②に④，⑤を代入することにより，

$$m_1 a_1 \dot{\omega} = m_1 g - T_1 \qquad ⑥$$

$$m_2 a_2 \omega = T_2 - m_2 g \qquad ⑦$$

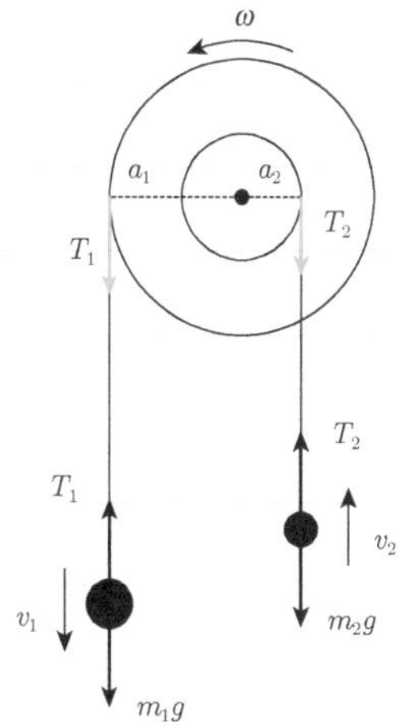

⑥ × a_1 + ⑦ × a_2 とし，③を用いて糸の張力を消去する。$\dot{\omega}$について整理すると，

$$\dot{\omega} = \frac{m_1 a_1 - m_2 a_2}{I + m_1 {a_1}^2 + m_2 {a_2}^2} g$$

⑥，⑦に代入して整理すると，

$$T_1 = \frac{I + m_2 {a_2}^2 + m_2 a_1 a_2}{I + m_1 {a_1}^2 + m_2 {a_2}^2} m_1 g$$

$$T_2 = \frac{I + m_1 {a_1}^2 + m_1 a_1 a_2}{I + m_1 {a_1}^2 + m_2 {a_2}^2} m_2 g$$

$a_1 = a_2 = a$ とすれば，15.2 節の例題（滑車）に帰着する。

15. (1) 車輪が乗り越える瞬間の力のモーメントのつりあいを考える。このとき床から車輪への垂直抗力は 0 と考えられるため，車輪にはたらいている力は，車輪の重心に重力 Mg，水平に引く力 F，P からの垂直抗力 N である。回転の右回りを正，∠AOP を θ として，

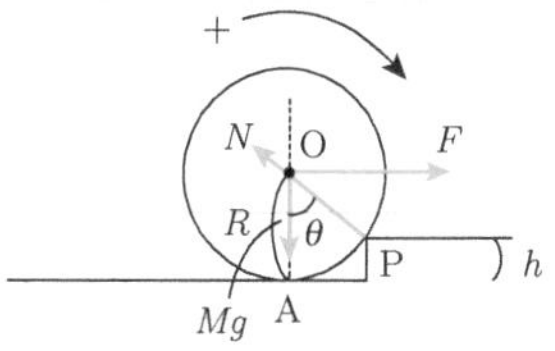

外力のモーメントの和が 0（P まわり）

$$RF\cos\theta - RMg\sin\theta = 0$$

$$\therefore\ F = \frac{\sin\theta}{\cos\theta} Mg = Mg\tan\theta = Mg\frac{\sqrt{2Rh - h^2}}{R - h}$$

図から，

$$\tan\theta = \frac{\sqrt{R^2 - (R-h)^2}}{R-h} = \frac{\sqrt{2Rh - h^2}}{R-h}$$

この問題は水平・鉛直成分のつりあいからでも同様の答えが得られる。

(2) 車輪の軸まわりの慣性モーメント I_G は $I_G = \frac{1}{2}MR^2$，P まわりの慣性モーメントは平行軸の定理から $I_P = I_G + MR^2 = \frac{3}{2}MR^2$ である。

完全非弾性衝突なので，衝突で並進運動の速度は 0 になり，並進の運動エネルギーは失われる。このため，段差を乗り越えるためには，衝突直後の回転の運動エネルギーが，段差の位置エネルギーより大きい必要がある。衝突直後の回転の運動エネルギーを得るためには，P まわりの角速度を知る必要があるため，角運動量保存則を考える。衝突時の角運動量は，

衝突の瞬間，P まわりに外力（重力や垂直抗力）のモーメントもはたらくが，衝突時間が非常に短いため，角運動量は保存するとみなしてよい。

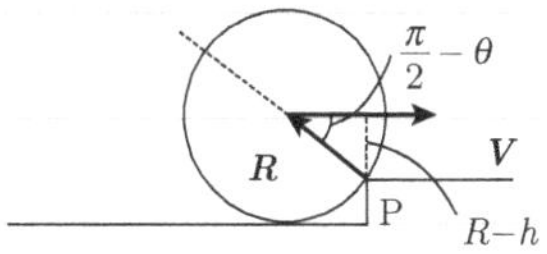

$$L = I_G \omega + MVR\sin\left(\frac{\pi}{2} - \theta\right) = I_G \frac{V}{R} + MV(R-h) \qquad ①$$

衝突直後の角運動量は，P まわりの角速度を ω' として，

$$L' = I_P \omega' \qquad ②$$

①の第 1 項は重心回りの角運動量，第 2 項は，速度 $\boldsymbol{V}$ で P に衝突したことによる生じる P まわりの角運動量 $\boldsymbol{R} \times \boldsymbol{p} = \boldsymbol{R} \times M\boldsymbol{V}$ を表している。
衝突直後は，P まわりの回転となり，②の角運動量は P まわりの角運動量だけとなっている。

$L = L'$ より $\omega' = \left(1 - \frac{2h}{3R}\right)\frac{V}{R}$。衝突直後の回転の運動エネル

ギーは

$$E' = \frac{1}{2} I_{\rm P} \omega'^2 = \frac{3}{4} MR^2 \omega'^2 = \frac{3}{4} MV^2 \left(1 - \frac{2h}{3R}\right)^2$$

求める条件は $E' \geqq Mgh$ であるため，$V \geqq \dfrac{2R}{3R-2h}\sqrt{3gh}$。

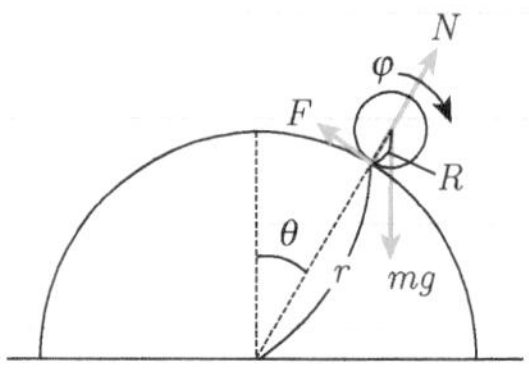

16. 円運動なので，重心の運動方程式は向心方向と接線方向についてたてる。円柱の重心回りの慣性モーメントを $I = \dfrac{1}{2}MR^2$，円筒面と円柱との間にはたらく摩擦力を F，最高点から転がった角度を θ，円柱の回転角（右回り）を φ とすると，

接線方向の加速度は

$$\frac{dv}{dt} = \frac{d}{dt}\left((R+r)\dot{\theta}\right) = (R+r)\ddot{\theta}$$

運動方程式　向心方向：　$M(R+r)\dot{\theta}^2 = Mg\cos\theta - N$　①

接線方向：　$M(R+r)\ddot{\theta} = Mg\sin\theta - F$　②

円柱の回転（重心まわり）：　$I\ddot{\varphi} = RF$　③

束縛条件（すべらない）：　$(R+r)\theta = R\varphi$

$\therefore\ (R+r)\ddot{\theta} = R\ddot{\varphi}$　④

(1)　②～④から F と $\ddot{\varphi}$ を消去し，I を代入して整理すると，

$$\frac{3}{2}(R+r)\ddot{\theta} = g\sin\theta$$

両辺に $\dot{\theta}$ をかけて積分し，初期条件として $\theta(0) = \dot{\theta}(0) = 0$ を用いると，

$$\dot{\theta}^2 = \frac{4}{3}\frac{g(1-\cos\theta)}{(R+r)} \qquad ⑤$$

★ 補足

⑤式の導出は，

$$\frac{3}{2}(R+r)\ddot{\theta}\dot{\theta} = g\dot{\theta}\sin\theta$$

$$\frac{d}{dt}\left(\frac{3}{4}(R+r)\dot{\theta}^2\right) = \frac{d}{dt}(-g\cos\theta)$$

時間で積分して，

$$\frac{3}{4}(R+r)\dot{\theta}^2 = -g\cos\theta + C$$

初期条件から，$C = g$ であるから，

$$\frac{3}{4}(R+r)\dot{\theta}^2 = g(1-\cos\theta)$$

$$\dot{\theta}^2 = \frac{4}{3}\frac{g(1-\cos\theta)}{(R+r)}$$

一方，円柱が円筒面からはなれるのは $N = 0$ となるときなので，①から

$$(R+r)\dot{\theta}^2 = g\cos\theta \qquad ⑥$$

⑥に⑤を代入して，$\dot{\theta}$ を消去することにより，$\cos\theta = \dfrac{4}{7}$

(2)　θ の位置にきたときの速さは，力学的エネルギー保存則より，

$$Mg(R+r) = Mg(R+r)\cos\theta + \frac{1}{2}MV^2 + \frac{1}{2}I\dot{\theta}^2$$

$$= Mg(R+r)\cos\theta + \frac{1}{2}MV^2 + \frac{1}{4}MV^2$$

$$\therefore\ V = \sqrt{\frac{4}{3}g(R+r)(1-\cos\theta)}$$

ここで（1）で得られた $\cos\theta = \dfrac{4}{7}$ を代入して，$V = \sqrt{\dfrac{4}{7}g(R+r)}$

★ 補足

$$\frac{1}{2}I\dot{\theta}^2 = \frac{1}{2}\left(\frac{1}{2}MR^2\right)\left(\frac{V}{R}\right)^2 = \frac{1}{4}MV^2$$

（2）は，⑤で $\dot{\theta}$ が求まっているので，

$$V = (R+r)\dot{\theta} = \sqrt{\frac{4}{3}g(R+r)(1-\cos\theta)}$$

としても求められる。

付　録

A　SI 接頭語とギリシャ文字

SI 接頭語

名称		記号	大きさ	名称		記号	大きさ
クエタ	quetta	Q	10^{30}	デシ	deci	d	10^{-1}
ロナ	ronna	R	10^{27}	センチ	centi	c	10^{-2}
ヨタ	yotta	Y	10^{24}	ミリ	milli	m	10^{-3}
ゼタ	zetta	Z	10^{21}	マイクロ	micro	μ	10^{-6}
エクサ	exa	E	10^{18}	ナノ	nano	n	10^{-9}
ペタ	peta	P	10^{15}	ピコ	pico	p	10^{-12}
テラ	tera	T	10^{12}	フェムト	femto	f	10^{-15}
ギガ	giga	G	10^{9}	アト	atto	a	10^{-18}
メガ	mega	M	10^{6}	ゼプト	zepto	z	10^{-21}
キロ	kilo	k	10^{3}	ヨクト	yocto	y	10^{-24}
ヘクト	hecto	h	10^{2}	ロント	ronto	r	10^{-27}
デカ	deca	da	10	クエクト	quecto	q	10^{-30}

ギリシャ文字

A	α	アルファ	Alpha	I	ι	イオタ	Iota	P	ρ	ロー	Rho
B	β	ベータ	Beta	K	κ	カッパ	Kappa	Σ	σ	シグマ	Siguma
Γ	γ	ガンマ	Gamma	Λ	λ	ラムダ	Lambda	T	τ	タウ	Tau
Δ	δ	デルタ	Delta	M	μ	ミュー	Mu	Y	υ	ユプシロン	Upsilon
E	ε	イプシロン	Epsilon	N	ν	ニュー	Nu	Φ	ϕ, φ	ファイ	Phai
Z	ζ	ゼータ	Zeta	Ξ	ξ	グザイ	Xi	X	χ	カイ	Chi
H	η	エータ	Eta	O	o	オミクロン	Omicron	Ψ	ψ	プサイ	Psi
Θ	θ	シータ	Theta	Π	π	パイ	Pi	Ω	ω	オメガ	Omega

B　基本的な関数

三角関数

右図のように，ある直角三角形を考え，その各辺を a，b，c とすると，各辺の比は角度 θ により一意的に決まる。これを三角関数と呼び，下記のように定義する。

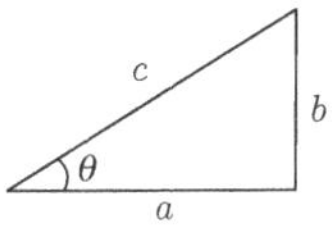

$$\text{正弦}: \sin\theta = \frac{b}{c}, \text{余弦}: \cos\theta = \frac{a}{c}, \text{正接}: \tan\theta = \frac{b}{a}$$

使用頻度は低いが $\sec\theta = \dfrac{c}{a}$, $\mathrm{cosec}\,\theta = \dfrac{c}{b}$, $\cot\theta = \dfrac{a}{b}$ もある（セカント，コセカント，コタンジェントと読む）。

三角関数は次の性質がある。

$$\sin^2\theta + \cos^2\theta = 1, \tan\theta = \frac{\sin\theta}{\cos\theta}$$

$$\sin(-\theta) = -\sin\theta, \cos(-\theta) = \cos\theta,$$

$$\tan(-\theta) = -\tan\theta, \sin(\theta + 2\pi) = \sin\theta,$$

$$\cos(\theta + 2\pi) = \cos\theta, \tan(\theta + 2\pi) = \tan\theta$$

各関数のグラフは下図参照。

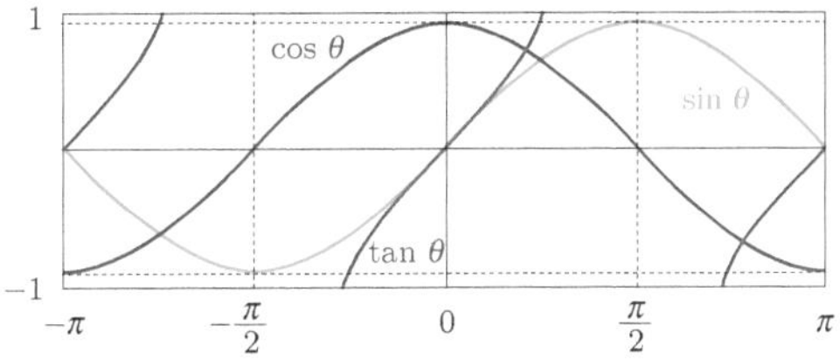

角度の和や差について次の加法定理が成り立つ。

$$\sin(\alpha \pm \beta) = \sin\alpha\cos\beta \pm \cos\alpha\sin\beta$$

$$\cos(\alpha \pm \beta) = \cos\alpha\cos\beta \mp \sin\alpha\sin\beta \quad \text{（加法定理）}$$

$$\tan(\alpha \pm \beta) = \frac{\tan\alpha \pm \tan\beta}{1 \mp \tan\alpha\tan\beta}$$

加法定理を用いて，下記のように正弦関数と余弦関数の和を 1 つの正弦関数（または余弦関数）に置き換えることができる。

$$A\sin x + B\cos x = C\sin(x + \alpha)$$

ここで，右辺を加法定理により展開すると $C\sin x$

$\cos\alpha + C\cos x\sin\alpha$となることから，$C\cos\alpha = A$，$C\sin\alpha = B$であることがわかる。すなわち

$$C = \sqrt{A^2 + B^2},\ \tan\alpha = \frac{B}{A}$$

指数関数と対数関数

aを正の定数としたときに，$f(x)=a^x$を指数関数と呼ぶ。とくにaをネイピア数$e = 2.71828\cdots$とした際の指数関数$f(x) = e^x$はよく用いられる。ここでネイピア数eは次のように定義されている。

$$e = \lim_{n\to\infty}\left(1 + \frac{1}{n}\right)^n$$

また，指数関数の逆関数を対数関数という。すなわち$x = a^y$のとき，

$$y = \log_a x$$

となる。ここでaは対数関数の底とよばれる。底aを10としたものを常用対数といい，

$$y = \log_{10} x$$

と表す。底10を省略して単に$y = \log x$と記載することも多い。また，底aをネイピア数eとしたものを自然対数といい，次のように書く。

$$y = \log_e x$$

底eを省略した場合には$y = \ln x$と書くことが多い。グラフは下図参照。

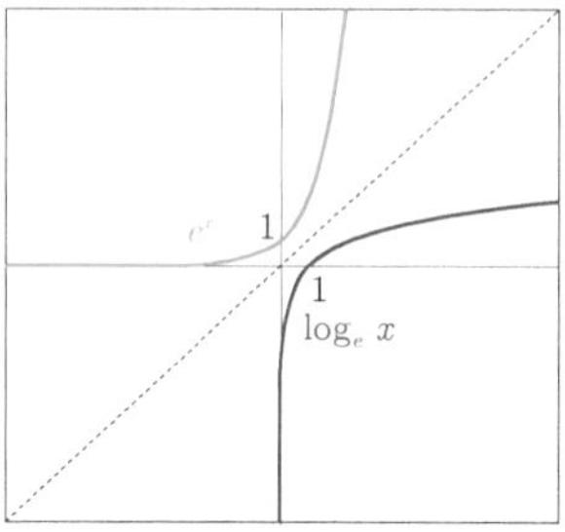

三角関数と指数関数の関係

三角関数と指数関数には密接な関係がある。いま変数xに虚数単位iをかけたもののe^{ix}を考えよう。これをマクローリン展開（F. 級数展開の項を参照）すると

$$\begin{aligned} e^{ix} &= 1 + \frac{1}{1!}(ix) + \frac{1}{2!}(ix)^2 + \frac{1}{3!}(ix)^3 + \frac{1}{4!}(ix)^4 + \cdots \\ &= \left\{1 - \frac{1}{2!}x^2 + \frac{1}{4!}x^4 - \cdots\right\} + i\left\{\frac{1}{1!}x - \frac{1}{3!}x^3 + \cdots\right\} \\ &= \cos x + i\sin x \end{aligned}$$

となり，iを$-i$にした場合も含めて次のように表すことができる。

$$e^{\pm ix} = \cos x \pm i\sin x \quad \text{（複号同順）}$$

この式をオイラーの公式とよぶ。このことから逆に$\sin x$，$\cos x$を次のように指数関数を用いて表せる。

$$\sin x = \frac{e^{ix} - e^{-ix}}{2i}$$

$$\cos x = \frac{e^{ix} + e^{-ix}}{2}$$

$$\tan x = \frac{\sin x}{\cos x} = \frac{e^{ix} - e^{-ix}}{e^{ix} + e^{-ix}}$$

双曲線関数

$\sin x$，$\cos x$を指数関数で表した際に虚数iが入っていたが，ここからiを消去した形の次の式は双曲線関数として知られている。

$$\sinh x = \frac{e^x - e^{-x}}{2} \quad \text{（ハイパボリック・サイン）}$$

$$\cosh x = \frac{e^x + e^{-x}}{2} \quad \text{（ハイパボリック・コサイン）}$$

$$\tanh x = \frac{\sinh x}{\cosh x} = \frac{e^x - e^{-x}}{e^x + e^{-x}} \quad \text{（ハイパボリック・タンジェント）}$$

各関数のグラフは下図参照。

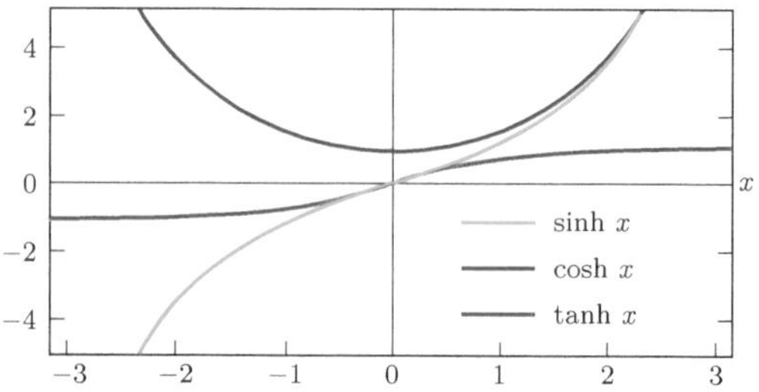

双曲線関数は下のように三角関数とよく似た性質を持つ。いずれも双曲線関数の指数関数による定義から求めることが可能である。

$$\sinh x = -i\sin(ix),\ \cosh x = \cos(ix)$$

$$\cosh^2 x - \sinh^2 x = 1$$

$$\frac{d}{dx}\sinh x = \cosh x,\ \frac{d}{dx}\cosh x = \sinh x$$

C　ベクトルの掛け算

$\boldsymbol{A}=(A_x, A_y, A_z)$，$\boldsymbol{B}=(B_x, B_y, B_z)$ とする。

内積（スカラー積）

$\boldsymbol{A}\cdot\boldsymbol{B} = |\boldsymbol{A}|\,|\boldsymbol{B}|\cos\theta = A_xB_x + A_yB_y + A_zB_z$

ただし，θ は $\boldsymbol{A}$ と $\boldsymbol{B}$ のなす角である。

外積（ベクトル積）

$$\boldsymbol{A}\times\boldsymbol{B} = |\boldsymbol{A}|\,|\boldsymbol{B}|\sin\theta\,\hat{\boldsymbol{C}} = \begin{vmatrix} \boldsymbol{i} & \boldsymbol{j} & \boldsymbol{k} \\ A_x & A_y & A_z \\ B_x & B_y & B_z \end{vmatrix}$$

ただし，θ は $\boldsymbol{A}$ と $\boldsymbol{B}$ のなす角，$\hat{\boldsymbol{C}}$ は $\boldsymbol{A}$ から $\boldsymbol{B}$ に右ねじを回転させたときに進む向きをもつ単位ベクトルである。外積の大きさ $|\boldsymbol{A}\times\boldsymbol{B}|$ は 2 つのベクトルで作られる平行四辺形の面積を表している（下図参照）。

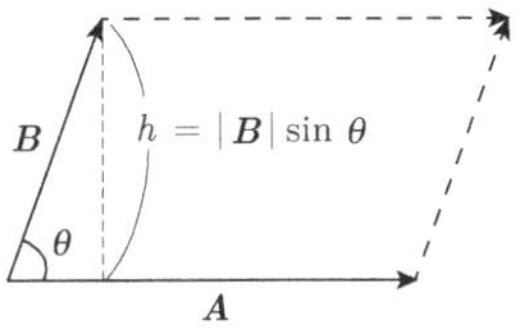

スカラー三重積

$$\boldsymbol{A}\cdot(\boldsymbol{B}\times\boldsymbol{C}) = \boldsymbol{B}\cdot(\boldsymbol{C}\times\boldsymbol{A}) = \boldsymbol{C}\cdot(\boldsymbol{A}\times\boldsymbol{B}) = \begin{vmatrix} A_x & A_y & A_z \\ B_x & B_y & B_z \\ C_x & C_y & C_z \end{vmatrix}$$

スカラー三重積は 3 つのベクトルを辺とする平行六面体の体積を表している（下図参照）。すなわち $\boldsymbol{A}\cdot\boldsymbol{B}\times\boldsymbol{C}$ は，$\boldsymbol{B}\times\boldsymbol{C}$ が表す平行四辺形の面積 S と，$\boldsymbol{B}\times\boldsymbol{C}$ 方向の $\boldsymbol{A}$ の射影 $|\boldsymbol{A}|\cos\theta$ が表す高さ h の積となっている。また，このような図形的解釈をすれば $\boldsymbol{B}\cdot\boldsymbol{C}\times\boldsymbol{A}$ も $\boldsymbol{C}\cdot\boldsymbol{A}\times\boldsymbol{B}$ も同様の平行六面体の体積を表すことから等価であることがわかる。

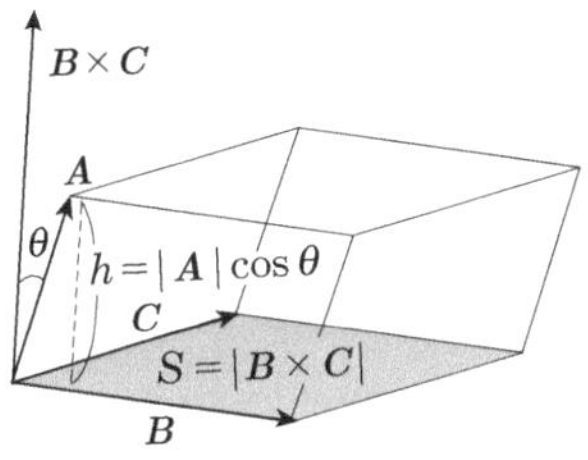

ベクトル三重積

$$\boldsymbol{A}\times(\boldsymbol{B}\times\boldsymbol{C}) = (\boldsymbol{C}\cdot\boldsymbol{A})\boldsymbol{B} - (\boldsymbol{A}\cdot\boldsymbol{B})\boldsymbol{C}$$

x 成分について成り立つことを証明しておく。

$$\begin{aligned}
[\boldsymbol{A}\times(\boldsymbol{B}\times\boldsymbol{C})]_x &= A_y(\boldsymbol{B}\times\boldsymbol{C})_z - A_z(\boldsymbol{B}\times\boldsymbol{C})_y \\
&= A_y(B_xC_y - B_yC_x) - A_z(B_zC_x - B_xC_z) \\
&= A_yB_xC_y - A_yB_yC_x - A_zB_zC_x + A_zB_xC_z \\
&= (A_yC_y + A_zC_z)B_x - (A_yB_y + A_zB_z)C_x \\
&= (A_yC_y + A_zC_z)B_x - (A_yB_y + A_zB_z)C_x + A_xB_xC_x - A_xB_xC_x \\
&= (A_xC_x + A_yC_y + A_zC_z)B_x - (A_xB_x + A_yB_y + A_zB_z)C_x \\
&= (\boldsymbol{C}\cdot\boldsymbol{A})B_x - (\boldsymbol{A}\cdot\boldsymbol{B})C_x
\end{aligned}$$

y 成分および z 成分についても同様に導ける。

D　微分法

基本的な関数についての微分公式

多項式　$y = x^n \rightarrow \dfrac{dy}{dx} = nx^{n-1}$

正弦関数　$y = \sin x \rightarrow \dfrac{dy}{dx} = \cos x$

余弦関数　$y = \cos x \rightarrow \dfrac{dy}{dx} = -\sin x$

指数関数　$y = e^x \rightarrow \dfrac{dy}{dx} = e^x$

対数関数　$y = \log_e x\ \ (x > 0) \rightarrow \dfrac{dy}{dx} = \dfrac{1}{x}$

積の微分公式

$$y = f(x)g(x) \rightarrow \frac{dy}{dx} = \frac{df(x)}{dx}g(x) + f(x)\frac{dg(x)}{dx}$$

合成関数の微分公式

$$y = f(g(x)) \rightarrow \frac{dy}{dx} = \frac{df(g(x))}{dg(x)}\frac{dg(x)}{dx}$$

〔例〕$y = \sin\,(x^2)$ を x で微分する場合

$$\frac{dy}{dx} = \frac{d(\sin(x^2))}{d(x^2)}\frac{d(x^2)}{dx} = \cos(x^2)\cdot 2x$$

E　微分方程式

未知関数とその導関数を含んだ式を微分方程式という。物理学で扱う微分方程式には多くのタイプがあり，解法も多様である。ここでは本書に記載されている運動方程式を主な対象として，基本的な微分方程式の取扱いを紹介する。

微分方程式の形式

重力がはたらいている物体の運動方程式は下記のように速度 $v(t)$ の時間微分を含んでいることから微分方程式であることがわかる。なお，m は質量，g は重力加速度である。

$$m\frac{dv}{dt}=-mg \tag{E.1}$$

（E.1）式では $v(t)$ が未知関数であり，その導関数は1階が最高階であることから1階の微分方程式と呼ばれる。（E.1）式では変数は時間 t のみであり，このように変数が1つしかない微分方程式のことを常微分方程式とよぶ。これに対して，変数が2つ以上あるものを偏微分方程式というが本書では扱わない。もし加速度を位置 $x(t)$ の2階微分として下記のように表せば，(E.1) 式は2階の微分方程式とみなすことができる。

$$m\frac{d^2x}{dt^2}=-mg \tag{E.2}$$

次に F を速度に比例して大きくなる抵抗力であるとしてみよう。なお，k は比例定数である。

$$m\frac{dv}{dt}=-kv \tag{E.3}$$

（E.3）式は未知関数 $v(t)$ もその導関数 $\dfrac{dv}{dt}$ も1次である。このように未知関数も導関数も1次だけからなるものは線形微分方程式とよばれる。もし抵抗力が下記のように速度の2乗に比例していたとすると

$$m\frac{dv}{dt}=-kv^2 \tag{E.4}$$

となる。これは未知関数が1次ではないことから非線形微分方程式とよばれる。非線形微分方程式の多くは解析的に解が求まらず，数値計算によって近似的に解を算出する必要がある。

（E.3）式および（E.4）式はどの項にも，未知関数 $v(t)$ かその導関数が含まれている。このような場合を同次微分方程式とよぶ。一方，（E.3）式に重力の影響を加えて

$$m\frac{dv}{dt}=-kv-mg \tag{E.5}$$

とすると，右辺には未知関数でも，その導関数でもない mg という項が含まれる。このような場合を非同次微分方程式とよぶ。（E.1）式や（E.2）式も非同次方程式である。（E.1）式から（E.5）式までの形式をまとめると下記のようになる。

（E.1）式：1階 線形 非同次 常微分方程式
（E.2）式：2階 線形 非同次 常微分方程式
（E.3）式：1階 線形 同次 常微分方程式
（E.4）式：1階 非線形 同次 常微分方程式
（E.5）式：1階 線形 非同次 常微分方程式

変数分離法

（E.1）式から m を消去すると

$$\frac{dv}{dt}=-g$$

となる。ここで導関数を分数のように捉えて分母に相当する dt を右辺へ移動すると $dv=-gdt$ となり，この両辺の積分をとると

$$\int dv=-g\int dt$$

より

$$v(t)=-gt+C \tag{E.6}$$

となる。ここで C は積分定数である。$t=0$ の場合の v，すなわち初期条件 $v(0)$ がわかっていれば C を求めることができる。また（E.3）式においても $\gamma=k/m$ として左辺に $v(t)$ に関する項を，右辺に t に関する項を集めた両辺を積分すると

$$\int\frac{dv}{v}=-\gamma\int dt$$

より

$$\ln|v|=-\gamma t+C$$

となる。v について解くと

$$v(t)=\pm e^{c}e^{-\gamma t}=Ae^{-\gamma t} \tag{E.7}$$

となる。なお，定数項を A としてまとめている。A も初期条件に合うように設定できる。

以上のような微分方程式は一般的に次式のように表すことができる。

$$\frac{dy}{dx}=f(x)g(y) \tag{E.8}$$

（E.8）式のような微分方程式を変数分離形とよび，

$$\int\frac{1}{g(y)}dy=\int f(x)dx+C \tag{E.9}$$

から解 y を求めることができる。このような解き方を変数分離法という。

定数変化法

非同次方程式である（E.5）式を m で割った式を考える。

$$\frac{dv}{dt}=-\frac{k}{m}v-g=-\gamma v-g \qquad \text{(E.10)}$$

この式から g の項を外すと，（E.3）式と同じになる。(E.3) 式は同次方程式であり，解は (E.7) 式となるが，ここで（E.7）式中では定数であった A をあえて t の関数 $A(t)$ として捉え直すことにする。すなわち

$$v(t)=A(t)e^{-\ t}$$

として，あらためて（E.10）式にこの $v(t)$ を代入してみる。ここで

$$\frac{dv}{dt}=\frac{dA(t)}{dt}e^{-\gamma t}-A(t)\gamma e^{-\gamma t}=\frac{dA(t)}{dt}e^{-\gamma t}-\gamma v(t)$$

であることから，（E.10）式は

$$\frac{dA(t)}{dt}e^{-\gamma t}=-g$$

となる。これより

$$dA(t)=-ge^{\gamma t}dt$$

となり，両辺を積分して

$$A(t)=-\frac{g}{\gamma}e^{\gamma t}+C$$

が得られる（C は定数）。これより

$$v(t)=\left(-\frac{g}{\gamma}e^{\gamma t}+C\right)e^{-\gamma t}=-\frac{g}{\gamma}+Ce^{-\gamma t} \qquad \text{(E.11)}$$

と解が求められる。このように非同次方程式に対して，一度同次方程式に変形して解を求め，その解の定数項を関数として捉え直すことで非同次方程式を解く方法を定数変化法とよぶ。なお，（E.11）式の右辺第 1 項 $-g/\gamma$ を（E.10）式の v に代入すると等号が成り立つことから，$-g/\gamma$ は（E.10）式の特解であることがわかる。一方，（E.11）式の右辺第 2 項 $Ce^{-\gamma t}$ は（E.7）式と同様であり，これは（E.10）式から g の項を外した同次方程式（E.3）式の一般解である。すなわち，非同次方程式の一般解は，非同次方程式の特解が見つかり，対応する同次方程式の一般解が求まれば，その和として表すことができる。

なお，(E.10) 式は変数分離法を用いても，次のように解を求めることができる。

$$\frac{dv}{dt}=-\gamma v-g=-\gamma\left(v+\frac{g}{\gamma}\right)$$

より

$$\frac{dv}{v+\dfrac{g}{\gamma}}=-\gamma dt$$

と移項し，両辺を積分すると

$$\ln\left|v+\frac{g}{\gamma}\right|=-\gamma t+B$$

となる。ただし B は定数である。これより

$$v+\frac{g}{\gamma}=\pm\,e^{-\gamma t+B}=\pm\,e^{B}e^{-\gamma t}=Ce^{-\gamma t}$$

となり，(E.11) 式と同様の解が求められる。このように 1 つの微分方程式に対して解法は複数あることから，経験を通して自分にとってわかりやすい方法を身につけてほしい。

特性方程式を用いた解法

線形同次方程式を解く際には未知関数を指数関数として代入して解を導くことが多い。例えば（E.3）式において $\gamma=k/m$ とした式

$$\frac{dv}{dt}=-\frac{k}{m}v=-\gamma v \qquad \text{(E.12)}$$

に対して，λ を定数として

$$v(t)=e^{\lambda t} \qquad \text{(E.13)}$$

と仮定し，これを（E.12）式に代入してみると

$$\lambda e^{\lambda t}=-\gamma e^{\lambda t}$$

となることから，$\lambda=-\gamma$ であることがわかる。これより

$$v(t)=e^{-\gamma t} \qquad \text{(E.14)}$$

という解が求められる。(E.14) 式を定数倍しても (E.12) 式を満たすことから定数を A とすると，一般解として

$$v(t)=Ae^{-\gamma t} \qquad \text{(E.15)}$$

が導かれる。これは変数分離法で求めた（E.7）式と同じ結果となっている。

別の例でも見てみよう。第 6 章でみたフックの法則に従う復元力を受けて運動する物体の運動方程式は (6.11) 式，すなわち

$$\frac{d^2x}{dt^2}+\omega_0{}^2x=0 \tag{E.16}$$

と与えられた。これは2階線形同次方程式である。そこで未知関数xを

$$x(t)=e^{\lambda t} \tag{E.17}$$

として，(E.16) 式に代入してみると

$$(\lambda^2+\omega_0{}^2)e^{\lambda t}=0$$

となることから，λの2次方程式

$$\lambda^2+\omega_0{}^2=0 \tag{E.18}$$

が得られる。(E.18) 式のようなλについての式を特性方程式という。(E.18) 式からは$\lambda=\pm i\omega_0$の2根が得られることから，$x_1(t)=e^{+i\omega_0}$，$x_2(t)=e^{-i\omega_0}$はそれぞれ (E.16) 式を満たす解である。(E.16) 式の一般解は$x_1(t)$と$x_2(t)$をそれぞれ定数倍して足し合わせた

$$x(t)=Ce^{+i\omega_0 t}+De^{-i\omega_0 t} \tag{E.19}$$

となる（CとDは定数）。なお, (E.19) 式にオイラーの式 $e^{\pm i\theta}=\cos x\pm i\sin x$を適用させると

$$\begin{aligned}x(t)&=C(\cos\omega_0 t+i\sin\omega_0 t)+D(\cos\omega_0 t-i\sin\omega_0 t)\\&=(C+D)\cos\omega_0 t+i(C-D)\sin\omega_0 t\end{aligned}$$

となり$(C+D)=B, i(C-D)=A$とおけば(6.13)式が得られる。

F　級数展開

マクローリン展開

$|x|\ll 1$ (xが十分小さい場合) において次のように関数$f(x)$を多項式からなる級数に展開することができる。

$$\begin{aligned}f(x)&=f(x)\Big|_{x=0}+\frac{1}{1!}\frac{df(x)}{dx}\Big|_{x=0}x+\frac{1}{2!}\frac{d^2f(x)}{dx^2}\Big|_{x=0}x^2\\&\quad+\frac{1}{3!}\frac{d^3f(x)}{dx^3}\Big|_{x=0}x^3+\cdots+\frac{1}{n!}\frac{d^{(n)}f(x)}{dx^n}\Big|_{x=0}x^n+\cdots\\&=\sum_{n=0}^{\infty}\frac{1}{n!}\frac{d^{(n)}f(x)}{dx^n}\Big|_{x=0}x^n\end{aligned}$$

ただし，$\frac{df(x)}{dx}\Big|_{x=0}$などはまず$f(x)$を微分した上で$x=0$を代入するという意味である。$|x|\ll 1$では$x$の高次の項は非常に小さくなり無視することができる。すなわちxの低次の項だけを用いて関数$f(x)$を近似的に扱うことができる。

$$(1+x)^k=1+kx+\frac{k(k-1)}{2!}x^2+\frac{k(k-1)(k-2)}{3!}x^3+\cdots \quad (|x|<1)$$

$$e^x=1+x+\frac{1}{2!}x^2+\frac{1}{3!}x^3+\frac{1}{4!}x^4+\cdots$$

$$\sin x=x-\frac{1}{3!}x^3+\frac{1}{5!}x^5-\frac{1}{7!}x^7+\cdots$$

$$\cos x=1-\frac{1}{2!}x^2+\frac{1}{4!}x^4-\frac{1}{6!}x^6+\cdots$$

$$\tan x=x+\frac{1}{3}x^3+\frac{2}{15}x^5+\frac{17}{315}x^7+\cdots \quad \left(|x|<\frac{\pi}{2}\right)$$

$$\log_e(1+x)=x-\frac{1}{2}x^2+\frac{1}{3}x^3-\frac{1}{4}x^4+\cdots \quad (|x|\leqq 1,\ x\neq 1)$$

テイラー展開

任意の$x=a$においても下記のように級数展開を行うことができる。

$$f(x)=\sum_{n=0}^{\infty}\frac{1}{n!}\frac{d^{(n)}f(x)}{dx^n}\Big|_{x=a}(x-a)^n$$

なお，マクローリン展開はテイラー展開において$a=0$とした場合のものである。

索　引

編著者紹介

川村　康文
東京理科大学理学部物理学科 教授
（8章）

著者紹介

安達　照
大阪工業大学教育センター 特任教授
（2章，9.1節，9.2節）

林　壮一
福岡大学理学部物理科学科 教授
（4章，12章，15章）

眞砂卓史
福岡大学理学部物理科学科 教授
（3章，5.3節，5.4節，6.4節，7.5節，9.3節，10章，11章，13章，14章，演習問題・解答，1章コラム）

山口克彦
福島大学共生システム理工学類 教授
（1章，5.1節，5.2節，6.1節～6.3節，7.1節～7.4節，付録）

NDC420　191p　26cm

よくわかる力学(りきがく)の基礎(きそ)

2023年2月27日　第1刷発行
2024年5月8日　第2刷発行

編著者　川村(かわむら)　康文(やすふみ)
著者　安達(あだち)　照(あきら)，林(はやし)　壮一(そういち)，眞砂卓史(まなごたかし)，山口克彦(やまぐちかつひこ)
発行者　森田　浩章
発行所　株式会社 講談社
〒112-8001　東京都文京区音羽2-12-21
販売　(03)5395-4415
業務　(03)5395-3615
KODANSHA
編集　株式会社 講談社サイエンティフィク
代表　堀越　俊一
〒162-0825　東京都新宿区神楽坂2-14　ノービィビル
編集　(03)3235-3701
本文データ制作　株式会社 双文社印刷
印刷・製本　株式会社 ＫＰＳプロダクツ

Printed in Japan
ISBN978-4-06-530967-4